创 造 学 基 础

主 编 李洪奎 迟宝倩
副主编 佟永丽 张 丹 唐国艳

哈尔滨工程大学出版社
Harbin Engineering University Press

内容简介

创造学基础讲述创造学的兴起与发展以及大学生创造思维的形成过程。本书内容共分为6章,包括导论、创造性思维、创造原理及技法、专利、TRIZ发明问题解决理论概述,以及科学效应和现象及详解。本书总结有规律可循的创造性思维和创新方法,并引入通俗易懂的创新实例,寓教于学,寓学于用,有效启发读者进行创造性思考,激发读者潜在的创新能力,具有很强的实用性和启发性。

本书不仅可以作为普通高等院校的创新性教材,而且适用于各企事业单位的创新培训。

图书在版编目(CIP)数据

创造学基础 / 李洪奎,迟宝倩主编. —哈尔滨 : 哈尔滨工程大学出版社, 2020.8(2021.1重印)

ISBN 978 - 7 - 5661 - 2727 - 3

Ⅰ. ①创… Ⅱ. ①李… ②迟… Ⅲ. ①创造学 Ⅳ. ①G305

中国版本图书馆 CIP 数据核字(2020)第 136212 号

选题策划 石 岭
责任编辑 石 岭
封面设计 李海波

出版发行	哈尔滨工程大学出版社
社 址	哈尔滨市南岗区南通大街 145 号
邮政编码	150001
发行电话	0451 - 82519328
传 真	0451 - 82519699
经 销	新华书店
印 刷	哈尔滨市石桥印务有限公司
开 本	787 mm × 1 092 mm
印 张	15
字 数	394 千字
版 次	2020 年 8 月第 1 版
印 次	2021 年 1 月第 2 次印刷
定 价	39.80 元

http://www.hrbeupress.com
E-mail:heupress@ hrbeu.edu.cn

前 言
Preface

一个国家、一个民族的创新意识水平的高低与创新能力的强弱,将对这个国家、这个民族在激烈的世界经济和科技竞争中起到至关重要的作用,一个没有创新能力的民族,难以屹立于世界民族之林。创新能推动科学技术和经济的进步和发展,而守旧将导致科学技术和经济的落后,比如说,欧洲的中世纪,神学思想禁锢了人们的思考,所以一千年中欧洲的科学技术几乎处于停滞状态。我国从汉唐以来经济文化都很繁荣,科学也很发达,由于种种原因,明代以后科技发展落后了,虽然有古代的四大发明,但现代科学却没有在中国产生。然而中华民族的创新能力并没有衰落,中华儿女的创新能力始终是出类拔萃的。

14 世纪前后,文艺复兴时期,整个欧洲洋溢着创新的激情,创新在当时成为一种社会风气,引发了欧洲科学技术的大发展。世界科学中心先是在英国,后来转移到德国。美洲新大陆发现后,一批开拓者、一批具有创新精神和先进思想的人移居美国,在当地形成了一种民族开放兼容的文化氛围,倡导创新改革,世界科学中心从欧洲转移到了美国。

我国改革开放是一项伟大的创新工程。建设中国特色社会主义是一项前无古人的崭新事业,没有现成的道路可走,没有现成的经验可借鉴。改革就是一个打破常规、求新求变的过程。这就要求我们跳出传统的框框,以勇于开拓、敢闯敢试敢冒险、敢为天下先的创新精神,通过新实践,创出一条新路。我国改革开放的发展道路就是与时俱进地继承和发展中国传统,吸收并消化世界各国的先进科学技术和文化的过程,创造了举世瞩目的经济发展奇迹。然而应当清醒地认识到,过去那种粗放型经济增长战略,客观上造成了一系列问题,随着国际竞争的不断加剧,我国经济活动空间将不可避免受到越来越多的束缚和挤压,这对于我们这样一个资源相对短缺、人口世界第一、经济竞争力相对较弱的发展中国家来说,是全面而深刻的挑战。世界科技发展的历史告诉我们:一个国家只有拥有强大的自主创新能力,才能在激烈的国际竞争中把握先机、赢得主动。

《国家中长期科学和技术发展规划纲要(2006—2020)》(以下简称《纲要》)提到,到2020 年,我国科学技术发展的总体目标是:自主创新能力显著增强,科技促进经济社会发展和保障国家安全的能力显著增强,为全面建设小康社会提供强有力的支撑;基础科学和前沿技术研究综合实力显著增强,取得一批在世界具有重大影响的科学技术成果,进入创新型国家行列,为在 21 世纪中叶成为世界科技强国奠定基础。到 2020 年,全社会研究开发投入占国内生产总值的比重提高到2.5%以上,力争科技进步贡献率达到60%以上,对外技术依存度降低到30%以下,本国人发明专利年度授权量和国际科学论文被引用数均进入世界前5位。

《纲要》提到的深化科技体制改革的目标是推进和完善国家创新体系建设。国家创新体系是以政府为主导、充分发挥市场配置资源的基础性作用、各类科技创新主体紧密联系和有效互动的社会系统。现阶段,中国特色国家创新体系建设重点:一是建设以企业为主体、产学研结合的技术创新体系;二是建设科学研究与高等教育有机结合的知识创新体系;三是建设国防科技创新体系;四是建设各具特色和优势的区域创新体系;五是建设社会化、网络化的科技中介服务体系。

《纲要》提到的人才队伍建设方面:充分发挥教育在创新人才培养中的重要作用;加强科技创新与人才培养的有机结合,鼓励科研院所与高等院校合作培养研究型人才;支持研究生参与或承担科研项目,鼓励本科生投入科研工作,在创新实践中培养他们的探索兴趣和科学精神。因此有必要在高等院校中开设创造学课程,建立先进的创新人才培养体系,以便培养学生的创造能力、创新意识、掌握创造的基本理论和方法,为提高我国的自主创新能力、加速推进创新型国家的建设提供强有力的人才支撑。

编　者
2020 年 5 月

目 录

Contents

第一章

导　论

第一节　基本概念

案例

我们身边的创造实例——人类飞行

飞行是中国人古老而浪漫的梦想,为了实现这一梦想,从古至今,历代中国人以各种创造来表达这一梦想,以各种探索、创造来追求和实现这一梦想。最早进行飞天创举的是我国的一位古人,公元19年,王莽为攻打匈奴,招募了个会飞的人在长安(今西安市)进行飞行表演。该人"取大鸟翮为两翼,头与身皆著毛,通引环纽,飞数百步堕"。此人当时能在空中飞行几百步,这在人类航空史上也是一个创举。中国古籍《山海经》中的飞车,也表达了人们欲利用器械进行飞天的梦想。

美国华盛顿空间技术博物馆的说明牌上醒目地写着:"最早的飞行器是中国的风筝和火箭",探索利用"火箭"器械进行首飞的人是公元1500年我国明代的万户。他当时在一把木椅的靠背后面绑上47支火箭,并让人将自己也捆在椅子上,他的两只手各持一把大风筝。他的设想是借助火箭的反冲推进力将自己送上天空,然后再以大风筝的扑动徐徐返回地面。不幸的是,火箭点燃后发生了爆炸,万户在探索乘"火箭"飞天中献出了自己的生命。在20世纪70年代的一次国际天文联合会上,月球上一座环形山被命名为"万户",以纪念"第一个试图利用火箭飞行的人"。

我国最早创造现代意义上的飞行器——飞机的人是清代末期的冯如。1909年,他在美国旧金山研制成功的莱特式飞机翱翔了2 640英尺①,其航程是莱特兄弟首次飞行的852英尺的3倍多,1910年他又制造了当时世界先进水平的飞机,创造了时速65英里②,高700多英尺,航程20英里的世界最新纪录(1911年回国后,冯如参加了广东革命军,被任命为陆军飞机长,次年,他在飞行表演时牺牲)。冯如制造的飞机,仅比1903年世界上第一架载人飞机"莱特兄弟"号晚了6年。

---

① 1英尺=0.304 8米。
② 1英里=1 609.344米。

中国人的飞天梦从未间断。1970 年 4 月 24 日,中国第一颗人造地球卫星发射成功,使中国成为世界上第五个能独立发射卫星的国家。北京时间 1999 年 11 月 21 日凌晨 3 时 41分,我国发射的第一艘试验飞船"神舟"号在完成了空间飞行试验后在内蒙古自治区中部地区成功着陆。2003 年 10 月 16 日 6 时 23 分,"神舟五号"载人飞船在内蒙古主着陆场成功着陆,返回舱完好无损,航天英雄杨利伟自主出舱,我国首次载人航天飞行圆满成功。2007年 10 月 24 日 18 时,重达 2 吨多的"嫦娥一号"成功发射。

……

2012 年 6 月 16 日 18 时 37 分,"神舟九号"飞船在酒泉卫星发射中心发射升空。2012年 6 月 18 日 11 时左右转入自主控制飞行,14 时左右与"天宫一号"实施自动交会对接,这是中国实施的首次载人空间交会对接,并于 2012 年 6 月 29 日 10 时安全返回。

"神舟十号"于 2013 年 6 月 26 日早 8 时 7 分在内蒙古四子王旗着陆,9 时 41 分,飞行乘组 3 名航天员聂海胜、张晓光、王亚平,在内蒙古中部草原"神十"任务主着陆场结束为期15 天的太空之旅,由太空返回到地球,从飞船返回舱顺利出舱。

从我国航天领域的创造可见:创造,使人们的梦想得以实现;创造,使国力日渐增强,国威日益突显;创造,更使世界瞬息万变,魅力无限……一直以来,创造与科学发现和技术发明都是相互促进的关系,偶然的技术创新和发明,使一些原来不可能实现的科学发现和技术发明成为可能,并彻底改变了人类历史的发展轨迹。

实际上,人类的文明史就是一部不断创造的历史,人类生活的本质就是创造,人类文明的源泉就是创造。

试想一下:如果没有创造,人类将会怎样?

一、创造

(一)创造的含义

在《辞海》中,"创造"一词被解释为"发明或制造前所未有的事物"。在《现代汉语词典》里,"创造"被解释为"想出新方法、建立新理论、做出新的成绩或东西"。这些是有关创造的最一般的解释。

在学术界,人们对"创造"也有很多种解释。仅日本创造工程学家恩田彰教授在其著作《创造的理论和方法》中就列举了人们提出的有关"创造"的 83 个定义。我国和其他国家的学者对创造的表述也不尽相同,下面是几种从不同的方面对创造一词的表述。

(1)创造是产生人们通常认为有创造性的产品的过程。(D. N. 柏金斯)

(2)创造是以独特的设想和努力去开拓个人、集体、国家和人类的未知领域,使之成为对人类有贡献的事物的活动。(上条方省)

(3)创造是以未知的事物为起点,向全新的、无法预期的世界诱导人们,使之感到满足的东西。(五十岗道子)

(4)创造是个体或群体生生不息的转变过程,以及智、情、意三者前所未有的表现。(郭有道)

(5)创造是对已有要素进行新组合,发现美、实现美的过程。(刘仲林)

(6)人们在自己的思维和实践过程中,只要能产生某种新颖、独特、有社会或个人价值的成果,这便是创造。(石光明)

以上各种解释,虽然繁简不一,但其基本概念却是一致的。而就一般理解而言,究竟何谓创造呢? 创造就是首创或改进形形色色的事物的过程。

所谓事物是指客观存在的一切物体和现象。自然界的一切物体及其变化的现象和人类社会的一切活动现象及其发展变化的状况都可称为事物。首创或改进事物就是创造,例如星云的收缩创造了星球,地壳的运动创造了山脉、湖泊……这些属于自然的创造;再如,古人类在劳动中创造了工具,人类在探寻自然奥秘的过程中创造了各种自然科学,在探寻社会发展规律的过程中创造了各种社会科学……这些属于人类的创造,目前我们更关注的就是人类的创造。

据此可以对创造下一个通用的定义。所谓创造,是指人们首创或改进某种思想、理论、方法、技术和产品的活动。

（二）创造的类型

创造的类型很广,我们可以按创造性的大小、创造的内容、创造过程的表现形式等对其进行分类。

1. 按创造性的大小分类

根据创造性的大小将人类的创造分为"首创"和"改进"。

（1）首创

"首创"是指人类历史中出现的重大发明和创造,如中国的"四大发明"、爱因斯坦的相对论、爱迪生发明的白炽灯,等等。首创通常是属于少数人的。

（2）改进

"改进"是指人们在理解和把握某些理论与技术的基础上,根据自身的条件加以吸收和利用,再创造出大量的具有社会价值的新事物。如工厂的技术革新、产品升级换代,等等。改进是较为常见的创造。

2. 按创造的内容分类

根据创造的内容不同将人类的创造分为物质财富的创造、精神财富的创造和社会组织的创造等。

（1）物质财富的创造

物质财富的创造指创造的成果是物质领域的事物。如研究、设计、生产一种有形的物质产品,如桥梁、卫星、新产品等。

（2）精神财富的创造

精神财富的创造指创造的成果是精神领域的东西,如小说家创作一本小说、编剧创作一出新话剧、画家创作一幅新画作等。

（3）社会组织的创造

社会组织的创造指人类为了一定目的,从社会宏观和微观等方面建立的新的组织机构,如不同的社会制度、不同的公司制度等。

3. 按创造过程的表现形式分类

按照创造过程的表现形式将创造分为科学研究、技术发明和艺术创作等。

（1）科学研究

科学研究是指人类科学领域的探索,利用科研手段和装备,为了认识客观事物的内在本质和运动规律而进行的调查研究、实验、试制等一系列的活动。

科学研究为创造发明新产品和新技术提供理论依据,它的基本任务就是探索、认识未知,这一切都需要高度的创造性。科学上的创造也称发现。如 2012 年诺贝尔物理学奖揭晓,法国物理学家塞尔日·阿罗什与美国物理学家大卫·维因兰德获奖。获奖理由是"发现测量和操控单个量子系统的突破性实验方法"。

(2)技术发明

技术发明是指人类技术领域的实践,发明的成果或是提供前所未有的人工自然物模型,或是提供加工制作的新工艺、新方法。机器设备、仪表装备和各种消费用品,以及有关制造工艺、生产流程和检测控制方法的创新和改造,均属于技术发明。技术发明也同样需要高度的创造性。如 2009 年诺贝尔物理学奖获奖者为英国华裔科学家高锟以及美国科学家威拉德·博伊尔和乔治·史密斯。高锟的获奖理由是在"有关光在纤维中的传输以用于光学通信方面"取得了突破性成就,而另外两位科学家的主要成就是发明了半导体成像器件——电荷耦合器件(CCD)图像传感器。

当然,技术上的创造也有不同层次,按创造性水平由低到高可分为技术革新、发明和技术创新等。

技术革新是指在已有技术的基础上所进行的局部改进。例如,工厂的工艺规程、机器部件等的改进。

发明是发明人的一种思想的创造,这种思想可以在实践中解决技术领域里特有的问题。我国专利法将发明定义为"具有创造性、新颖性和实用性的构思方案",并且规定可以获得专利保护的发明创造有发明、实用新型和外观设计三种。

技术创新一词源于经济学领域,它最早是作为一个经济学概念提出的。技术创新有广义与狭义之分,广义的技术创新概念等同于创新概念,包括组织管理创新。但是广义的技术创新概念并不符合人们一般的思考习惯,在实际应用中没有得到广泛应用。技术创新的狭义定义为与产品制造、工艺过程或设备有关的包括技术、设计、生产及商业活动的改进或创造。

技术创新一般涉及"硬技术"的变化,侧重于对产品和生产过程的改变。但技术创新不只是一个技术问题,而且是一个涉及技术、生产、管理、财务和市场等一系列环节的综合化的过程。它包括产品和工艺创新(发明)、组织创新和市场创新等。所以,它已接近于广义的创新行为。

(3)艺术创作

艺术创作是指艺术家以一定的世界观为指导,运用一定的创作方法,通过对现实生活观察、体验、研究、分析、选择、加工、提炼生活素材,塑造艺术形象,创作艺术作品的创造性劳动。如冼星海作曲的《黄河大合唱》就是具有代表性的艺术创作之一。

艺术创作是人类为自身审美需要而进行的精神生产活动,是一种独立的、纯粹的、高级形态的审美创造活动,它是一个复杂的过程,它通常分为生活积累、创作构思、艺术表达三个阶段。如画家列宾在涅瓦河畔路遇一群衣衫褴褛的纤夫,而产生创作《伏尔加河上的纤夫》的灵感。

(三)创造的内因与过程

创造的主体,也称创造者,一般是指进行创造的国家、团体或个人。人们会出于各种目的而进行创造。如想要一种新的食物而创造一种新的烹饪方法,想要一种新服装而进行服装设计,想写一本小说而进行创造性写作,想要开发一种新产品而进行产品创造,想要改变目前不良的组织结构而进行组织创新,想要克服一个困难而创造一种新的方法,如此等等。

因此,归根结底,人们的创造活动是为了满足需要。如图 1 - 1 所示,人们正是因为有了创造性需求,才会产生创造的动机,并投入一定的资源进行创造性活动,经过努力,如果达到了创造性目标,人们会感到满足。但是,人们对一种新事物不会总是感到满足,随着时间的推移、条件的变化,会产生新的创造性需求,并进入下一个创造活动。

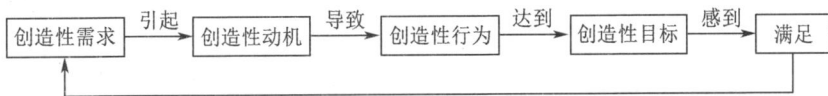

图 1 - 1 创造的内因

创造活动作为人的一种社会行为有其过程性,人们在创造活动中具体的思维过程和实践过程,包括选题过程、分析思维过程、实施过程及运用方法解题过程等。20 世纪以来,有不少学者或是基于自己的创造经验,或是通过分析研究他人的创造行为进行探讨,提出了各种创造过程理论或猜测。创造过程的构成模式主要有以下几种。

1926 年,英国心理学家 G. 沃勒斯提出了"创造性思维四阶段论",或称作"创造性解决问题的理论",即四阶段模式。

①准备期:主要指发现问题,收集有关资料,掌握必要的创造技能,积累知识和经验并从中得到一定启示等。

②孕育期(沉思):对问题和资料冥思苦想,进行各种尝试。如思路受阻,则暂时搁置。

③明朗期(启迪):在孕育期长时间思考之后受偶然事件的触发而豁然开朗,产生了灵感、直觉或顿悟,使问题迎刃而解。

④验证期:对灵感或顿悟得到的新想法进行验证(逻辑验证、理论验证、实践验证),补充和修正,使之趋于完善。

加拿大内分泌专家,应力学说的创立者 G - 塞利尔,提出了"七阶段说"。他把创造的过程比喻成生殖经历的七个阶段。

①恋爱与情欲:指创造者对知识的渴求,对真理追求的强烈欲望与热情。

②受孕:指创造者发现问题,提出问题,确定问题,并做充分的资料准备。

③怀孕:指创造者孕育新思想。这期间经历了无意识孕育阶段的漫长过程和十月怀胎的全过程。

④产前阵痛:当新思想完全发育成熟时,那种独特的"答案临近感"只有真正的创造者才能体会到。

⑤分娩:指新思想的诞生,灵感到来、创意清晰出现。

⑥查看和检验:像检查新生儿一样,使新观念得到逻辑和实验的验证。

⑦生活:新思想被确认后,开始存活下来,独立生存,并可能被广泛接受、使用。

此外,美国的创造学者帕内斯提出了创造性解决问题的五步模式:事实发现——问题发现——设想发现——解法发现——接受发现,这五步构成了完整的创造性解决问题的过程。每阶段都包括发散与收敛两种思维。

奥斯本提出了三阶段结构模式:寻找事实(即寻找问题)——寻找构想(即提出假设)——寻找解答(即得出答案)。

我国创造学家提出了五阶段结构模式:发现问题——发散酝酿——顿悟创新——验证假说——成功实施。

其实,创造活动也就是一类特殊的问题解决过程,这样的问题解决过程具有创造活动所指明的特征,即目的性、新颖性、否定性、实践性、过程性、持续性和普遍性等。考察人们的创造过程,可以把创造活动划分为相对独立的四个阶段,即发现问题、确定创造目标阶段,提出解决问题的创造性方案阶段,评价和选择创造性方案阶段,创造性方案实施和反馈阶段。创造过程可以用图1-2表示。

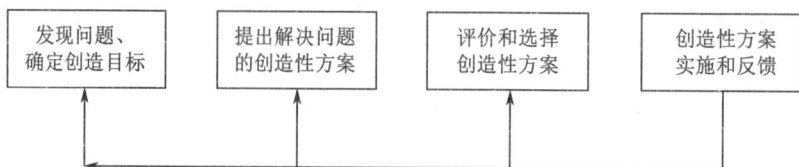

图1-2　创造过程示意图

二、创新

| 案 例 |

3D 打印技术的发明

传统制造技术是"减材制造",制造一个机械零件,需要对一整块金属原料进行加工,减除多余部分,保留有用部分,不仅浪费原材料,而且加工工艺烦琐,对于复杂形状甚至无法直接加工。如果借助 3D 打印技术,你只需要在电脑中绘制一个三维图形,按下"确定"键,稍等一会儿,一个实实在在的零件就可"打印"出来。从复杂的工业零件到日常生活中的锅碗瓢盆,只要有三维数据和相应的材料,无须借助模具或刀具,就可以被"打印"出来。

1982 年,美国 3D 打印设备巨头 3D Systems(NYSE:DDD)的创始人查尔斯·胡尔在一家紫外线设备生产企业任职,他尝试把光学技术应用于快速成型领域。他将一种液态光敏树脂倒入大容器中,在容器里放置一个升降平台,容器上方的紫外激光器根据计算机指令照射液面,所到之处,材料会发生光聚合反应,迅速从液态转变为固态。当一层打印完成后,未被照射的地方仍保持液态,此时在液面以下 0.05~0.15 毫米的升降平台会下降一层,激光器开始打印第二层。这个过程不断重复,直到整个物件制造完毕。这项立体光刻(SLA)技术就是最早的 3D 打印。

除了省去制造模具的成本以外,相比传统制造工艺,3D 打印对材料的利用率也十分惊人。美国 F-22 猛禽战斗机大量使用钛合金结构件,如使用传统的整体锻造方法,最大的钛合金整体加强框材料利用率不到 4.9%,而使用 3D 打印技术后其利用率接近 100%。

2013 年,大连理工大学姚山教授及其团队与大连优利特科技发展有限公司共同成功研发了目前世界上最大的激光 3D 打印机,最大加工尺寸达 1.8 米,可以制作大型工业样件及结构复杂的铸造模具。由于其采用了"轮廓线扫描"的独特技术路线,比其他激光 3D 打印机加工时间缩短 35%,制造成本降低 40%。

与传统的制造技术相比,3D 打印技术无疑是一项革命性的、创新性的技术,3D 打印将工业制造业的设计、制造、存储、运输、维修等流程变成一种创造性的打印。不仅革命性地缩短了工业制造业的全过程,而且也带来了人类工业制造的全新概念。

(一)创新的含义

创新,顾名思义,创造新的事物。《广雅》中有"创,始也";新,与旧相对。创新一词出现很早,如《魏书》中有"革弊创新",《周书》中有"创新改旧"。和创新含义近同的词语有维新、鼎新等,如"咸与维新""革故鼎新""除旧布新""苟日新,日日新,又日新"。在西方,英语中 innovation(创新)这个词起源于拉丁语,它有三层含义:第一,更新,就是对原有的东西进行替换;第二,创造新的东西,就是创造出原来没有的东西;第三,改变,就是对原有的东西进行发展和改造。

在西方国家,创新概念的起源可以追溯到 1912 年美籍经济学家熊彼特的《经济发展概论》。熊彼特在其著作中提出:创新是指把一种新的生产要素和生产条件的"新结合"引入生产体系。它包括五种情况:引入一种新产品,引入一种新的生产方法,开辟一个新的市场,获得原材料或半成品的一种新的供应来源,实现一种新的工业组织形式。熊彼特的创新概念包含的范围很广,既涉及技术性变化的创新,也涉及非技术性变化的组织创新。

20 世纪 60 年代,随着新技术革命的迅猛发展,美国经济学家华尔特·罗斯托提出了"起飞"六阶段理论,"创新"的概念发展为"技术创新",把"技术创新"提高到"创新"的主导地位。

熊彼特的创新概念过于强调经济学上的意义,创新应具有多个侧面,根据所强调的侧面不同,对创新会有各种不同的定义,但大体上人们可以认为:创新是对已有创造成果的改进、完善和应用,是建立在已有创造成果基础上的再创造。这说明已有创造成果可以是有形的事物,如各种产品,也可以是无形的事物,如理论、技术、工艺、机构等。

(二)创造与创新的关系

在一定意义上说,创造就是一种人类社会活动,是其他动物所不具有的一种特有的社会活动,也就是人第一次产生崭新的精神成果或物质成果的思维与行为。它的特征就是具有明显的新颖性和独特性,如新产品、新品种、新技术、新材料、新思想、新点子、新设计等。创新就是创造,所有的创新都属于创造的范畴。但是,创造不一定都是创新。创造的范围要比创新宽得多,创造与创新的本质特征都是具有新颖性和独特性。

创造与创新的区别主要体现在以下两个方面:

其一,创造可以产生一定的经济效益,这时的创造可以称为"成功了的创造",这与创新的含义大体相同。但是,创造学中的创造不仅仅是指这些"成功了的创造",而且还泛指那些失败了的创造、失误的创造和由各种原因导致的一时难以产生经济效益的创造。比如,一个人初步构思出某新产品的大致结构,这无疑是一种创造,但并不能算创新,因为这个想法还没有绘成图纸,也没有制造成产品,当然就更不要说进入市场产生经济效益了。

其二,创新一般是通过对已有事物的改进或突破来完成的。比如,制度创新的前提是事实上先有一些(旧的)制度存在,管理创新也是先有一套(旧的)管理方法存在。而创造则不同,创造的对象可以是对已有(旧有)事物的改进,也可以是"无中生有"的产生。

(三)创新的分类

创新按照成果性质的不同可分为多种类型,以下是近年来国内外研究者对创新的不同分类方法。

1. 按照创新成果是否原创分类

根据创新成果是否具有原创性,分为原始创新和改进创新。

原始创新,就是指重大科学发现、技术发明、原理性主导技术等原始性创新活动,如诺贝尔自然科学奖获奖者的多少能够反映一个国家在推动原始性创新中是否处于领先地位。

改进创新是对原有的科学技术进行改进所做的创新。比如,火车的驱动方式从最初的蒸汽机发展到内燃机,再发展到电力驱动,行驶速度也在不断提升,最终构建了遍布全球的高速铁路网。改进创新可分为材质的改进、原理结构的改进和生产技术的改进等。

2. 按照创新成果是否首创分类

根据成果是否属于全世界范围内的首例,分为绝对创新和相对创新。绝对创新是在全世界范围内实现首创创新。例如,我国的四大发明、牛顿的运动定律等,便是在全世界范围内实现的首创,属于绝对创新。

相对创新是不考虑其成果是否属于全世界范围内实现首创的创新。相对创新不考虑外界环境,创造者针对自己原来的基础实现了新的突破就属于相对创新。

3. 按照创新成果是否具有自主知识产权分类

根据创新成果是否是自己创造出来的、是否有自主知识产权,分为自主创新和模仿创新。

自主创新是相对于技术引进、模仿而言的一种创造活动,它是指拥有自主知识产权的独特的核心技术以及在此基础上实现新产品的价值的过程。自主创新的成果,一般体现为新的科学发现以及拥有自主知识产权的技术、产品、品牌等。

模仿创新与自主创新是两个相对的概念。模仿创新即通过模仿而进行的创新活动,一般包括完全模仿创新、模仿后再创新两种模式。模仿创新难免会在技术上受制于人,随着知识产权保护意识的不断增强、专利制度的不断完善,要获得效益显著的技术十分困难。

4. 按照创新活动涉及的领域分类

根据创新活动所涉及的不同领域,又可分为科技创新、制度创新、观念创新、文化创新、教育创新、理论创新、营销创新,等等。

三、创意

案例

创 意 楼 梯

人性化概念性的创意楼梯(见图 1 - 3),是一个巧妙的想法,除了作为普通楼梯使用以外,还可以转化成一个斜坡,以帮助老人和一些行动困难的人简单、轻松地上楼,也为那些需要携带重物而使用购物车或者手推车的人提供了便利。

这款楼梯最大的目的就是最大限度地减少意外发生,可以直接将其安装在现有的楼梯上,并不需要特别建造一个新的斜坡,它安装方便,建设和维护成本低。

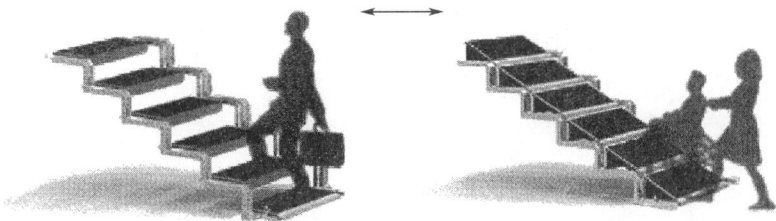

图1-3 创意楼梯

南瓜形办公室

独特的办公室模块(见图1-4),打破常规的四四方方,钢筋水泥组成的办公空间,让您的发散性思维得到最大化的释放。

球状表面的外观,首先给人的视觉感受是非常棒的,聚碳酸酯纤维盘区灵活自如,打开办公室的门,里面一览无遗,干净利落,让人赏心悦目。活动的模块,可以灵活地分布在各个位置,大厅、工作空间、会议室……也可以根据您的空间实际需求进行各种变换。南瓜形办公室由聚碳酸酯纤维模块与金属框架构成,用日光灯照亮,白天看上去非常现代化,晚上看上去也很神奇,让您充满幻想,感觉这就是梦想开始的地方。

图1-4 南瓜形办公室

人人皆有创意,但并非人人都能够科学把握。创意"有如昙花一现的幻影,有如纯洁灵动的精灵",捕捉那转瞬即逝的灵光,用创造性的思维、创意的形式赋予其"有形的翅膀",每个人的创意都可以创造出奇迹。

(一)创意的含义

作为名词的"创意"是指新巧的构思与创造性的意念,作为动词的"创意"是指从无到有产生新意念的思维过程。创意的本质是建立新关系。

美国广告大师李奥·贝纳凭借完全高质量的服务和具有独特创意的广告作品与诸多广告客户建立了密切的合作关系。他指出,创意的核心是运用有关的、可信的、品位高的方式,与从前无关的事物之间建立一种新的有意义的关系的艺术。我们不妨以气垫船的创意为例加以说明。我们知道,当前主要运输工具——车的运动是靠轮的支托和滚动,车与地面之间的关系,不能不说是一项伟大的发明。流动的气体有推力,其反作用力会作用于发出流动气体的物体,这时一个创意产生了:假如用向下喷吹的强大而稳定的气流来代替支托车体的轮子,使从前气流与地面对于车的运动来说没有关系,到现在建立起新的关系,一种全新概念的运输工具——气垫船诞生了。气流就是"有关的、可信的、品位高的方式""与从前无关的事物之间建立一种新的有意义的关系",创意则是建立新关系的"艺术"。

(二)创意的特征

创意具有突发性、形象性、自由性、不成熟性四个特征。

— 9 —

1. 创意的突发性

创意的突发性不仅指创意不能预期,常常会伴随突如其来的灵感,还指它的突变性,即创意是一种突变式的思维飞跃,使感性材料或灵感启示迅速升华为理性认识,也就是想法、意念。

2. 创意的形象性

创意并非来源于书面语言,而是建构于视觉型的符号或表象之上。创意产生的时候思维方式主要是形象思维,思维元素是称为表象的记忆材料。

3. 创意的自由性

从创意思维的产生来看,它是灵活的、多路的、散漫的、全方位的,具有充分的自由性。创意的选择也是自由开放的,甚至是由着自己的性子去思考自己愿意做的事。当思维开阔、自由奔放、不受拘束的时候,我们往往能获得宝贵的创意。

4. 创意的不成熟性

创意并不等同于创造性思维的最终产物,创意是灵感或经验与创新设计方案之间具有中介性质的思维存在。正如爱因斯坦所说,"具有或多或少明晰程度的表象,而这些表象则是能够自由地再生和组合的",这正说明了创意的相对模糊性和不成熟性。

(三)创意的功能

创意具有始动、启示和延伸三个功能。

1. 创意对创造具有始动功能

只有从创意开始,才能走进更深入的创造过程,没有创意,也就不存在创造。创意是创造乃至创业的第一步。

2. 创意具有启示功能

创意是创新能力的展示,是创新能力的证明。创意是开启创新创业大门的钥匙,有了创意,创造就不再神秘。

3. 创意具有延伸功能

创意向前延伸便是创造。创意产生新的设想,创造把这种设想物化为有形的新产品,创业利用新产品创建新事业,这就是由创意走向创造,再由创造走向创业的过程。

(四)创新、创意与创业的关系

自主创新促进科技进步,科技进步引领经济发展。"创意、创新、创业"这三个词与国家、企业、个人的成长紧密联系在一起,它们不仅是科技进步的内核、经济发展的内核,也是个人成长的内核。当今社会,每个人的职业生涯和上升通道,都将与这三个"创"紧密相连,休戚相关,而且这三者之间存在着紧密的关系,缺一不可。

1. 创意是创新创业的基础

人人皆有创意,但非人人都能够科学把握。创意是具有新颖性和创新性的想法,人们可以通过创意创造出更大的效益,包括物质的和精神的效益,因此,创意是创新创业的基础,没有创意,很难开展创新创业实践活动。

2. 创新是创意的飞跃

创意和创新并不仅仅是一字之差,从需求、产生环境、保障机制、可实现性上来说,创新和创意都是不同的。

首先,创新与创意在思维方式上不同。从思维类别上看,创意以形象思维为主,以表象为思维要素，而创新是在形象思维的基础上，把一系列表象概念化、通过逻辑思维，把感性色彩浓厚的创意上升为理性思维居多的创新。

其次，创新与创意在稳定性方面不同。创意的过程往往是突发性、突变性、突破性的综合，如我国数学家侯振挺送一位朋友上火车，在火车站排队上车的队伍前，他的灵感突然闪现，一年多以来梦寐以求的答案清晰地出现在脑际，于是写成了《排队论中的巴尔姆断言的证明》。而创新是概念化、逻辑化的创造方案，具有相对稳定性。

创新来源于创意，但高于创意。创意是一种创新的设想，它不仅要有理论的支持和目标的召唤，还要有一个发明的实现过程和产品的检验环节。也就是说，创意变成有价值的创新，会经历一个充满失败可能的艰苦的发明过程。在莱特兄弟发明飞机之前，产生发明一种依靠机翼力量制造升力飞上蓝天的创意的人，何止李林塔尔、莫让伊斯基、马克西姆这些知名的探索者，一定还有更多人。他们之中有的人从创意进入了发明实验环节，这些人更接近成功，而那些只有创意却没有实际行动的人，肯定不会实现制造飞机的梦想，也就不会取得最终的创新成果。

创意具有突发性、突变性和突破性，我们要善于抓住灵感，形成构思，进而进行坚持不懈的试验，以最终实现创新。可以说，创新始于创意而终于构思。

3. 创新是创业的基础

从经济范畴讲，创业主要是指为了创建新企业而进行的、以创造价值为目的、以创新方法将各种经济要素综合起来，创造出新产品或服务而获得利润的一种经济活动。创业与创新有着密不可分的联系，可以说，创新贯穿于创业的全过程，它是影响创业成功与否的重要因素。

第一，创新是创业的基础。创业是把创新成果转化为生产力的过程，是一个创造新价值、开辟新道路的过程。

第二，不断创新可以保护创业成果。一个新的模式出现后，很快就有人模仿和复制，要想维护品牌的领先地位，必须树立不断创新的理念。

第三，创新可以推动创业持续发展。改革创新是企业活力的源泉，创业者有了较强的创新能力，就会引导企业不断地创新，这些创新是创业者的成功之道，企业的生命之源。

第二节　创新能力及其构成

一、创新能力

（一）创新能力的含义

创新能力是指每个正常人或群体在支持的环境下运用已知的信息，发现新问题，并寻求答案，以及产生某种新颖而独特、有社会价值或个人价值的物质或精神产品的能力。也可以通俗地解释为发现和解决新问题、提出新设想、创造新事物的能力。

创新能力是人类特有的一种综合性本领。创造学认为：创新能力是人人皆有的一种潜在的自然属性，即人人都有创造力，人人都具有可开发的创造潜能。此外，人们的创新能力可以通过科学的教育和训练而不断被激发出来，转化为显性的创造能力，并不断得到提高。一些所谓"无创新能力"的人，其实他们并不是真的没有创新能力，而是其创新能力没有得到应有的开发。只要进行科学开发,人们的创新能力是完全可以被激发出来并转变为显性创造力的。

　　一个人创新能力的强弱,是一流人才和一般人才的分水岭。创新能力是由知识、智力、能力及优良的个性品质等复杂多因素综合优化构成的。创新能力是产生新思想,发现和创造新事物的能力,它是成功地完成某种创造性活动所必需的心理品质。例如创造新概念、新理论,更新技术,发明新产品、新方法,创作新作品都是创新能力的表现。创新能力是一系列连续的、复杂的、高水平的心理活动,它要求人的全部体力和智力高度紧张,以及创造性思维在最高水平上进行。

　　真正的创造活动总是给社会带来有价值的成果,人类的文明史实质是创新能力实现的结果。目前创新能力的研究日益受到重视,由于侧重点不同,对创新能力的研究出现了两种倾向,第一种倾向是不把创新能力看作一种能力,认为创新能力是一种或多种心理过程,从而创造出新颖和有价值的东西;第二种倾向是认为创新能力是一种产物。我们可以认为创新能力既是一种能力,又是一种复杂的心理过程和新颖的产物。

　　有人认为,创新能力较高的人通常有较高的智力,但智力高的人不一定具有很强的创新能力。西方学者研究表明,智商超过一定水平时,智力和创新能力之间的差别并不明显。创新能力高的人对客观事物中存在的明显失常、矛盾和不平衡现象容易产生强烈兴趣,对事物的感受性特别强,能抓住易为常人所漠视的问题,推敲入微,意志坚强,自我意识强烈,能认识和评价自己与别人的行为和特点。

　　创新能力与一般能力的区别在于它的新颖性和独创性。它的主要成分是发散思维,即无定向、无约束地由已知探索未知的思维方式。按照美国心理学家吉尔福德的看法,当发散思维表现为外部行为时,就代表了个人的创新能力。

(二)创新能力的构成

　　研究创新能力的构成,分析创新能力的构成要素,有利于加深对创新能力本质的了解,对开发创新能力具有指导作用。

　　创新能力是人类大脑思维功能和社会实践能力的综合体现。因此,可以说"创新能力是人们进行创造性活动的心智能力与个性素质的总和"。我国学者根据创新能力与智力的密切关系,提出了如图1-5所示的创新能力要素构成图。

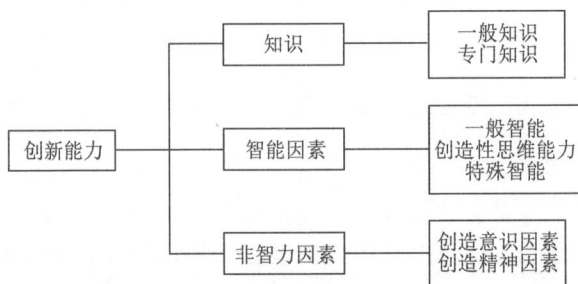

图1-5　创新能力要素构成图

1. 知识

信息和知识是创造的基础和原材料。没有及时的、可靠的、全面的信息,不懂知识,是不会产生创造成果的。很难想象,一个对光电知识一无所知的人能发明出新型的电灯,一个对计算机一窍不通的人能开发出新的操作系统。不了解前人的成果、眼光狭窄、知识贫乏的人是不可能有重大科学发现和技术发明的。知识的掌握,在很大程度上决定着认识能力、解决实际问题能力的速度和质量。

在创新能力构成要素中,一般知识和经验为创造提供了广泛的背景,而包括专业知识、创造学知识、特殊领域知识的专门知识,则直接影响创新能力层次的高低。

2. 智能因素

智能因素包含以下三种能力。

一是一般智能,如观察力、注意力、记忆力、操作能力,它体现了人们检索、处理以及综合运用信息,间接、概括反映事物的能力。

二是创造性思维能力,主要指发散思维和形象思维能力,如创造性的想象能力、逻辑加工能力、思维调控能力、直觉思维能力、推理能力、灵感思维、捕捉机遇的能力及批判性思维能力等,它体现出人们在进行创造性思维时的心理活动水平,是创新能力的实质和核心。

三是特殊智能,指在某种专业活动中表现出来的并保证某种专业活动获得高效率的能力,如音乐能力、绘画能力、体育能力、操作能力等。特殊智能可视为某些一般智能专门化的发展。

3. 非智力因素

非智力因素包含以下两种因素。

一是创造意识因素,指对与创造有关的信息及创造活动、方法、过程本身的综合觉察与认识。也可以简单地理解为创造的欲望,包括动机、兴趣、好奇心、求知欲、探究性、主动性、对问题的敏感性等。培养创造意识,可以激发创造动机,产生创造兴趣,提高创造热情,形成创造习惯,增强创造欲望。任何创造成果都是创造意识和创新方法的结合。从某种意义上说,一个人能做出创造性成就,其创造意识要比创新方法更重要,尤其在创造的初期,因为创造意识能使人们自觉地关注问题,从而发现问题。想创造的欲望决定了创造过程的发生,任何一个人如果他不想去创造,纵然再有才能,也不可能成功。

另一种是创造精神因素,指创造过程中积极的、开放的心理状态,包括怀疑精神、冒险精神、挑战精神、献身精神、使命感、责任感、事业心、自信心、热情、勇气、意志、毅力、恒心等。创造精神也可以简单地说成是创造的胆略。在创造活动中,创造精神往往是成功的关键。

研究表明,智能因素是创造活动的操作系统,非智力因素是创造活动的动力系统。非智力因素虽然不直接介入创造活动,但它以动机作为核心对创造活动起着极其重要的作用。

美国创造心理学家格林提出创新能力由 10 个要素构成,即知识、自学能力、好奇心、观察力、记忆力、客观性、怀疑态度、专心致志、恒心、毅力。

日本创造学家进藤隆夫等人提出创新能力是由活力、扩力、结力及个性 4 个要素构成。其中活力是指精力、魄力、冲动性、热情等的集合;扩力是指发展行为、思考、探索性、冒险性等因素的共同效应;结力是指联想力、组合力、设计力等的综合;个性是指一个人的整体心理面貌,即一个人在一定的社会条件和教育影响下形成的一个人的比较固定的、经常表现出来的、比较稳定的心理倾向和个人特征的综合。

庄寿强教授提出了如下创新能力的表达公式：

$$创新能力 = K \times 创造性 \times 知识量^2$$

式中 K 为一个常量，在式中亦可视为个体的潜在创新能力；式中的创造性主要包括创造者的创造性人格、创造性思维及其所掌握的创新方法的总和。因此，该公式又可表示为

$$创新能力 = K \times (创造性人格 + 创造性思维 + 创新方法) \times 知识量^2$$

国内学者还提出创新能力由智力因素和非智力因素构成。其中智力因素包含视知觉能力，即观察力、记忆力、想象力、直觉力、逻辑思维力、辩证思维力、选择力、操作力、表达力等；非智力因素主要包含创造欲、求知欲、好奇心、挑战性、进取心、自信心、意志力等。

二、创造性人格

(一)创造性人格的含义

所谓创造性人格，也称为创造人格，是指主体在后天学习活动中逐步养成，在创造活动中表现和发展起来，对促进人的成才和创造成果的产生起导向和决定作用的优良的理想、信念、意志、情感、情绪、道德等非智力素质的总和。

创造性人格对个人的成才，对创造活动的成功和创造成果的产生能起导向作用、内在动力作用、长期坚持最终成功的作用。创造性人格，如高尚的理想和信念、坚强的意志，能够在一个人的成才过程中起导向作用。某些创造人格的素质能对创造者的创造历程起到内在动力作用。在科学和艺术史上，有一类重大成果，需要创造者数十年的奋斗才能够获得。在长时间的创造过程中，持之以恒、坚持到底的创造性人格，对于创造活动起到了促使它最终成功的作用

(二)创造性人格的基本素质

创造性人格包括的基本素质是多方面的。根据对古今中外的100多位杰出创造性人才典型案例的研究，可以概括出创造性人格的几种基本素质。

1. 批判继承、综合创新

创造过程既是对旧理论、旧观点的扬弃（批判继承）过程，又是对多种经批判、鉴别、选择的观点、材料进行综合创新的过程，所以创造者，特别是堪称大师的创造者最具有批判继承、综合创新的精神。

iPhone 出现之前，Nokia 在手机行业就是最好的用户体验的代名词。人们习惯了 Nokia 手机的一切，中规中矩的样子、密密麻麻的方向键和数字键盘，甚至包括那"千机一面"的小小的屏幕。所以，当 iPhone 带来了多点触摸、重力感应、屏幕自动翻转等新体验时，人们惊讶地发现，原来手机还可以做成这样。实际上，苹果并非所有技术的原创者，但是它大胆地抛弃了传统手机的方向键和数字键盘，继承了 Windows Mobile 智能手机触摸控制的优点，并创造性地将触控的用户体验做到极致。

"革命性"是苹果创始人乔布斯最喜欢的单词之一。然而，这些革命性的创造不过是既有技术的组合与翻版，在 iPod 诞生前，音乐播放器就已存在，智能手机的诞生也早于 iPhone，但是苹果是一个伟大的创造者，它善于改进现有产品的缺点并创造性地发挥创新的优势，iPad 就是一个绝佳的例子。比尔·盖茨曾于 2001 年展示过一款基于 Windows 的平板电脑，并预言 5 年内将成为一款主导产品。但微软的平板电脑很快就失败了，为什么？微软

没有完全改革台式机的界面,需要使用蹩脚的触控笔来完成所有任务,盖茨也不鼓励开发者开发专门针对平板电脑的应用程序。乔布斯和苹果则不同,iPad 重新定义了平板电脑,在 iPhone 用户体验的基础上,批判性地继承了其他产品的优势,再加上对设计和营销的大量思考,造就了风靡世界并改变了人们生活习惯的平板电脑。

2. 探索精神

创造过程实质上是以质疑和发现问题为起点,通过辩证综合创立新理论、新方法、新设计,并在实践中加以检验或制作,获得新成果的过程。既然质疑和发现问题是创造的起点,那么,善于质疑、发现问题的探索精神对于创造者就是十分重要的创造性人格。科学史证明,创造始于问题,怀疑引出问题,怀疑是创造之母。没有对旧理论、旧工艺、旧制度的怀疑,就不会有新理论、新工艺、新制度的创造。

已故的发明家徐荣祥之所以能发明"湿润烧伤膏"和"烧伤湿润暴露疗法",关键原因之一就是他在青岛读医科大学时受到上述观点的影响,开始培养质疑和提出问题的精神。他敢于对传统的烧伤疗法提出质疑,提出了一系列问题,问了 360 个为什么。

3. 敢冒风险的大无畏勇气

创造活动,特别是重大的发明创造活动,是破旧立新的过程,要破除旧理论,就可能遭到维护旧理论的社会势力的打击;要立新,就要探索未知的领域,就可能遇到各种意外的风险和失败。因此,创造者必须具有不怕风险、不惧失败的大无畏精神。

因为否定地心说,捍卫真理,布鲁诺被活活烧死。19 世纪在开始建造火车铁轨时,有人警告说,当时速超过 50 千米时,人会鼻子出血,而且火车过隧道时,人将会窒息。1903 年莱特兄弟研制的飞机即将上天的时候,科学家西门纽堪伯发表声明:人类要飞行是不可能的。1957 年,英国皇家天文学家哈若斯宾对第一颗人造卫星评论道:人类登陆月球是下一代才会发生的事,而且即使成功登陆,生还的机会也是微乎其微。从以上例子可以看出,当一个新的设想或新的事物产生时,必然会遭到旧的习惯势力的抵制,所以创新要有胆识、有勇气,甚至要以付出生命为代价。

在 Walkman 随身听问世之前,人们只能在家里或在汽车中用立体声录音机欣赏音乐。20 世纪 70 年代,索尼公司的创始人盛田昭夫决心开发一种能够让年轻人随身携带的音乐播放设备。当盛田昭夫将这一想法与工程师们讨论时,似乎没有人喜欢他的想法。在Walkman 的研发过程中,一些市场观察家,甚至索尼的员工对这一产品的市场前景均持怀疑的态度。一位工程师说:"听起来像是个好主意,但如果没有录音功能,还会有人买吗?我看不会。"有些销售人员认为这必定是一款失败的产品,将承担巨大的销售压力。然而盛田昭夫相信这将是一个伟大的产品,"我对这个产品的生命力非常自信,所以我表态说,我个人愿意对它负责。这种想法就这样坚持下来了。"盛田昭夫在回忆录中写道。

索尼的勇气成就了 Walkman 的巨大成功,在其诞生后的 20 年时间里,索尼的 Walkman 共售出 3.5 亿台,并带动了整个便携式影音设备领域的发展,一度使索尼在 20 世纪成为全球电子产品制造业的典范。

4. 抗压精神

这种创造性人格是许多遭遇失败或身处逆境的创造者,能够战胜千难万险、排除重重障碍、承受多次失败的压力,最终获得成功或创造成果的决定性因素。

美国计划生育的开拓者桑格夫人为了减轻多生育妇女的痛苦、疾病和贫穷,在美国创办了第一家实施节育手术的诊所,创办了第一个宣传计划生育的刊物。由于她的言行触犯了美国当时的法律,她的诊所曾先后三次被警察捣毁,她也先后三次被捕入狱。但她坚信自己的主张和行为有利于千百万妇女及其家庭,每次释放出狱后,她又再次创办节育诊所和宣传计划生育的刊物。正是她这种为坚持正确主张,不怕坐牢和杀头,敢于承受失败和委屈,百折不挠、持之以恒的精神,获得了广大人民的理解和支持,终于迫使国会修改了有关法律,使她开创的节育手术和计划生育主张传遍了全美国,传遍了全世界。1921年,美国控制生育联合会成立,她成为第一任主席;1953年,国际计划生育联合会成立,她成为第一任主席。

5. 开拓精神

开拓精神是许多科学家、发明家、改革家、企业家有所发现、有所发明、有所创新的重要原因。

埃隆·马斯克是一位传奇的创造家——12岁时成功设计并卖出一款视频游戏;在大学获得两个学士学位,参与设计并售出网络时代第一个内容发布平台;担任美国最大的私人太阳能供应商Solar City的董事长;创立全球最大的网络支付平台Paypal;投资全球第一家私人航天公司SpaceX,参与设计能把飞行器送上空间站的新型火箭,价格全世界最低,研发时间全世界最短;投资创立世界最大的纯电动汽车生产商Tesla Motors,成功生产世界上第一辆能在3秒内从0加速到60英里的电动跑车,并热销全球。所有这些开拓性的成就,任意一件放在普通人身上都是了不起的,而马斯克在他40岁之前悉数完成。

2002年1月的一天,马斯克正躺在里约热内卢的一片海滩上晒太阳。那年他30岁,Paypal眼看就要上市了,在这家他1999年创立的公司里,他是最大的股东。他并没有沉浸在即将获得巨大商业利益的欣喜之中,也不像其他游客一样悠闲地度假,他的手边摆着一本严肃得似乎不合时宜的书——《火箭推进基本原理》,他在思索着一项更加具有开拓性的事业。在那之前的四个月,他成立了一家私人航天公司SpaceX,旨在研究如何降低火箭发射成本,他的雄心壮志是将发射费用降低到商业航天发射市场的1/10,并计划在未来研制世界最大的火箭用于星际移民。

2010年,SpaceX的火箭搭载着名为"Dragon"的宇宙飞船飞往国际空间站,并成功地进行对接。这是历史上第一次由私人公司发射火箭,承担地面与太空之间物资运送的任务。马斯克的理想并不局限于此,他还将目光聚焦在未来的新能源和电动汽车上。2010年,他的电动汽车公司Tesla Motors在纳斯达克成功上市,获得数亿美元的融资,同时得到美国国家能源部、丰田、奔驰的大力支持。如今,Tesla电动车热销全球,在市场上取得了巨大的成就,成功地开创了一个时代。对于这些开拓性的成就,马斯克说:"若我不这么投入,才是最大的冒险,因为成功的希望为零。"

6. 勤俭、艰苦、自信自强的精神

有一类创造者——开拓型企业家,要在企业的经营创造活动中使企业从无到有,从小到大,乃至成为第一流的企业,特别需要养成勤俭节约、艰苦创业的创造性人格。

创造活动是前无古人的事业,必将碰到千难万险,只有树立知难而进的创造性人格,创造者才可能在创造的高峰上不断攀登;面对艰难险阻,只有树立自信自强的创造性人格,创造者才能在探索未知的曲折征途中产生用之不竭的动力。

2012年10月8日,瑞典皇家科学院将该年度诺贝尔生理学或医学奖颁发给英国生物学家约翰·格登。可在面对镜头的时候,这位79岁的老人却把一张中学成绩报告单放在最显眼的位置。在这张已经发黄的纸片上可以看到,63年前这位生物学最高奖项的得主在生物课上排名全班倒数第一,在生物课程的学习上曾被评价为"非常愚蠢"。

在牛津大学攻读生物学博士学位期间,约翰·格登细胞分化理论的研究遭遇众多挫折,格登试图证明,细胞在分化成不同的组织器官之后,并没有丢掉那些"没用上"的遗传信息。然而,这位"差生"的观点一直备受质疑,一些"资深前辈"甚至提出了截然相反的结论。

半个多世纪以来,格登从没因为挫折而放弃对生物学的热爱。那张成绩报告单一直被装裱在一个精致的木质相框中,并且被挂在格登剑桥大学的办公室里,这份成绩报告单给了他特别的动力。"有时我会看着它告诉自己,几十年前就有人说,你根本不擅长这个工作,"格登说,"当你的实验遇到困境的时候,拿这个方法激励自己,真的太有效了。"这种面对困境永不退缩,在质疑面前保持自信自强的精神永远鼓舞着他向新的科学高峰攀登。

三、创造性思维

案 例

自动摘收番茄问题的解决

20世纪初,农业机械化在发达国家就已经实现。然而,发明一种能自动摘收番茄的机器始终是可望而不可即的。主要是因为番茄的皮太柔嫩,任何机械都可能因抓得过紧而将番茄夹碎。那么,怎样才能实现自动摘收番茄呢?解决这个问题有两种不同的思维方式。第一种方式是研究控制机器的抓力,使其既能抓住番茄又不会将番茄夹碎。但是始终未能成功。第二种方式则是采用了一种从问题的源头解决的办法。即研究如何才能培育出韧性十足、能够承受机器夹摘力的番茄,沿此思路人们成功研制出一种硬皮番茄。

面对同一个问题,人们采取不同的思维方式,去寻求解决问题的方法。上例中的第一种解决方案是大多数人习惯使用的思维方式,即利用现有信息进行分析、综合、判断、推理,从而找出解决办法,将所需解决的问题与头脑中已储存的过去曾经用过的问题做比较,以寻找解决问题的办法,其本质是通过学习、记忆和记忆迁移的方式去思考问题。这种思维被称为再现性思维,也称为习惯性思维。而上例中的第二种方案是在已有经验的基础上,寻找另外的途径,从某些事实中探求新思路、发现新关系、创造新方法以解决问题,这就是创造性思维的表现。

何谓创造性思维?

目前学术界对此尚无统一定义。各领域专家已从不同的角度、根据不同的理解对其有很多的阐释。

从广义上看,创造性思维是创造者利用已掌握的知识和经验,从某些事物中寻找新关系、新答案,创造新成果的高级的、综合的、复杂的思维活动。它通常包含三层含义。

第一层含义是创造性思维的基础是创造者已掌握的知识和经验;

第二层含义是创造性思维的结果是创新,即需要从某些事物中寻找新关系、新答案,创造出新成果;

第三层含义是创造性思维是一种高级的、综合的、复杂的思维活动。

从狭义上看,创造性思维也可具体地指在思维角度、思维过程的某个或某些方面富有独创性,并由此而产生创造性成果的思维。也就是指在整个思维中的更具体的方面,如他人意想不到的某个思维角度,在整个思维过程中的某一小阶段,其思维具有独特性、新颖性,而且主要是因为其独创性、新颖性而产生了创造性成果的思维。

诺贝尔化学奖获得者李远哲博士曾经说过:科学史上的每一项重大突破,总是由某些杰出的科学家完成最关键或最后一步的,他们之所以能超过前人和同时代人,做出划时代的贡献,并不在于他们比别人的知识更渊博,重要的在于他们富有科学革命精神和高度的创造性思维。

创造性思维是人类所特有的最高级、最复杂的精神活动,是地球上美丽花朵中的奇葩,创造性思维并非少数发明家、天才人物才具有的素质,而是任何一个正常人都具备的一种思维方式。千百年来,人类凭借创造性思维不断地认识世界和改造世界,创造出了数不胜数的物质文明和精神文明成果。

四、创新方法

案例

交通工具的发明

如图1-6所示,以交通工具的发展变化为例,对于马车我们有很多很多的东西可以研究,比如研究马的育种、饲养、驯服,等等;又如研究轴辘、研究车体结构,等等。但是这些研究仅仅局限在牵引式的思路下,成果再好也不能超出马跑的速度。假如跳出传统的牵引式思维方式,转入驱动式的思维方式,通过不断创新就有了蒸汽机、火车、飞机、轮船、宇宙飞船等的发明。

图1-6 交通工具从原始到高科技

勾股定理的发现

若一直角三角形的两股为a、b,斜边为c,则有$a^2+b^2=c^2$。今天我们都很熟悉这个公式,它是毕达哥拉斯在公元前560年—公元前500年发现的,因此把它叫作毕氏定理。毕氏定理也可以用几何的形式来解释,那就是直角三角形直角边上的两个正方形的面积和等于斜边上正方形的面积。

据我国现存最早的数学专著《九章算术》记载,勾股定理是由周朝的商高发现的。另一成书于公元前 1 世纪以前的数学著作《周髀算经》上卷第一部分中,用商高回答周公提问求教的方式,介绍了这一定理,有"勾股各自乘,并而开方除之",又有"勾广三,股修四,径隅五"。

这些陈述与今天关于勾股定理的通俗说法"勾三股四弦五"几乎无异。因此,在我国,勾股定理一般又称作"商高定理"。在西方国家,又称作"毕达哥拉斯定理"。其实,毕氏发现勾股定理要比商高晚得多,魏晋时期,数学家刘徽得出"5,12,13""8,15,17""7,24,25""20,21,29"等勾股弦解,清陈杰等则得出了勾股弦的整数通解。汉代著名数学家赵爽用勾股圆方图对商高定理做了严格而巧妙的证明,这种证法被西方数学家认为是"最省力的",其中包含割补原理的思想,体现出的象数一致性,意义更为深远。

但是遗憾的是,中国虽然很早就发现了被我们称为"高商定理"的勾股定理,但是国外并不认可,因为我们只知道勾三股四弦五,没有上升到一般规律,没有总结出来 $a^2 + b^2 = c^2$ 这样一个定理。

回顾人类发展历史以及科学技术进步历程,每一次重大跨越和重要发现都与思维创新、方法创新、工具创新密切相关。我国古代有一部《孙子兵法》,千百年来享誉中外。它不仅是世界各国军事家必读之书,也在现代商业、政治以及人们的日常行为与处世中被广泛应用。《孙子兵法》之所以被如此推崇,主要是它从无数战争胜败的实践经验中,创造性地总结、集成了军事上的谋、略、技巧和套路,是我国古代集军事"方法创新"之大成的杰出成果,充分反映了"创新方法"的重大影响。

(一)创新方法的含义

创新方法是创造学家根据创造性思维发展规律和大量成功的创造与创新的实例总结出来的一些原理、技巧和方法。如果把创造、创新活动比喻成过河的话,那么方法就是过河的桥或船。

自近代科学产生,尤其进入 20 世纪以来,思维、方法和工具的创新与重大科学发现之间的关系更加密切。据统计,从 1901 年诺贝尔奖设立以来,有 60% ~70% 是由于科学观念、思维、方法和手段上的创新而取得的。例如,1924 年哈勃望远镜的发明与应用揭开了人类对星系研究的序幕,为人类的宇宙观带来新的革命;1941 年,"分配色层分析法"的发明,解决了青霉素提纯的关键问题,使医学进入了抗生素防治疾病的新时代;20 世纪 70 年代,我国科学家袁隆平提出了将杂交优势用于水稻育种的新思想,并创立了水稻育种的三系配套方法,从而实现了杂交水稻的历史性突破。

英国著名哲学家卡尔·皮尔逊曾将科学方法看作"通向绝对知识或真理的唯一道路"。法国著名的生理学家贝尔纳曾经说过:"良好方法能使我们更好地发挥天赋的才能,而笨拙的方法则可能阻碍才能的发挥。"笛卡儿认为:"最有用的知识是关于方法的知识。"蔡元培先生在评价当时中国科学落后的原因时曾说过:"中国没有科学的原因在于没有科学的方法。"

(二)创新方法的三个阶段

创新方法按照发展历程分为尝试法、试错法和头脑风暴法三个阶段。

第一阶段:尝试法

在人类发展早期,人们从事发明创造活动所采用的方法主要是效率极低的尝试法。

"神农氏尝百草",便是这种尝试法的生动写照。中国人自古就有神农尝百草的传说,意思是,古代中国人不知道什么可以吃,什么不可以吃,吃错了就会生病、丧命,于是神农尝百草,日中七十毒,遇茶而解,基本摸清了什么样的食物可以吃。

第二阶段:试错法

试错法是纯粹经验的学习方法。主体行为的成败是用它趋近目标的程度或达到中间目标的过程评价。趋近目标的信息反馈给主体,主体就会继续采取成功的行为方式;偏离目标的信息反馈给主体,主体就会避免采取失败的行为方式。通过这种不断的试错和不断的评价,主体就能逐渐达到所要追求的目标。

如爱迪生在发明灯泡的过程中,曾试用了上千种材料,经历过无数次失败,这便是试错法的生动写照。

第三阶段:头脑风暴法

头脑风暴法是通过学科交叉解决创新问题。随着全球化进程的加剧、科技的进步,要解决的问题越来越复杂,新的创新时代正在逐渐到来,它的基本标志就是从试验性的科学向工程性的科学转变,而工程性的科学是多学科的交叉,是多学科方法的集成,完全依靠尝试法和试错法是无法解决这些复杂问题的。

第三节　创造学的兴起与发展

一、创造学的诞生

创造,多么熟悉而诱人的字眼!创造,曾博得多少人的崇拜和敬仰!创造,正以其巨大的动力驱动着人类历史车轮前进。回顾历史我们不难发现,人类从走出原始的洞穴到住进豪华的别墅,从脱下遮丑的树叶到穿上华丽的盛服,从钻木取火、茹毛饮血到使用现代化的各种科学技术……哪一项成果不是创造的结晶,哪一个进步不是创造的精华!人类用劳动创造了世界,同时劳动也把人类从动物界提升出来,从而创造了人类自身。由此,我们可以毫不夸张地说,创造是神圣而伟大的,没有创造就没有当今的科学技术,没有创造就没有人类的一切!从这个意义上说,人类社会进步和发展的历史就是一部创造的历史。创造是人类社会活动的永恒主题。

然而奇怪的是,千百年来人们对于非常熟悉的创造其实并不了解,其重要表现之一是不仅对创造的本质不了解,而且对于创造还产生了各种偏见或误解。首先,人们长期以来所崇拜、所赞扬的,大多是一些"大人物"的创造,却忽视了普通人的创造。比如,只要一提起创造,人们便会自觉不自觉地想到牛顿、爱因斯坦、伽利略、爱迪生、达尔文、门捷列夫、高尔基、鲁迅等一大批贡献卓越、硕果累累的科学巨匠、发明大师和文坛泰斗,很少有人会想到一般的、普通人的创造,更少有人会想到自己的创造。据悉,当某教师一次在课堂上对中国科学院的研究生谈到他们也可以做出创造发明的时候,竟然引起了一片笑声,由此可知人们的偏见是何等之深。其次,人们对这些"大人物"所赞扬的,往往也只是他们在创造发明中所取得的那一部分成果而已。譬如,人们习惯于敬仰爱因斯坦的相对论、赞扬爱迪生的一千多项发明、称赞牛顿的三大定律、崇拜达尔文的进化论,但却忽视了他们的具体创造发明过程,忽视了他们创造发明的机制和规律。即使在浩如烟海的资料中所记载的,也只是他们的创造成果或者至多是一些实验的经过而已，人们很少关心这些"大人物"创造发明过程中具体的思维和方法，也很少关心创造活动本身的规律和技巧。由此，便常常使人们产生第三个偏见，就是似乎这些"大人物"的创造很少会遇到什么挫折和失败，似乎正因为他们是"大人物"，所以就误认为他们取得如此重大的成果与普通人做普通事是一样顺利的，而看不到他们在刻苦钻研并取得成功的背后隐藏着的创造技巧和创造规律，甚至盲目相信只要刻苦钻研就一定会很快产生创造性成果。再次，最为常见、影响最深刻的偏见，就是人们错误地认为只要知识越多就越能创造，一个人不能创造的原因好像就在于知识太少。故此，要从事创造，似乎必须先进行无限制的知识学习。此外，人们还误认为发明创造都是搞理工的人的事，而与学文、学管理的人似乎没有什么关联，等等。

在上述偏见或误解的影响下，无形中人们就为创造涂上了一层神秘色彩，认为创造是深奥莫测、高不可攀的，似乎创造只能属于极少数的天才人物而与大多数普通人无缘。即使有些人最初也相信自己会有所创造，但在遇到两三次挫折或失败之后，也可能因为不了解创造的机制和规律而重新陷入前述种种偏见或误区之中，怀疑甚至完全放弃自己的创造，从而铸成不可弥补的大错。不难看出，这些偏见或误解极大地阻碍了科学技术的进步和生产力的发展，极大地阻碍了人们创造潜力的开发。

20 世纪以来，人类步入了一个激烈竞争的时代，尤其是在科学技术突飞猛进、知识信息成倍增加的现代知识经济社会中，众多有识之士早已认识到：在当今世界，各国、各民族、各地区之间在经济、政治、军事等方面的竞争，归根结底是其科学技术力量的竞争；而科学技术力量竞争的实质则又是创造的竞争，是创造速度和创造效率的竞争，更是创造性人才的竞争，是人力资源开发和人才创造能力培养的竞争。

在这种激烈竞争的背景之下，要想得到最快的创造速度和最高的创造效率，人们就不得不重新认识人类自身的创造问题。于是，人们开始对创造的过程和机理产生兴趣，对创造思维、创造规律和创造方法产生兴趣，同时对普通人的创造活动开始给予关注，对创造性人才的培养和使用也开始予以重视。在这种情况之下，20 世纪 30 年代美国通用电气公司首先对公司职工进行了创造力开发的培训，一年后发现职工的创造能力竟提高了 3 倍（按取得专利数量计算），遂引起强烈社会反响。其后，美国其他公司纷纷仿效，同样也产生了明显的效果。1941 年，美国的奥斯本发表了一个颇具影响的重要创造技法：智力激励法（brain storming，有人译为"头脑风暴法"或"智暴法"）。一般认为，这一创造技法的提出，标志着研究人类创造能力、创造发明过程及其规律的一门科学——创造学的正式诞生。

二、国外创造学的发展

由于创造学有助于开发人们的创造潜力，有助于促进科学技术领域的发现和发明，有助于促进生产力的进步和发展，有助于促进教育水平的提高和创造性人才的培养，因此创造学自 20 世纪 40 年代诞生以来，很快便在国外得到了迅猛发展。下面简要地介绍一下国外的创造学发展情况。

（一）美国

美国是创造学的发源地。1941 年，美国 BBDO 广告公司经理奥斯本出版了《思考的方法》一书，提出了"智力激励法"。该书出版后，立即引发了人们对于创造的极大兴趣。1953年，奥斯本又出版了《创造性想象》一书，该书共发行了 1.2 亿册，先后被译成 20 多种文字，从而使人们对于"创造性研究"更加关注。

创造学被列入大学教学内容当首推美国的麻省理工学院。该校在 1948 年即开设了"创造性开发"课程。

美国加利福尼亚大学心理学家吉尔福德于 1950 年任美国心理学会主席时,发表的就职讲话题目即是"创造力"(creativity),这在世界范围产生了很大影响,从而大大推进了创造学发展。

20 世纪 60 年代以来,美国形成了十几个创造学研究中心。截至 1979 年,美国已有 53 所大学和 10 个研究所设立了专门的创造学研究机构,有力地促进了创造学发展。此外,美国的创造学普及面也非常宽,在美国几乎所有大学都开设了有关创造性训练课程,有的专门讲授各种创造技法,有的则同专业课相结合,采用创造力训练方法改造原有的课程安排。据报道,20 世纪 80 年代美国就已经有航空学、农业、建筑学、企业管理、化学、英语、工业工程、地理学、物理学、新闻学、销售学、体育学和教育学等 20 多个专业采用了创造力开发的原则和方法进行教学。1990 年,美国召开了全国高校第一届创造力会议,会上有人收集并研究了 61 所高校的 67 个创造课程教学大纲。

在此值得一提的是,美国纽约州州立布法罗学院是自始至终把创造学作为一门独立学科而加以发展的大学。该大学 1967 年为研究生开设了创造学课程,1974 年创造学亦成为本科生课程,1975 年正式获准设立了美国乃至世界上的第一个创造学硕士学位授予点。

除大学以外,美国社会上的创造力训练也有很大发展。继美国通用电气公司之后,IBM 公司、美国无线电公司、道氏化学公司、通用汽车公司等均设立了各自的创造能力训练部门,从而保证这些公司能够一直富有旺盛的创造能力。

由于创造学极大地推动了人们的创造发明活动,所以在美国的企业界,每年有数以十万计的在职职工接受有关创造学训练。一些大公司甚至声称,凡未学过创造学的大学生,必须补修完该课程之后才能被接受为其公司职员。

此外,美国还在 1954 年由奥斯本发起成立了"创造教育基金会"(CEF),旨在促进教育界创造教育开展,以培养创造性人才。该基金会成立以后每年都要举办一次创造性解决问题的学术研讨会(CPSI)。20 世纪 70 年代,哈佛大学曾进行了一场长达 4 年的有关教育思想的大辩论,最后终于把对人才的创造性培养纳入了教育的主要内容之中。对此,美国教育界评论说,这场辩论虽然发生在哈佛大学,但它却震动着美国乃至全世界的学术界和高等学府。到 20 世纪 80 年代中期,以创造教育为核心的教育改革在美国几乎形成共识。

1989 年,美国创造学会(ACA)成立。其宗旨有二:一是增强人们对创造学重要性的认识,二是促进创造潜力的开发。该学会下设 4 个专门委员会,即商业与产业、交流与艺术、教育与训练、科学与技术。

20 世纪末,随着知识经济的到来,美国更加重视各行各业的创造和创新活动,并且提出——科技创新是经济增长的发动机,必须全方位地追求科技创新。由此,有人认为美国又悄然进入"创造力经济"阶段——一个由想象力和创造力主宰的新经济阶段。因为这一阶段是以创造和创新来推动经济发展,所以还有人认为,创造力经济可能会使知识经济黯然失色。

(二)日本

日本对于创造学的研究起步也比较早。早在 20 世纪 20 年代,日本教育家千叶命古就出版了《创造教育的理论与实践》一书。1944 年,东京大学教授市川龟久弥发表了处女作《独创性研究的方法论》。1955 年创造学由美国传到日本以后很快就得到了极大发展,在日本不时地掀起"全民皆创"的开发全民族创造力的阵阵热潮。这主要表现在以下几个方面。

1. 注重对人的创造潜力的开发

日本政府认为,为了振兴国家,必须立足于本国,必须依靠开发本国国民的智慧和创造力。早在1960年,池田内阁便制订了著名的《国民收入倍增计划》,其四大目标之一就是"培训人才"。该计划指出:"我国技术的进步,过去经常是依赖于引进外国技术。今后,决不能只停留在这种消化、吸收外国技术的层面,必须进一步发展本国技术。""本计划实施期间最为重要的事项是保证提供数量充足、质量优秀的科学技术工作者和专门人才。"20世纪80年代,日本把发展独创的新的科学技术视为一项国策,把提高人们的创造能力作为通向21世纪的道路。1986年,日本时任首相中曾根康弘谈及日本经济腾飞的经验时说,日本土地狭小、资源缺乏,靠什么在世界上立足、靠什么与人竞争呢? 主要是靠开发国民的创造力。日本创造学家高桥诚1983年的调查资料表明,当时日本约有40%的企业已实施开发职工创造力的创造教育。

2. 普遍开展设想运动

所谓设想,就是对于一个事物、一个问题的新观点、新思路和新看法。任何一个创造发明,其最初至少都得有一个设想。设想运动的普遍开展,是日本"全民皆创"活动的重要表现。例如,日本的日产(柴油机)公司下属的日产(柴)群马工厂,1994年有职工685人,全年职工共提出创造性设想259 876个,人均约379个,共产生经济效益39 865万日元,人均创效益约58万日元。

日本许多企业都把职工的创造性设想和发明专利看作该企业的重要实力和无形资产。例如,本田科研公司经理对前去参观的客人讲的第一句话就是:"本公司每年拥有105万件提案(即设想),是第一流的公司。"日本丰田汽车公司一位经理也这样说:"本公司每年有40万件提案,而同一时期美国福特公司只有6万件。"日本帝人公司总经理更把创造性看成用人的首要标准,他说,公司用的人,第一是他要有创意,第二是他要追求创意,只要是有创意的人,公司就马上将其聘为干部。

由此,日本一些企业提倡职工立足于本岗位每天提出一个设想(即所谓的"一日一案")活动,使每个职工都生活在浓厚的创造氛围之中。职工之间互相启发、互相激励、互相切磋、互相促进,在良好的环境中创造的机遇或灵感常会降临。正因为如此,日本才可能出现当今世界上的发明大王中松义郎。中松义郎在50多年的发明生涯中,共获得了2 360余项专利,大大超过了爱迪生的1 320余项专利的记录。在1982年的世界发明比赛中,他荣获"对世界做出巨大贡献的第一发明家"奖。

3. 电视台举办发明设想专题节目

为了广泛发动和推进发明设想运动,早在1981年10月,日本东京电视台就开始创办"发明设想"节目,由此引起了全国的发明设想热潮,许多人都跃跃欲试,希望把自己长久以来隐藏在心中的设想发表出来。例如,有一个曾经在电视设想节目中获得过头等奖的创造性设想竟然是在切菜板上挖一个大孔,以便把切好的碎菜通过孔洞直接推入下面的筐中。

4."发明节"和"星期日发明学校"

日本把每年的4月18日定为"发明节",在这一天要举行表彰和纪念成绩卓著的发明家的活动。"星期日发明学校"最早是由东京的几位发明家发起创办的,参加学习的人不仅有在职职工、企业管理人员,还有家庭主妇。发明学校有专职教师,也聘请发明家做教师,其教授形式生动、活泼。发明学校曾经培养了一批有成就、有建树的发明家,如吉泽台助因发明了密封的袋装毛巾,每年可获利 7 000 万日元。

5. 重视"小"发明

日本非常重视和鼓励一般人所称的"小"的创造发明(其实,根据行为创造学,创造发明并无大小之分),并把"小"的创造发明同样提到相当的高度予以对待。正是这些富有实效的"小"创造、"小"发明,使得日本成为一个发明大国,日本的专利申请件数长期雄居世界首位。

此外,20 世纪 70 年代以来,日本的创造学者出版了大量创造学论著,涌现出一批有所建树的学者,他们开发出了不少具有日本特色、适合日本国情的创造技法,如 KI 法、NM 法、CBS 法、MBS 法等。日本创造学会成立于 1979 年,至今仍不间断地每年召开全国性的创造学学术讨论会,并从 1983 年起每年出版一本论文集。此外,日本还有一批专门刊物,如《创造》(1968 年创刊)、《创造的世界》(1971 年创刊)等,这些都为创造学的研究和发展提供了广阔天地。据报道,日本目前在爱知县设有一所丰桥创造大学。

正是上述种种创造活动,在日本成为世界经济大国中发挥了重要的作用。近年来,随着全球性竞争日趋激烈,日本亦感受到了在创造和创新中增加其知识含量的深远战略意义。1996 年日本已正式批准《科技基本计划》,2005 年又把基础技术十大战略列入"第三期科技基本计划"之中,准备从"技术立国"转向"科技创新立国",使自己尽快进入信息化社会。

(三)其他国家

早在 1945 年,德国心理学家韦特墨就在《创造性思维》一书中分析研究了儿童、成人和一些名人,甚至爱因斯坦等的创造性思维,随后创造力研究受到人们的重视。20 世纪 70 年代德国学者霍斯特·格什卡在巴特尔研究所(即总部设在美国俄亥俄州哥伦布的巴特尔纪念研究所的德国分所)建立了创造力研究室,并和他的同事们一起研究当时已经问世的 40 多种创造技法及其在企业界的应用。1983 年,格什卡创办了一家从事企业创造力开发的咨询公司。1991 年格什卡被达姆斯塔德技术大学聘用并承担"创造力与创新"课程的教学工作。1993 年,由格什卡担任主席的"第四届欧洲创造力与创新大会"在达姆斯塔德市召开,会上宣告成立"欧洲创造力与创新协会"。这次大会推动了德国上下对创造力研究的关注,不久以格什卡为首的一批有识之士即成立了"达姆斯塔德激励创造力俱乐部"。该俱乐部开展了一系列创造学活动,包括到学校普及创造学。2002 年,该俱乐部正式更名为德国创造学会。

英国人对创造学的发展亦做出了自己的贡献。1968 年,英国医生德·博诺提出了"侧向思维"理论,认为利用"局外"信息发现解题途径的思维能力可以同眼睛的侧视能力相类比,故称之为"侧向思维"。德·博诺还设计了一整套创造力训练的课程,其中,被称为 CoRT 的思维技巧课在中小学中开展了教学,甚至在美国也得到传播和推广。另外,英国的曼彻斯特工商管理学院从 1972 年开始开设"创造性与创新"课程,至今已有 40 多年历史,1992 年该校还创办了《创造性与创新管理》杂志。

韩国政府近年来一直在国内大力提倡发明创造活动,以期提高国家的科技创新能力,提高企业的竞争力。韩国政府把每年的 5 月 19 日定为韩国发明日。在 2001 年的发明日纪念大会上,韩国总统金大中强调,要在全社会树立崇尚发明、尊重发明家的风气,在全国掀起了发明创造热,同时韩国政府又决定把每年的 5 月定为韩国的发明月。

加拿大也有不少热心于创造学的人为发展创造学而努力,有许多来自教育、工业、科技等部门的人员纷纷拥向布法罗和波士顿接受创造性解题训练,学成后在各类组织机构中从事创造力咨询活动。1967 年,蒙特利尔大学开始对各行各业的成年人开设创造性解题课程,并建立了创造力研究实验室。1970 年,魁北克大学将创造技法的教学并入视听课程,1975 年开始为学生开设各种各样的创造性解题课程。

此外,在匈牙利,学者在中小学里开展了结合语言和其他科目教学的创造力训练;在波兰,1978 年绿山省创办了发明家学校;在保加利亚,曾开设过思维技巧课;在委内瑞拉,其政府用法律形式规定了每所学校必须开设"思维技术"课,并于 1979 年在中央政府一级设置与教育部并列的智力开发部,使用德·博诺的思维训练教材进行创造力开发,这在世界上是一个创举。

据统计,除上述国家以外,开展创造学活动的还有法国、希腊、荷兰、印度、意大利、罗马尼亚、西班牙、泰国、瑞士、墨西哥、新西兰、澳大利亚、巴西、南非等 70 多个国家和地区,这些都为创造学的普及、应用和发展奠定了坚实基础。

三、我国创造学的发展

由于种种原因,创造学传入我国比较晚。但是,有关创造学的零星研究在我国却可追溯到很早的年代。例如,我国古代的玄学、禅宗在论道、悟道方面曾发展了一些卓有成效的创造性思维方法,提出过某些至今仍为美、日创造学家所推崇的有价值的见解。

20 世纪 40 年代,著名教育家陶行知先生曾大声疾呼,发表过《创造宣言》,并身体力行地写文章、办学校,主张以激发人的创造性为办教育之目的。1980 年前后,上海交通大学的许立言开始进行创造学研究。最初,专职及业余研究者不过几十人,但是很快创造学便在我国的科技界、产业界和教育界引起了广泛重视,参与人员发展到了数千、数万之众。近年来,创造学在我国大有突飞猛进发展之势,主要表现在如下几个方面。

(一)创造学群的诞生和发展

创造学群,是指以创造学学科理论研究及应用为主要活动内容的学术性团体。20 世纪80 年代以来,我国以创造学研究为中心发展了各种类型的创造学群,如发明协会、创造学会、创造发明协会、创造学研究会、创造工程学会、发明家协会、发明者联谊会、创造学研究与推广协会等。

1983 年 6 月 28 日至 7 月 4 日,在广西南宁召开了我国第一次创造学学术讨论会,并成立了中国创造学研究会筹备委员会,标志着创造学在我国已作为一门独立的学科而诞生。之后,各种全国性的和地方性的创造学类学术讨论会相继召开,各种相应的创造学群陆续出现,其中影响最大的是中国发明协会和中国创造学会。

1985 年,中国发明协会成立,武衡任会长,随后在很多省(市)相继成立了地方发明协会。中国发明协会成立之时即举办了首届全国发明展览会,并于 1988 年和 1992 年分别举办了北京国际发明展览会。此外,它还多次组织人员前往日内瓦、蒙特利尔、巴黎、吉隆坡、芬兰、菲律宾和南斯拉夫等地参加国际发明展览会。据统计,1985—1995 年共参展 25 届,有 679 项发明参展,有 405 项获奖,其中金牌奖 86 项,同时也产生了很大经济效益。

1994 年,中国创造学会在上海成立,会长袁张度,随后又成立了创造教育专业委员会。学会每两年举办一次全国性学术讨论会,并编辑出版创造学会议论文集,为我国的创造学理论研究做出了一定贡献。现在,已有北京、天津、上海、湖南、四川、黑龙江等十多个省(市)成立了创造学会。学会的成立及其活动的开展,对于全面普及创造学活动具有一定的促进作用。

（二）高等学校的创造学研究

1980 年,创造学最早由上海交通大学引入我国,随后便在其他高校雨后春笋般地发展起来。20 世纪 80 年代,以东北大学谢燮正等为首的一批创造学研究者与国外学者建立了广泛联系,并翻译了几百万字的国外创造学研究资料,为我国的创造学研究和发展奠定了一定理论基础。在这期间,创造学在我国高校多以选修课或第二课堂的形式出现。据 1993 年首届全国高校创造学研讨会信息,那时经有关方面批准、正规开设创造学选修课的高校约有 20 所,近几年来,这个数字呈现出成倍增长的趋势。开设创造学课程已成为高校研究、推广创造学的主要形式。与此同时,一些高校也陆续成立了创造学方面的有关机构和组织。比如,中国矿业大学成立了创造学教研室,湖南轻工业高等专科学校成立了创造学与新产品开发教研室,上海理工大学成立了创造学研究室等。

高校的创造学研究者除了进行创造教育的实践以外,还对创造学的理论进行了全面的、多层次的研究和探讨,并取得了很多研究成果,如东北大学的谢燮正教授、广西大学的甘自恒教授、中南大学的肖云龙教授、北京大学的傅世侠教授、沈阳建筑大学的罗玲玲教授、上海理工大学的夏定海教授、中国科技大学的刘仲林教授、浙江大学的王加微教授、长沙理工大学的孟天雄教授、清华大学的江丕权教授、北京科技大学的卞春元教授、北京航空航天大学的苏成章教授、华北航天工业学院的杨德教授、石油化工管理干部学院的李全起教授、攀枝花大学的彭健伯教授、安徽工业大学的冷护基教授、西南科技大学的陈吉明教授以及湖南科技大学的王伟清教授等,都有自己的创造学研究成果。

近年来,在许多创造学工作者的努力下,高校中的创造学教学深度逐年加大(如创造学课程已细化为创造性思维、创造技法、创造案例、创造原理等近 20 门课程),层次逐年提高(创造学课由最初的一般讲座发展到公共选修课,再到有关专业的必修课,直至公共基础必修课),进而出现了创造学本科专业(方向)和创造学研究方向的硕士、博士研究生培养的试点,在创造学教学和科研两方面均取得了丰硕成果,从而引起海内外学者的关注。

（三）科研院所的创造学应用

由于创造学特别是行为创造学在提高人的创造能力方面有着特殊作用,所以创造学在科研院所亦产生了相当的影响,受到许多科研人员的青睐。中国科学院南京地质古生物研究所就曾多次结合古生物研究举办过创造学学术讲座,极大地活跃了科研学术气氛,被认为是"开拓了地质工作者的思路,对科学的发展起了积极的作用"。中国科学院合肥物质科学研究院是应用创造学比较典型的单位。该院 1987 年即开始对其科技人员和管理干部进行创造学培训,其后举办了多期创造学培训班或研讨班。例如,1999 年举办了"中国科学院创造学培训班",2004 年再次以创造学为依托举办了"国内外创新比较研讨班",学员通过创造学学习,加快取得了一批科研成果。2005 年,由中国科学院合肥物质科学研究院、中国矿业大学和中国科技大学联合组成的课题组完成了"中国科学院创造学继续教育模式的探讨"研究课题。课题组认为,当前我国的创造学已开始向多方面深入发展,而中国科学院要更好地推进创造学的继续教育,则应该更偏重于其中的行为创造学理论体系和具有传统文化特色的中国式创造学内容。这项研究成果为促进创造学在高层次人员中的发展奠定了基础。

（四）企业和人事部门的创造学推广

创造学以其能够开发人们创造潜力的实用性而备受厂矿企业的欢迎。事实表明,创造学在厂矿企业推广的最佳方式是开发其广大职工的创造潜力,促进企业的发明创造活动和合理化建议运动的开展。为此,全国总工会很早就开始抓在企业推广创造学的工作。1984年,工人出版社出版了袁张度为工会系统编著的《创造与技法》一书。1985年,中国机械冶金工会机械系统群众技术进步工作委员会首先做出"推广运用创造学的决议",次年便在上海、大连两地正式开办了创造学培训班,1987—1990年又在全国14个省24个大中城市50多个大中型企业办培训班或举行讲座70多次,培训了5 000多名推广运用创造学的骨干,并于1988年正式成立了全国机械工业系统创造学研究推广协会。1991年5月15日,《工人日报》发表了题为《推广创造学,开发职工创造力》的评论员文章,遂掀起在企业普及创造学的热潮。

在这一期间,全国涌现出了一批推广创造学的重点企业(如东风汽车公司、上海第三钢铁厂等)、重点行业(如机车车辆制造行业)和重点地区(如上海、沈阳、大连、宜昌等)。

后来,全国总工会职工技协办公室又先后在湖北、辽宁、江西、河北和陕西建立了五个推广普及创造学的骨干培训班基地,组织编写了20余万字的《创造学基本知识》教材,拍摄了创造学电视录像片,为各省市培训了万余名推广运用创造学的骨干。1994年,总工会技协办公室颁发了《关于继续加强推广普及创造学的通知》,进一步动员全国近400万技协会员把推广普及创造学的群众活动深入持久地开展下去。

由于参与市场竞争的需要,不少厂矿企业已越来越感到培养职工创造性的重要,因而对创造学表现出越来越多的关注。例如,山东日照港务局对其中层管理干部进行了全面的创造学培训;南通市测绘院在把创造学用于企业的发展和管理方面,取得了令人振奋的创新效果;1998年下半年,江苏省总工会组织实施了培训创造学的计划,等等。但是,由于创造学理论发展相对滞后,目前我国企业界创造学的推广速度已明显变缓。

我国的人事部门也很看好创造学在培养人才创造性中的作用而大力推广创造学。人事部高级公务员培训中心在其"中国国家培训网"中就把创造学作为待培训的10门课程之一向全社会广泛发布。此外,如深圳市人事局、上海市人事局、重庆市人事局、福建省人事厅等许多人事局(厅)都安排了专门推广创造学的计划,在数十万人中掀起了一个又一个的创造学培训热潮。

(五)不同创造学理论体系的形成

目前我国在社会上普及推广的创造学,主要是从国外引进的以心理学为基础、以创造技法为主体的一般创造学。由于其诞生的时间不长,一般创造学理论体系尚未完善,在其关键之处常常存在较明显的逻辑矛盾,因此一般创造学在其普及推广中特别是在高层次人员推广中就具有一定难度。为此,我国不少创造学研究者在逐步补充、完善一般创造学理论的同时,一直在研究、探索适合高层次人员应用的、符合我国实际情况的独立理论体系。这些探索和研究工作始于20世纪八九十年代,直到进入新世纪才逐渐形成一些阶段性成果,比较有代表性的有如下三类创造学理论体系。

1. 广义创造学体系

广义创造学体系,是在我国著名创造学学者甘自恒教授多年潜心于创造学研究特别是创造哲学研究并取得丰硕成果的基础上提出来的。其标志性著作是甘自恒编著的《创造学原理和方法——广义创造学》(科学出版社,2003)。该书自称的特色之处有:①中国特色,它突出地体现了马克思列宁主义、毛泽东思想、邓小平理论和"三个代表"重要思想的指导作用,广泛地渗透着马克思主义哲学活的灵魂,有意识地吸收了中国传统文化的精华;②理论体系较完整;③理工文综合的特色;④自主创新的特色;⑤规范、严谨的写作特色。

2. 中国创造学体系

中国创造学体系,是由我国著名创造学学者刘仲林教授长期研究创造学之后提出来的。中国创造学的重要立足点放在中国传统文化的"创造之道"上,其标志性著作是刘仲林撰著的《中国创造学概论》(天津人民出版社,2001)。中国创造学理论体系的特色之一是对创造思维的阴阳两大类(两仪)思维中"阴柔"思维的中国文化背景和审美逻辑进行探索;此外,中国创造学还对创造的最高境界——道(太极)进行了开拓性探讨,认为中国传统文化谈道而不谈创造,西方创造学谈创造而不谈道,主张将两者融会贯通,以"创造"促进传统文化转化,以"道"提升创造学境界。

3. 行为创造学体系

行为创造学以使人产生创造行为为研究的出发点和最终归宿点。其发展历程大致经历了如下几个阶段:

①雏形阶段(1983—1990年):标志性著作——庄寿强编著《创造学基础》(中国矿业大学出版社,1990);

②发展阶段(1991—1997年):标志性著作——庄寿强、戎志毅著《普通创造学》(中国矿业大学出版社,1997);

③成型阶段(1998—2001年):标志性著作——庄寿强著《普通创造学(第二版)》(中国矿业大学出版社,2001);

④完善阶段(2002年至今):标志性著作——庄寿强著《普通(行为)创造学(第三版)》(中国矿业大学出版社,2006)。

上述每个阶段都有其原创性研究成果。例如,行为创造学提出了两条基本原理作为其立论根据;分析了一般创造力与创造能力的异同,提出并论证了行为创造学的横断性、创造能力的经验表达公式、学科创造学的建立依据及其意义;给出了创造性思维的明确定义,探索出创造性思维的15个也是仅有的15个引发机制;对创造原理和创造技法亦做了深层次探讨,等等。行为创造学因具有自主独创性、系统理论性、严密逻辑性、广泛实用性和普遍推广性而赢得了社会各界广泛认可,并于2001年荣膺全国唯一的"创造学"国家级教学成果奖。

我们中华民族历来是一个富有创造性的民族。在世界文明发展史上,中国是人类四大发明的摇篮,是世界四大文明古国之一。

只是因为种种原因,明代以后我国的科技发展才开始落后了。但是,中华民族的创造能力并没有衰落,中华儿女的创造才华始终是出类拔萃的。英国学者坦普尔曾指出:现在世界上重要的发明创造有一半以上源于中国。他著书立说,介绍了中国古代的100种发明创造,称之为100个"世界第一"。他在专著《中国——发明和发展的国家》的序言中说,除了指南针、印刷术、造纸术、火药是中国四大发明以外,还有现代农业、现代航运、现代石油工业、现代气象观测、现代音乐、十进制计算、纸币、多级火箭、水下鱼雷乃至蒸汽机的核心设计等,都源于中国。坦普尔认为,人们之所以不知道这些重要而确凿的事实,主要原因是中国人无视自己的成就。发明创造者自己也没有要求承认这些发明权,因而日久天长大家便对发明创造淡忘了。

众所周知,现今的教育如果只是单纯地进行知识灌输和技术传授而忽视创造潜力的开发,忽视科学的思维和实际创造方法的训练培养,那么就只能培养出头脑僵化、缺乏应变能力的高分低能甚至低分低能者。我们不妨自问:我们每个中国人,我们每个大学生,是不是真正地认识到了自己头脑中确实存在着一种亟待开发出来的创造潜力？是否真正意识到了只有这种创造潜力才是真正取之不尽用之不竭的巨大财富？据笔者所知，目前绝大多数人尚未意识到这一点，他们尚不知道提高创造能力是可以通过提高自己的创造性来完成的，他们更不知道自己创造性的提高是可以通过学习、应用创造学而实现的。由此可以认为，如果每个中国人的创造能力都能完全或者有一半展现出来的话，那么中国就已经步入"创新型国家"行列了。

我们的大学生应该以创造的态度来认真学习创造学、深入了解创造学、宣传普及创造学，以创造的精神运用创造学和发展创造学，以便使更多的人开阔思路、启迪思维，开发出自己潜在的创造力。我们还应该把创造学作为入门的向导，以便在学习中重新认识自己和重新发现自己，并尽可能地把创造学与各专业的科学知识相结合，与当前的素质教育相结合，与日常的生活实际相结合，尽早地自觉进入创造角色，把自己培养成富有创造性的人才，为我国的社会主义经济腾飞多做贡献，为早日把我国建设成创新型国家而奋斗。

只有创造，教师才可能为教出超过自己的学生而深感欣慰；只有创造，学生才可能因学成并超过自己的老师而倍觉成功。但愿每一个大学生都能尽快依靠创造而超过自己的老师，继而主动地迎接时代挑战，为中华民族的崛起、为创新型国家的建设而勇当向时代挑战的排头兵。

扩展资源

1. 创新能力测试——普林斯顿法

创新能力测评就是对人的创新能力进行测量及评价的过程。创新能力测评的具体做法是依据一定的测评目标来选择测评方式，并制定出适当的测量工具和手段，让受测者参与实施各项测量活动；然后对每一项测量活动赋予一定分值，待受测者全部做完后，将分数汇总；最后，根据预先制定出的评分标准，对受测者的创新能力进行评估。在实际测评时，应注意以下问题：

（1）评价者必须在测评之前明确对创新能力概念的理解，以选用恰当的评价工具，让使用者通过测评达到实践目的。

（2）测评工具应能反映创新能力的共性与复杂多样性。

（3）需要对创新能力的计分和统计采取科学态度，应由专门受过训练的人进行测评。

到目前为止，国内外创造学家已开发出十多种创新能力测评方法，但目前尚无一种公认的、客观的且适合各类人才的测评方法。但已开发的测评方法，还是可以从不同角度，对多层面、多维度结构的创新能力进行测评，其中比较著名的方法是普林斯顿法。

美国普林斯顿创造才能研究公司总经理、心理学家尤金·劳德塞根据多年对善于思考、富有创新能力的男女科学家、工程师和企业经理的个性品质的研究，设计了下面这套"你的创新能力有多大？"的简单测试。这里有 50 个句子，句子不复杂，也不故意"捉弄人"。回答应尽量做到准确、坦率。每一句后面用一个字母表示对这一提法的同意或反对的程度：同意用 A 表示；不清楚用 B 表示；不同意用 C 表示。

然后，对选出的答案进行统计（参见表 1－1），测出自己的创新能力水平，被测试者只需10 分钟左右的时间，就可知道自己是否具有创造才能。当然，如果需要慎重考虑一下，适当延长试验时间也不会影响测试效果。

（1）我不做盲目的事，也就是我总是有的放矢，用正确的步骤来解决每一个具体问题。

(2)我认为,只提出问题而不想获得答案,无疑是浪费时间。

(3)无论什么事情,要我们发生兴趣,总比别人困难。

(4)我认为,合乎逻辑的、循序渐进的方法,是解决问题的最好方法。

(5)有时,我在小组里发表的意见,似乎使一些人感到厌烦。

(6)我花费大量时间来考虑别人是怎样看待我的。

(7)做自认为是正确的事情,比力求博得别人的赞同要重要得多。

(8)我不尊重那些做事似乎没有把握的人。

(9)我需要的刺激和兴趣比别人多。

(10)我知道如何在考验面前,保持自己的内心镇静。

(11)我能坚持很长一段时间以解决难题。

(12)有时我对事情过于热心。

(13)在无事可做时,我倒常常想出好主意。

(14)在解决问题时,我常常单凭直觉来判断"正确"或"错误"。

(15)在解决问题时,我分析问题较快,而综合所收集的资料较慢。

(16)有时我打破常规去做我原来并未想要做的事。

(17)我有收藏癖。

(18)幻想促进了我许多重要计划的提出。

(19)我喜欢客观而又理性的人。

(20)如果我要在本职工作和之外的两种职业中选择一种,我宁愿当一个实际工作者,而不当探索者。

(21)我能与自己的同事或同行们很好地相处。

(22)我有较高的审美观。

(23)在我的一生中,我一直在追求着名利和地位。

(24)我喜欢坚信自己的结论的人。

(25)灵感与获得成功无关。

(26)争论时,使我感到最高兴的是,原来与我观点不一致的人变成了我的朋友。

(27)我更大的兴趣在于提出新的建议,而不在于设法说服别人接受这些建议。

(28)我乐意独自一人整天深思熟虑。

(29)我往往避免做那种使我感到低下的工作。

(30)在评价资料时,我觉得资料的来源比其内容更为重要。

(31)我不满意那些不确定和不可预计的事。

(32)我喜欢一门心思苦干的人。

(33)一个人的自尊比得到一个人的敬慕更为重要。

(34)我觉得那些力求完善的人是不明智的。

(35)我宁愿和大家一起努力工作,而不愿意单独工作。

(36)我喜欢那种对别人产生影响的工作。

(37)在生活中,我经常碰到不能用"正确"或"错误"来加以判断的问题。

(38)对我来说,各得其所、各在其位,是很重要的。

(39)那些使用古怪和不常用的词语的作家,纯粹是为了炫耀自己。

(40)许多人之所以感到苦恼,是因为他们把事情看得太认真了。

（41）即使遭到不幸、挫折和反对，我仍然能够对我的工作保持原来的精神状态和热情。

（42）想入非非的人是不切实际的。

（43）我对"我不知道的事"比"我知道的事"印象更深刻。

（44）我对"这可能是什么"比"这是什么"更感兴趣。

（45）我经常为自己在无意之中说错话而闷闷不乐。

（46）纵使没有报答，我也乐意为新颖的想法而花费大量的时间。

（47）我认为"出主意没有什么了不起"这种说法是中肯的。

（48）我不喜欢提出那种显得无知的问题。

（49）一旦任务在肩，即使受到挫折，我也要坚决完成。

（50）从下面描述人物性格的形容词中，挑选出 10 个你认为最能说明你性格的词：

精神饱满的	有说服力	实事求是的	虚心的	观察力敏锐的
谨慎的	束手束脚的	足智多谋的	自高自大的	有主见的
有献身精神的	有独创性的	性急的、高效的	乐意助人的	坚强的
老练的	有克制力的	热情的	时髦的	自信的
不屈不挠的	有远见的	机灵的	好奇的	有组织力的
铁石心肠的	思路清晰的	脾气温顺的	爱预言的	拘泥于形式的
不拘小节的	有理解力的	有朝气的	严于律己的	精干的
讲实惠的	感觉灵敏的	无畏的	严格的	一丝不苟的
谦逊的	复杂的	漫不经心的	柔顺的	创新的
实干的	泰然自若的	渴求知识的	好交际的	善良的
孤独的	不满足的	易动感情的		

第 50 题中挑选出下列词语可各得 2 分：精神饱满的、观察力敏锐的、不屈不挠的、柔顺的、足智多谋的、有主见的、有献身精神的、有独创性的、感觉灵敏的、无畏的、创新的、好奇的、有朝气的、热情的、严于律己的；挑选出下列词各得 1 分：自信的、有远见的、不拘小节的、不满足的、一丝不苟的、虚心的、机灵的、坚强的；其余的词不得分。

表 1-1 测试打分表

题号	1	2	3	4	5	6	7	8	9	10	11	12	13	14	15	16	17	18	19	20
A	0	0	4	-2	2	-1	3	0	3	1	4	3	2	4	-1	2	0	3	0	0
B	1	1	1	0	-1	0	0	1	0	0	1	0	1	0	0	1	1	0	1	1
C	2	2	0	3	0	3	-1	2	-1	3	0	-1	0	-2	2	0	2	-1	2	2

题号	21	22	23	24	25	26	27	28	29	30	31	32	33	34	35	36	37	38	39	40
A	0	3	0	-1	0	-1	2	2	0	-2	0	3	-1	0	1	2	0	1	-1	2
B	1	0	1	0	1	0	1	0	1	0	1	1	0	1	2	1	1	0	1	1
C	2	-1	2	2	3	2	0	-1	2	3	2	-1	2	2	3	0	2	2	0	0

题号	41	42	43	44	45	46	47	48	49			
A	3	-1	2	2	-1	3	0	0	3			
B	1	0	1	1	0	2	1	1	1			
C	0	2	0	0	2	0	2	3	0			

【评判标准】

根据累计得分总数,可分为5个等级。得110~140分,说明有非凡的创新能力;得85~109分,说明有很强的创新能力;得56~84分,说明有较强的创新能力;得30~55分,说明创新能力一般;得15分以下,说明创新能力较弱,有待提高。被测者可以根据问题判断自己在思维敏感性、流畅性、灵活性、独特性、精确性和变通性等方面有哪些地方有待改善。

2. 托拉斯测试法

这是根据美国著名心理学家托拉斯的研究成果编成的,简称托拉斯测试法。它要求对下面20种情况做出判断,如果符合自己的情况就在( )里打"√",如果不符合就打"×"。

(1)在做事、观察事物和听人说话时,我能专心一致。 ( )

(2)我说话、写作文时经常用类比的方法。 ( )

(3)我能全神贯注地读书、书写和绘画。 ( )

(4)完成老师布置的作业后,我总有一种兴奋感。 ( )

(5)我不大迷信权威,常向他们提出挑战。 ( )

(6)我很喜欢(或习惯)寻找事物的各种原因。 ( )

(7)观察事物时,我向来很精细。 ( )

(8)我常从别人的谈话中发现问题。 ( )

(9)在进行带有创造性的工作时,我经常忘记时间。 ( )

(10)我总能主动地发现一些问题,并能发现和问题有关的各种关系。 ( )

(11)除了日常生活,我平时差不多都在研究学问。 ( )

(12)我总对周围的事物保持着好奇心。 ( )

(13)对某一些问题有新发现时,我精神上总能感到异常兴奋。 ( )

(14)通常,我对事物能预测其结果,并能正确地验证这一结果。 ( )

(15)即使遇到困难和挫折,我也不会气馁。 ( )

(16)我经常思考事物的新答案和新结果。 ( )

(17)我有很敏锐的观察能力和提出问题的能力。 ( )

(18)在学习中,我有自己选定的课题,并能采取自己独有的发现方法和研究方法。

( )

(19)遇到问题,我经常能从多方面来探索它的解决办法,而不是固定在一种思路上或局限于某一方面。 ( )

(20)我总有些新的设想在脑子里涌现,即使在游玩时也常能产生新的设想。　　(　　)

【评判标准】

如你打"√"的数目占总数(20 题)的 90% 以上,说明你的创造心理特征很好;如在 80% 左右(即打"√"的有 14～17 道题),则属于良好:在 50% 左右(即打"√"的有 10～13 道题),则属于一般;30% 以下则比较差。

第 二 章

创造性思维

自古以来,科学技术以不可抗拒的力量推动着人类社会的发展,历史告诉我们,一个国家是否强大,一个民族是否强盛,关键在于是否注重科技创新。创新的实质和核心是创造性思维。创造性思维是从创新思维活动中总结、提炼、概括出来的具有方向性、程序性的思维模式,为创新思维提供方向。本章论述了创造性思维、创造性思维的方式及创造性思维训练。

第一节　创造性思维概述

思维是人脑对客观事物间接的、概括的反映过程,是认识的高级形式。思维在创造活动中有着极其重要的作用,因为创造活动是人类对未知世界的认识和发现的活动过程,在创造的过程中,人们要产生新的思想、新的知识和方法,探索到尚未发现的规律,这时就尤其需要思维活动的参与,如果离开了思维,人类的创造活动便寸步难行。

创造性思维是人类所独具的。千百年来,人类凭借创造性思维不断地认识世界、改造世界。从这个意义上说,人类所创造的一切成果,都是创造性思维的外在表现与具体实物化。古今中外,人们无限赞美创造者、崇拜发明者、敬仰科学家,但对于人类这种创造性思维的本质、特征及其机制等问题却了解甚少。

思维不一定都能产生创造。思维是人脑对客观事物间接的概括和反映,总是指向于解决某一个或几个问题,这就为人们的创造性活动奠定了基础;但是,并不是所有的思维结果都表现为创造,特别是对于保守型思维来说,则更是如此。

创造性思维一般指的是开拓人类认识新领域的一种思维,是要突破已有知识与经验的局限,产生前所未有的思维新结果、达到新的认识水平的思维,常常是在看来不合逻辑的地方发现隐秘。从这一点上说创造性思维是一种具有开创意义的思维活动,一种复杂的高级心理活动。一项创造性思维成果的取得,一般要经过长期的探索、刻苦的钻研,甚至多次的挫折。而创造性思维能力也要经过长期的知识积累、素质磨砺才能具备,至于创造性思维的过程,则离不开繁多的推理、想象、联想、直觉等思维活动,是需要人们付出脑力劳动才能获得的。

创造性思维在很大程度上是以直观、猜想和想象为基础而进行的一种思维活动,大家所熟知的哥伦布竖鸡蛋的故事就能充分说明哥伦布的创造性思维。

一、脑与思维

（一）脑的解剖结构和功能

脑是人类意识和思维等高级神经活动的器官，也是人类创新的物质基础。要创新就首先要了解脑，了解脑的解剖结构和功能。

脑可分为大脑、间脑、小脑和脑干四部分。大脑由结构大致对称的左、右两半球组成，包括大脑皮质（皮层）、皮质下白质和灰质（基底神经节）等，中间由胼胝体相连。大脑半球遮盖着间脑、中脑和小脑，间脑包括丘脑和下丘脑（丘脑下部），脑干包括中脑、桥脑和延髓。大脑半球的表面有很多深浅不等的沟或裂，沟或裂之间的隆起叫回，它们大大地增加了大脑的表面积。大脑半球表面重要的沟或裂有大脑外侧裂、中央沟和顶枕裂。大脑半球借外侧裂、中央沟及枕切迹至顶枕裂顶端之间的假想连线分为五个脑叶，即额叶、顶叶、颞叶、枕叶及岛叶。覆盖在大脑半球表面的一层灰质结构称大脑皮质，约占中枢神经系统灰质的90%。皮质的厚度为1.5~4.5毫米，平均为2.5毫米。脑回凸面的皮质较厚，脑沟深处则较薄，大约2/3面积的皮质埋于脑沟之内。大脑皮质的表面积约4 000平方厘米，它的重量占脑重的1/3~1/2，约600克，由10亿~20亿神经元组成。大脑的皮质结构是人类运动、感觉、思维、记忆和情感的高级中枢，亦是中枢神经的最发达部分。

1. 大脑左右半球的思维功能与思维互补说

人类大脑结构和认识功能的一个主要特征为两侧半球功能的不对称性，这个现象又称半球优势、功能侧化、半球侧化或半球专化。也就是说，在产生行为、高级心理活动或认识功能的神经过程中，左、右大脑起着不同的作用。一般而言，语言功能、运用技巧主要决定于左侧半球（称为优势半球），空间功能则主要依赖右侧半球。半球功能的不对称性不仅见于成人，也存在于儿童和婴儿中。人类双手的运用也存在不对称性，表现于优先选用的差异和熟练、技巧的区别。按照习惯选用手的不同可将人区分为右利或左利，以右利为明显优势的占90%左右，总体上大约93%的人的语言优势半球在左半球。1949年，蒙特利尔神经学研究所（Montreal Neurological Institute）的约翰·韦达应用脑动脉造影的原理，将异戊巴比妥直接注射于讲话优势一侧的颈动脉，借以短时间阻断注射侧半球的大部分神经，使受试者不能讲话、不能理解，从而用实验方法（称为Wada试验或大脑半球不对称试验）确定了正常人语言优势半球的存在。

20世纪六七十年代，斯佩里教授利用大脑两半球间神经纤维通过手术割断的病人（裂脑人）进行认知实验，进一步验证了大脑两半球不仅都具有思维能力，而且在功能上有明显的分工。斯佩里以精确的实验证实，左半球同抽象思维、象征性关系以及对细节的逻辑分析有关，它具有语言（包括书写）的、理念的、分析的、连续的和计算的能力，即它能说、写和进行数字计算，在一般功能方面，它主要执行分析功能。右半球则与知觉和空间定位有关，它对事物进行单项处理而不是数理的排列，它具有音乐的、绘画的、综合的几何－空间鉴别能力。这就是说，左半球主要从事抽象思维，右半球主要从事形象思维，如空间定位、图像识别和色彩欣赏等。对割裂脑病人的研究表明，在两侧大脑半球之间存在联系时，整个大脑作为一个统一的实体进行活动。在两侧大脑半球之间的纤维联系切断后，只要大脑半球内部结构没有改变，每侧大脑仍能以其固有的方式实现其功能，左、右半球都可以独立地进行思维活动和意识活动，并且都具有自我意识。

然而，大量研究显示，左右大脑半球虽有分工，但正常人在进行语言、思维等认知活动时,更多地需要两半球的协同作用。当一侧功能受损时,另一侧会适当地进行协调和补偿。斯佩里和其同事对裂脑人的研究显示,可以通过非优势半球认一些简单的词,并证明了左右半球在功能上是互补的,两者既各司其职又相互配合。人脑好比两套不同类型的信息加工系统,它们相辅相成,组成了一个统一的控制机制。

总的来说,抽象思维和形象思维、左脑和右脑具有互补的优势,二者缺一不可。正是它们各自优势的相互补充,才使大脑的思维功能得到最大限度的发挥,这种观点叫作思维的互补说。

2. 名人的大脑

我们每个人都有自己的大脑,很多人总觉得自己不够聪明,自己的脑子不如别人的脑子灵,怀疑这是因为名人的大脑与众不同。那么聪明人的大脑与常人比较究竟有何不同呢? 许多人对此进行了探索和比较,其中最受人关注的就是列宁和爱因斯坦的大脑。

(1)列宁的大脑

1924 年 1 月 21 日,苏联领导人弗拉基米尔·伊里奇·列宁去世,时年 53 岁。列宁去世后,苏联当局专门成立了一个实验室,在严格保密的情况下,对列宁的大脑进行研究。为了比较,该实验室的科学家还对其他多个苏联著名政治家、科学家及文学家的大脑进行了研究。到 20 世纪 30 年代中期,列宁大脑的研究工作基本完成。1936 年 5 月,大脑研究所代理所长萨尔基索夫向政治局提交了共有 153 页文字和 15 册图片集(每册 50 幅显微照片)的报告——《列宁大脑的研究》。他们把列宁大脑切分成 30 953 个切片,制作了 690 张放大 5 倍的幻灯片和大脑皮质各个结构区域的显微照片,总数约为 700 张。对大脑皮质各个部位的研究中所获得的数据分别做了详细记录,进行对比之后,得出如下的基本结果:

①列宁大脑中前额叶的脑沟与所有其他人的脑标本比较,百分比最高,脑回也非常丰富。众所周知,前额叶对于特别高级的功能,尤其是对于精神集中具有巨大意义,下前额叶对于言语过程具有特别重要的意义。同时,列宁的下前顶叶也与常人有极大的不同。这个部位对于高级功能,特别是对于认识和行动过程具有重大意义。其颞叶也具有很丰富的脑沟,特别是中下部颞叶的脑沟分成众多的弧状,走向各不相同,尤以横向居多。报告中说,列宁脑组织的多个细部证明,他的脑结构非常完美,尤其是上额叶部分的盘旋程度比卢那察尔斯基、米丘林和马雅可夫斯基要多,这也许就是列宁那么聪明的原因之所在。

②对杰出人物的大脑半球的研究发现,通常从一个区域往另一个区域过渡有明显的界线,或所谓缓冲适应现象,列宁的这种结构特点非常明显地表现在前额叶、下顶叶和颞叶的许多区域里。

③列宁的大脑的精细构造特点也证明其构造的高度完善,其一是在前额叶(特别是第 10、46、47 区域)和下顶叶细胞成分高度密集,比马雅可夫斯基、波格丹诺夫和斯克沃尔佐夫-斯捷潘诺夫大脑的相应部位更密集。细胞成分的丰富是与其可能转换的丰富性及相应功能的极大的多样性相当的。

④大脑皮质的基本部分分为六层。根据现代细胞科学的资料,三层主要为联想系统提供启动因素,这个系统对于高级神经活动和特别高级的功能具有重大的意义。在列宁的大脑中,在前额叶(特别是在第 10 和 46 区域里)、下顶叶、上颞叶、处于第 19 区域邻界的颞—顶—后脑部位和在后中心部位(第 70 区域,尤其是第 71 区域)(正是在第三层中)可见到特别大的细胞。

⑤把列宁的前额叶和颞叶及其构成的各个区域表面的大小与其他人的大脑相应部位

进行比较(其所得结果对于判断列宁的大脑的高级组织特别重要),结果发现列宁的前额叶部位占整个表面的 25.5%,斯克沃尔佐夫－斯捷潘诺夫占 24%,波格丹诺夫占 13.9%,马雅可夫斯基占 13.5%。列宁的前额叶比重大,主要是因为与这个部位特别强的分析功能相联系的那些区域比较大。

⑥列宁的大脑左半球受到了很大损坏,但是在功能高度分化的部位把它与列宁患病期间所拥有的巨大高级功能相比较,可得出一个结论:即使在患病期间,列宁仍然拥有高级的组织,虽然大脑受到很大损坏,但其功能仍处于非常高的高度上。

当时,大脑研究所还对其他多位苏联著名政治家、科学家及文学家的脑子进行了研究。除列宁外还有斯大林、基洛夫、加里宁等党政领导人;在理论家方面有卢那察尔斯基;在文学家方面有高尔基、马雅可夫斯基;在科学家方面有安德烈·别雷、巴格里茨基、斯坦尼斯拉夫斯基、齐奥尔科夫斯基、巴甫洛夫、米丘林、门捷列夫、列夫·朗道(诺贝尔物理学奖获得者)、阿·萨哈罗夫(诺贝尔和平奖获得者)、古比雪夫以及列宁夫人克鲁普斯卡娅等。例如,科学家在研究诗人马雅可夫斯基的脑子时获得了一个有趣的发现,即其枕骨下的区域出奇地复杂,人脑与猴脑最大的区别恰恰是在这一部分,盘旋情况比一般人要丰富得多,但仍然无法与列宁的脑子相比。

(2)爱因斯坦的大脑

1955 年 4 月 18 日凌晨 1 点 15 分,爱因斯坦在美国新泽西州普林斯顿大学医院撒手人寰,享年 76 岁。当时托马斯·哈维任普林斯顿大学病理科主任,虽然和爱因斯坦仅有一面之缘,却碰巧成了替他验尸的医生。哈维私下征得爱因斯坦长子汉斯的同意,悄悄将这颗堪称历史上最聪明的大脑取出,以留给科学界做研究。汉斯提出的唯一条件是研究结果必须发表在科学期刊上。哈维一直恪守对爱因斯坦一家的承诺,在自己后半生里尽了最大努力,希望能用科学的方法解读这位伟大科学家的智慧密码。大脑一被固定,哈维就对它进行了仔细的测量,还从各个不同角度拍了许多照片。根据哈维的测定,爱因斯坦的大脑重 1 230 克。哈维将爱因斯坦的大脑制作成 12 套脑片标本,寄给当年神经界最有名的科学家。这些科学家通过对爱因斯坦大脑构造的解析得出了惊人的发现——爱因斯坦的大脑有十几个与常人有异的细微之处!

宾夕法尼亚大学脑解剖专家凯拉女士经过详细检查后发现,爱因斯坦的大脑从表面皮层的面积、结构和脑的重量来看,和普通人没什么两样。他的脑重也只有 1 230 克,低于现代男人大脑重量的平均值,并不出众。有一些才能高度发展的人(亦即天才人物)的脑重的确远远超过了这个数字,如俄国著名作家屠格涅夫就比较符合人们对天才的期望,脑重为 2 012 克,远超出人类脑重的平均值。

1985 年,美国加州大学伯克利分校的神经科学家玛丽安·戴蒙教授领导的研究小组检验了四块爱因斯坦大脑的皮质。他们发现,爱因斯坦的左顶叶、神经元与神经胶质细胞的比例小于常人。根据他们 20 世纪 60 年代的研究,哺乳类神经元与神经胶质细胞比例从小鼠到人有逐步降低的趋势。神经胶质细胞是神经元的支援细胞,为神经元提供养料,因而他们推测,神经元执行的功能越复杂,越需要神经胶质细胞的营养和支持。也就是说,在哺乳类动物中,神经元与神经胶质细胞的比例可当作反映智力的量表。和 11 位普通人的大脑进行对比以后他们发现,位于左侧顶叶的那块标本里,爱因斯坦大脑中神经胶质细胞的比例确实比其他人要高上一倍。她据此推论说:"这一现象显示了爱因斯坦在展示他非同寻常的理性思考能力时,这一脑区的活动得到增强。"戴蒙教授据此得出结论:爱因斯坦的革命性成就与其发达的神经胶质细胞有关。她的实验结果于 1985 年发表在《实验神经病学》上。

加拿大汉米尔顿麦克马斯特大学的维特森博士发现,爱因斯坦的顶叶下部的区域比一般人宽。而且,一般人的大脑里有一条叫作"外侧裂"的脑沟穿过这里,沟的尾端劈入一块名为"缘上回"的区域,而爱因斯坦的大脑照片则显示,他的外侧裂在进入顶叶下部区域之前就与另一条脑沟合并,缘上回也显得更为完整。维特森认为,一般情况下,大脑中神经连接密集的地方会形成凸起的脑回,而神经连接比较稀少的地方则凹下变成脑沟,爱因斯坦戛然而止的外侧沟,正反映了他顶叶下部区域比一般人神经连接密集。1999 年,维特森在著名国际学术期刊《柳叶刀》上发表了她的研究报告,她指出,一方面爱因斯坦大脑左右半球的顶下叶区域异常发达,比普通人的平均厚度多 1 厘米,这造成爱因斯坦大脑宽度超过普通人 15% 左右。报告指出,位于大脑后上部的顶下叶区在视觉空间认知、数学思维和运动想象力方面发挥着重要作用,该区域的异常发达在一定程度上可解释为什么爱因斯坦会形成自己独特的思维方式。爱因斯坦本人就曾描述说,他的科学思维过程具有较强视觉性,而语言在其中所起的作用似乎不大。另一方面爱因斯坦大脑的显著特征是其缺少常人大脑中的一种皱沟,该皱沟通常位于大脑皮层相邻的脑回之间,一般横贯顶下叶区。研究人员推测说,缺少这一皱沟很可能会导致位于顶下叶区的神经元彼此间更容易建立起联系,因而思维更为活跃。维特森说,根据对目前她拥有的大脑标本的分析,爱因斯坦大脑的这些特点是唯一的。

此外,佛罗里达州立大学人类学系教授迪安·法尔克对爱因斯坦大脑的照片,尤其是大脑顶叶进行了深入研究。法尔克宣称,他在一些较为宽大的顶叶上发现了许多突起的山脊状和凹槽图案。法尔克认为,这种极为罕见的图案可能就是爱因斯坦在研究物理学过程中能够进行形象化思维的主要因素。在爱因斯坦大脑的结构中含有许多不对称的成分,而很可能正是这些变化多端的沟回,使爱因斯坦成为与众不同的天才。此外,他在爱因斯坦的右侧运动皮层里发现了一个特殊球状的结构,这在其他音乐家的大脑中也有发现,被认为与音乐天赋有关,这很可能与爱因斯坦从小接受的小提琴训练有关。他们还发现,爱因斯坦大脑顶叶区域的皮层高低起伏与众不同,暗示着爱因斯坦脑部那些与数学、视觉、空间认知有关的皮层经过了重新分布。有的研究小组还发现,爱因斯坦的大脑顶叶比平常人要宽 15% 左右。研究人员解释说,这些顶叶通常与空间意识、视觉意识以及数学能力有关系。美国阿拉巴马大学伯明翰分校神经学助理教授安德森发现,爱因斯坦的大脑皮质中神经元密度较高。安德森推论,这表示爱因斯坦大脑皮质神经元有较佳的传讯效率,因而可以解释爱因斯坦是一个天才。

因此,科学家们认为,爱因斯坦之所以会成为科学天才,是与他的大脑结构特异性密切相关的,结构特异性或许是比大脑尺寸大小更为重要的因素。爱因斯坦的大脑在许多方面与常人有显著的不同,果然是"聪明得有道理"。当然,人类大脑是一个复杂的器官,至今仍然有许多神秘的结构或原理有待科学家们去发现。对爱因斯坦大脑结构的研究,或许有助于进一步研究人类大脑的原理。在此之前,研究人员曾选取 4 名和爱因斯坦逝世时年龄相仿的男子作为参照对象,把爱因斯坦的大脑和他们的大脑进行对比研究,结果发现,爱因斯坦的脑细胞数量多于常人,大脑星形胶质细胞突起比较大,这些胶质细胞末端的神经组织数量也较多。除此之外,人们发现爱因斯坦的大脑非常正常,要说有什么异常之处,那就是他的大脑比同年龄的人更为健康,退化的迹象较少。

（二）脑的发育和训练

我们每一个人都希望自己拥有一颗健康而又聪明的大脑,希望自己的大脑不仅能使我们胜任日常的学习和工作,而且能比其他人更好地完成学业,在事业上有创新和成就。然而,我们的脑都是父母给予的,从生命在母亲的子宫内形成的那一时刻开始,我们的大脑就在孕育和成形的过程之中。可以说,我们的创新在那时就已经开始了漫长而又艰辛的历程。

1. 人脑的孕育和成形

生命始于卵子的受精,来自父亲的精子钻入母亲的卵子。从这一刻开始,一个直径只有约0.1毫米的受精卵逐渐经历漫长的历程发育成一个拥有大脑的生命。单个受精卵细胞在妊娠后16天生成胚胎,继而植入子宫内膜,在那里获得新生命所需的所有营养。植入后约12天时,胚盘上层的某些细胞开始移向中部,经多次分化,成为神经元。前体神经元的上层被称为神经板,到了18～20天,神经板中部开始发生变化,生成神经沟,继而形成神经管。这样在到达子宫后1个月,一个初始的脑已经形成。在子宫内15周时,在胚胎前端可以看到两个隆起,那是人类高度发达的大脑半球的原基,已可以辨认出皮层下的某些脑区,如基底神经节。神经管的关闭导致了脑内的空腔——脑室的形成。这些脑室组成相互交错的迷路,最终开口向着脊髓。通过这些迷路的小孔,脑脊液可以循环,并将终生浸浴整个脑和脊髓。包容所有这些纷乱的萌芽状活动的是头颅。发育中的头颅有膜质区,使其能扩展,为这种充分的生长提供了可能。到妊娠结束时,人脑类似于最重要的动物即灵长类的脑,此后逐渐走向人类的脑。

对于所有的物种而言,在基本构造单元,即神经元的水平上,脑生长中发生事件的顺序是一样的。脑要生长,而脑又是由神经元组成的,所以神经元在数量上必须持续增加,未来每一个神经元都要分裂几次,以至细胞数目有巨大的增加,在速度最高时,每分钟细胞分裂将产生250 000个新的神经元,以满足发育中脑的要求。到了妊娠9个月时,脑中就已经拥有了我们可能拥有的大多数神经元。

2. 脑的发育和训练

脑的发育是个体在先天遗传和后天环境中多种因素相互作用的结果。遗传和生物学因素决定脑发育的可能范围(组织结构),而环境条件则决定能否最大限度地挖掘大脑潜能。大脑就像一块巨大的海绵,从一出生就不断从环境中吸取各种感觉经验,包括视觉、听觉、触觉、嗅觉和味觉,对自身进行塑造和修饰、重组和调整,不断地建立神经信息高速公路,并随环境变化改变其结构和功能。脑的结构和功能很大程度上受到胚胎早期孕育生长过程(包括母体内化学物理环境、营养、感染及生物学因素)的影响,而出生后脑的训练则是大脑基因上的信息与外界因素相互作用的结果。人类90%以上的感觉信息来自视觉和听觉,这里以视听觉为例说明婴幼儿的早期训练对脑发育的重要作用。

(1)脑的发育

小儿刚出生时,脑的重量仅有350～400克,大约是成人脑重的25%。此时,虽说在外形上已具备了成人脑的形状,也具备了成人脑的基本结构,但在功能上还远远差于成人。所以,小儿刚生下来时,不会说话、不会自主活动,这些能力需要在日后脑发育的基础上才能逐渐具备。出生6个月到1岁时,脑的重量为出生时的两倍,达到成人脑重的50%,2岁时为成人脑重的75%。从脑重量增长的速度可以看出,在最初的1～2年内脑发育是最快的,所以说,小儿出生后头1～2年是脑发育的敏感期。所谓敏感期,也就是说在这段时间内小儿最容易学习某种知识和经验,错过这个时期就不能获得或达到最好的水平。4 岁时人脑的大小是出生时的 4 倍,达到成人的标准,即 1 400 立方厘米。在 16 岁时,我们有了发育成熟的大脑。在约 16 年的时间里,个体的脑就是随着生长而发育起来的。然而,在生命的最后时期,脑的实质开始减少,脑的重量在 70 岁时就已失去 5%,到 90 岁时将失去 20%。

在生命的头一个月内,婴儿已拥有了一些反射反应,这些反射之一是抓握物体的精巧能力。随着时间的流逝,这个抓握反射变得越来越灵巧。最后,他们能随心所欲地抓到所看见的任何东西。到了一岁末,他们常常开始在不经意间用拇指和食指捡起小物体了,而能做这类动作的主要是灵长类动物,这种精细的手指运动是最灵巧、最高级的。在运动皮层,手指所占用的神经元相当可观。一旦能够独立地运动每个手指,手工技巧就大大提高了。

(2)婴幼儿视听觉的发展进程和训练

视觉和听觉是婴儿出生时就具备的本能,人天生对于光线、色彩和声音的感受力特别强。新生儿除了应接受丰富的视觉刺激外,还应接受丰富的听觉刺激。婴儿刚出生时,视觉和听觉"各司其职",对婴儿进行视觉和听觉的训练有助于感觉之间的"接通",促进婴儿感知觉的发展。促进小儿视听觉的音响玩具品种很多,如各种音乐盒、哗铃棒、摇铃、拨浪鼓、各种形状的捏响玩具、能拉响的手风琴及各种发出声响的悬挂玩具等。

0~6 个月时婴儿对声音就有初步的辨识能力,会转动头和眼睛寻找声音来源,或被太大的声音吓哭,在他们清醒时,家长可在宝宝耳边轻轻摇动玩具,发出响声,引导宝宝转头寻找声源。除了用音响玩具外,大人还可以拍拍手、学小猫"喵呜"叫、学小狗"汪汪"叫等逗引他们,使他们做出向声音方向转头的反应。

6 个月到 1 岁时婴儿对声音开始有理解能力,可以分辨各种声音的不同,尤其可以听出妈妈的声音,这时叫其名字多半会有反应;饿时听到摇奶瓶的声音,也会表现出兴奋。

当宝宝学会听声转头时,还可用音响玩具训练宝宝俯卧抬头,让宝宝趴在床上,大人用音响玩具在孩子头顶的上方逗引,使宝宝抬起眼睛看。每天可训练一两次,通过此训练,宝宝以后对手的够取、坐和爬都会学得比较快。注意听觉训练时声音刺激要柔和、动听,声音不要连续很长,否则婴儿会失去兴趣,停止反应。在给予声音刺激时要防止有其他声音的干扰。

1 岁到 1 岁半是语言发展的关键时期,幼儿会跟从大人的指令做动作,如拍拍手、坐下等,能模仿大人发出的声音,跟大人互动和对应。1 岁半到 2 岁时多半可以用字卡、图卡引导他们讲单字,他们已经认得出其中的字或会发单音,并且学习意愿高。除了用玩具训练他们的视听觉外,平时在他们清醒时,妈妈可以用亲切的语调和他们说话,逗他们发音,以促进他们听觉的发展。2 岁以后他们说话已经可以连成句子了,有时会增加语言,将自己的意见表达出来。

在对婴幼儿的听觉进行科学训练的同时,也要随时注意和加强对其听觉的保护。某些先天或后天的原因如遗传因素、氨基甙类抗生素的应用、病毒感染等可能会引起婴幼儿的听觉功能减退或丧失,因此婴幼儿听觉保护要先从预防此类情况的发生入手。一是要注意产前防护、产前检查等,尽量防止有基因缺陷患儿的出生;二是要对婴幼儿进行听力测试和听力筛选,尽量及早发现听觉功能异常;三是生活中注意观察婴幼儿对声音的反应,及早发现听觉异常;四是尽量母乳喂养以增强婴幼儿的抵抗力,防止中耳炎的发生和病毒感染;五是在可选择抗生素的情况下减少氨基甙类抗生素的使用,防止中毒性耳聋的发生。

（3）左右脑的平衡训练

近30年来,随着对人类大脑研究的深入,左右脑开发、平衡训练越来越受到人们重视。事实证明,右脑在很多方面明显优越于左脑,因为在创造活动中,起主要作用的想象、直觉、整体综合等都来自右脑,许多高级心理活动如果没有右脑的参与也是无法进行的。因此,扭转左右脑发展不均衡的局面,使二者具有协同作用,是实施素质教育、培养创造型人才的当务之急。左右脑平衡训练的方法多种多样,但总的来说,要以"音乐脑"为切入点,改善性格、丰富知识、陶冶情操;以"形象思维脑"为切入点,培养科学创新的能力;以"双手操作"为切入点,促进左右脑的协调发展;以"体育锻炼"为切入点,促进左右脑与躯体的协调发展。音乐、玩具和手工、美术、体育活动等正是从这四个方面入手对幼儿和学龄前儿童的左右脑进行平衡训练和开发的,为以后的学习和创新打下坚实的基础。

①音乐

音乐对青少年的大脑发育、认知乃至神经细胞微观世界的构建(突触连接、神经递质释放和基因表达等)均有积极显著的催化效应与奠基作用。音乐爱好和欣赏不单是一种文化修养,更是促进大脑心理健康发育的优化途径。崔宁的研究显示,音乐体验活动有助于明显改善青少年的感受性、认知状况、预见性和判断性,对于强化右半球(包括前额叶和顶颞叶)的神经电生理学反应特征和促进感受皮层与联络皮层的互动性协同发育均有明显的刺激作用。音乐教育能够增强人的注意力、记忆力、联想想象力和价值判断力,促进大脑左右半球的灵敏性协调和高效性活动。音乐欣赏有助于丰富、扩展人的形象记忆、情绪记忆和运动记忆等能力。音乐体验对联想想象力和判断力等智力素质的影响,主要通过颞叶主导的感觉中枢联络皮层(右脑为主,经由海马和杏仁核的情感模式调制匹配),高效实现听觉、视觉表象的互补完形与立体呈现;并且在概象符号的语义或意义加工中得到前额叶的定向指导,使激情体验与自由想象进入以听者主体意象为核心的"自我新大陆",从而解放主体的感性和知性世界,并使个体的情感、理想与人格意向获得音乐世界的自由品格与真善美境界。

②玩具和手工

玩具是儿童的天使(鲁迅的话),是儿童成长过程中的伙伴,也是开发儿童智力的工具。玩具具有启迪心智、培养兴趣和增长知识等作用,能促进身体运动、语言、认知和社会交往等能力的发展。玩具还是孩子与社会接触的媒介,喜爱玩具的孩子可能在手工、操作或独立思维,甚至在智商方面受影响。而手工活动是促进幼儿脑的训练和发育的重要内容之一,手工活动不仅能发展幼儿手指动作的精确性、灵活性和实际操作(动手)能力,训练幼儿手脑一致、手眼协调能力,同时还能培养幼儿主动探索、主动制造能力,为他们将来的成长打下良好的基础。让儿童尝试用多种材料、多种方式重新组合玩具,创造新的游戏方法或规则,如同做实验一样,培养幼儿动脑、动手的创造能力,以引发孩子的创造性思维,而幼儿的创新思维也必将在手工活动中得到更进一步的发展。

③美术

美术可以培养人的视知觉思维的能力、想象思维的能力,促进人的感觉能力、直觉能力和形象思维能力的形成。美术以美感人,以情动人,使人们从心理上乐于接受,情感上产生共鸣,在潜移默化中扩展了人们认知美、欣赏美的能力,对美好的事物具有独到的见解和分析能力。美术教育属于美育(审美教育)范畴,无论是美术创作还是美术欣赏,通过感受美、体验美和表现美、创造美的系列活动,使参与者特别是幼儿获得成功的体验、宝贵的自信、探索的精神、创造的渴望、个性的张扬和美的享受,为幼儿人格的健全发展奠定良好的基础。美术可以引导孩子观察生活、感知美的事物,激发幼儿潜意识中的艺术想象力,引导、触发幼儿画画的激情,让孩子自由自在地把自己的感觉通过手和笔表现出来,通过孩子主动性绘画创作达到对创作力、想象力潜能的开发。

美术教育以形象思维为主,和创新思维及创新想象有密切联系。经常参与美术活动不仅可以培养审美观和美术技能,还可以提升孩子的人文素养,养成丰富的洞察力,培养创新思维能力和创新能力,对心智、个性和创造力的发展均可产生重要的影响。

④体育

体育是人类社会发展中,根据生产和生活的需要,遵循人体身心的发展规律,以肢体的技巧和力量的训练活动为基本手段,增强身体基本素质、提高运动技术水平、丰富社会文化生活、进行思想品德教育而进行的一种有目的、有意识、有组织的社会活动。

经常参加体育活动可以提高大脑皮层细胞活动的强度、平衡性、灵活性,以及分析综合能力,使整个大脑神经系统的功能得到加强,改善神经系统对各器官的调节作用,从而提高大脑神经系统的功能,促进脑力和智力的发展。体育运动还可促进人体形态的正常发育和身体各部分器官的功能,提高机体适应环境的能力,促进身体健康,增强体质。

体育作为德、智、体全面发展的重要组成部分,不仅与德育和智育密切相关,而且互相促进,共同发展。体育道德和在体育运动中所表现出来的协作、拼搏、积极向上的精神是社会道德的一个缩影;体育训练和技能的不断突破可以为创新思维和创新实践提供很好的借鉴;通过体育可以增强体质,特别是加强大脑神经的功能,记忆力、思维力等也相应增强,可提高学习和工作的效能,促进智力的发展;体育还与美育、劳动教育密切联系,健与美历来一致;体育训练和各种运动可以促进学生劳动技能的调练。

健康的身体和强壮的体质不仅是学习、工作和创新活动的"本钱",也关系到整个国家、民族的强弱盛衰。

⑤形象思维

形象思维是指在对形象信息传递的客观形象体系进行感受、储存的基础上,结合主观的认识和情感进行识别(包括审美判断和科学判断等),并用一定的形式、手段和工具(包括文学语言、绘画线条色彩、音响节奏旋律及操作工具等)创造和描述形象(包括艺术形象和科学形象)的一种基本的思维形式。

形象思维与逻辑思维是两种基本的思维形态,逻辑思维指的是一般性的认识过程,其中更多理性的理解,而不多用感受或体验,也称为抽象思维。而形象这一概念,通常是和感受、体验等相关联的,形象思维就是用直观形象和表象解决问题的思维,其特点是具体形象性,形象思维是反映和认识世界的重要思维形式,是培养人、教育人的有力工具,上面提到的音乐、玩具、手工、美术和体育均离不开形象思维,它们是培养和训练形象思维的重要途径。形象思维不仅仅与艺术、体育和教育密切相关,它也是科学家进行科学发现和创造的一种重要的思维形式,是企业家在激烈而又复杂的市场竞争中取胜不可缺少的重要条件。同样,一个创新者离开了形象信息和形象思维,就难以对所得到的信息进行科学的筛选、分析和综合,因此也就不可能做出正确的决策,获得预期的创新成果。

形象思维的训练和培养要从幼儿做起,音乐、玩具、手工、美术和体育就是培养形象思维最简单有效的手段和工具。

3."狼孩"们的启示

狼孩是指从小被狼攫取并由狼抚育起来的人类幼童。至20世纪50年代末,已有报道中大约有 30 个小孩是在野地里长大的,其中约 20 个孩子从小为狼、熊、豹等猛兽所抚育,而由狼所哺育的狼孩占大多数,其中最著名的是印度发现的两个"狼孩"。

（1）印度狼孩的故事

1920 年,在印度加尔各答东北部的一个名叫米德纳波尔的小城,人们常见到一种"神秘的生物"出没于附近森林。往往一到晚上,就有两个用四肢走路的"像人的怪物"尾随在三只大狼后面。后来人们打死了大狼,在狼窝里终于发现了这两个"怪物",原来是两个裸体的女孩,其中大的七八岁,小的约两岁。这两个小女孩后来被送到米德纳波尔的孤儿院抚养,人们还给她们取了名字,大的叫卡玛拉,小的叫阿玛拉。第二年,阿玛拉死了,而卡玛拉一直活到 1929 年。狼孩刚被发现时,生活习性与狼一样:用四肢行走,快跑时手掌、脚掌同时着地;喜欢单独活动,白天睡觉,晚上出来活动,怕火、光和水;没有感情,只知道饿了找吃的,吃饱了就睡;不吃素食而要吃肉(不用手拿,而是放在地上用牙齿撕开吃);不会讲话,每天午夜到清晨三点钟像狼似的引颈长嚎。卡玛拉刚被发现时已七八岁,却只有 6 个月婴儿的智力。经过 7 年的教育,才掌握 45 个词,勉强学会几句话,开始朝人的生活习性迈进。她死时有 16 岁左右,但其智力只相当于三四岁的孩子。

此外,1974 年布隆迪的一些村民发现一个曾在猴群中生活过的男孩。被发现时,他全身赤裸,身体大部分长着毛,用四肢爬行、跳跃。在被发现后的一段时间内,他学习了两脚行走,性情也变得温顺起来。起初他只吃香蕉,慢慢地开始习惯吃人类所吃的各种食物,但不会说话。

（2）狼孩引发的思考

从出生到上小学以前这个年龄段,对人的身心发展来说极为重要。因为人脑的发育有不同的年龄特点,在这个阶段言语的发展可能是一个关键期(发音系统逐渐形成比较稳定的神经通路,以后要改变则非常困难),错过这个关键期会给人的心理发展带来无法挽回的损失。所以长期脱离人类社会环境的幼童,就不会产生人所具有的脑的功能,也不可能产生与语言相联系的抽象思维和人的意识。成人如果由于某种原因长期离开人类社会后又重新返回,则不会出现上述情况。例如,第二次世界大战时期的一个士兵躲进山林一个人生活了 20 年,后来被发现,但他很快就能像正常人一样适应新的生活和社会环境。这些从正、反两个方面证明了人类社会环境对婴幼儿身心发展所起的决定性作用。因此,我们可以从狼孩的事例中得到以下启示:

①知识和才能是人类社会实践的产物

"狼孩"的事实证明,人类的知识和才能并非天赋、生来就有的,而是人类社会实践的产物。人不是孤立的,而是高度社会化的,脱离了人类的社会环境,脱离了人类的集体生活就形成不了人所固有的特点。而人脑又是物质世界长期发展的产物,它本身不会自动产生意识,它的原材料来自客观世界,来自人们的社会实践。所以,这种社会环境倘若从小丧失了,人类特有的习性、智力和才能就发展不了,就如"狼孩"刚被发现时那样,有嘴不会说话,有脑不会思维,人和野兽的区别也消失了。这里也应当指出,"狼孩"本身毕竟是人类千世万代遗传下来的后辈,因此当"狼孩"回到了人类社会中,必然会逐渐恢复人类特有的习性。印度"狼孩"尽管似乎成了野兽般的生物,但她死时已接近于人了。而许多人豢养的猫、狗等宠物则不可能学会直立行走,更无法学会说话。

②儿童时期对人类身心发育很重要

"狼孩"的事例说明了儿童时期在人类身心和智力发育上的重要性。在人的一生中,儿童时期是生理上和心理上一个迅速发展的时期。例如,仅就脑的重量而言,新生儿平均约390克,9个月的婴儿脑重560克,2.5~3岁的儿童脑重增至900~1 011克,7岁儿童约为1 280克,而成年人的脑重平均约1 400克。这说明在社会环境作用下,儿童的脑获得了迅速发展。正是在儿童时期,人们逐步学会了直立和说话,学会了用脑思维,这为以后智力和才能的发展打下了基础。"狼孩"由于在动物中长大,错过了这种社会实践的机会,这就使他们的智力水平远远比不上同岁的正常儿童。

③劳动促进了人类智力的发展

正如个体发育史是它的种系发展史简短的重演一样,人类幼儿智力的成长过程也反映了从猿到人漫长历程中人的智力的发展历史。由于缺乏社会实践活动,"狼孩"未能学会直立行走,不得不用四肢爬行,这使得她们的发声器官——喉头和声带的运用受到阻碍,发不出音节分明的语言。更重要的是,由于脱离人类社会,印度"狼孩"自然不会有产生语言的需要。此外,她们总是四肢爬行,面部朝下,只得从下方获取印象,不可能使头脑获得较其他四脚动物更多的印象,这一切都阻滞了她们智力的发展。"狼孩"的事例从反面深刻地反映了人类起源过程中如果没有直立行走和语言的形成,人类祖先就不可能实现由猿到人的转变,而直立行走和语言的形成又离不开最基本的实践活动——劳动。所以,狼孩给人们以深刻的启示——没有劳动,也就不可能实现从猿到人的转变!

4. 脑的可塑性

可塑性是大脑的主要属性之一。近年来,认知神经科学研究越来越注重从动态的视角来研究大脑,研究大脑受发展与经验的影响而出现的结构、功能的变化,也就是大脑的"可塑性"问题。在医学上"可塑性"是指器官或组织修复或改变的能力,组织器官的这种修复或改变的能力可以保证其应对不断变化的外部环境。继医学领域提出了可塑性这一概念以后,认知神经科学研究者迅速将其引入研究视野,并对其最初的含义予以拓展,将脑的可塑性界定为大脑改变其结构和功能的能力。大脑的这种可塑性不仅在动物身上有所发现,在人类身上也有所发现;不仅在个体发展的早期有所发现,而且在个体发展的中、晚期也有所发现。也就是说,在动物和人类毕生发展的进程中,中枢神经系统都具有一定的可塑性。

(1)正常脑神经的可塑性

人的大脑大约有140亿个神经元,新生儿和成人的数量基本相同。神经元虽然不能再生,但脑的可塑性很大,可以再构成新的神经元与神经元之间的联络,恢复兴奋传递,发挥代偿作用。并且,年龄越小,再构成代偿能力越强,治愈的可能性就越大。新生脑对缺氧有较高的耐受性,有较好的自身保护作用,对脑损伤的可塑性强,其代偿性功能适应包括神经元的再生、轴突绕道投射、树突出现不寻常的分叉并产生非常规的神经轴突,这些变化在脑的可塑性方面起着重要作用。早期有关大脑可塑性的观点一致认为,中枢神经系统在发育过程中具有可塑性,但是一旦发育成熟以后,其可塑性会逐渐消失;但是,近年来的研究发现,大脑不仅在发育过程中会表现出发展可塑性,而且在发育成熟以后大脑皮层仍然存在可塑性。重要的是,不仅人类的视觉、听觉和躯体感觉皮层存在可塑性,即使像语言、记忆、运动技能等高级认知领域也同样存在可塑性。

大脑是一个复杂的系统,也是一个动态的系统,其结构和功能是在发展的过程中形成的。但是受学习、训练以及经验等因素的影响,大脑皮层会出现结构的改变以及功能的重组,也就是出现所谓的可塑性。这种结构的改变既有宏观层面的,也有微观层面的。从宏观层面上讲,因可塑性而引起的大脑结构的改变包括脑重的变化、皮层厚度的变化、不同脑区沟回面积的改变等;从微观层面上讲,因可塑性而引起的大脑结构的改变包括树突长度的增加、树突棘密度的改变、神经元数量的改变以及大脑皮层新陈代谢的变化等。而功能的重组则在分子层面、细胞层面、皮层地图层面以及神经网络等层面都有可能发生。分子和细胞层面的功能重组包括突触效能的改变、突触连接的改变等;而皮层地图层面的重组包括表征面积、表征区域、表征方位以及表征区域之间联合或分离的变化等;在神经网络层面,大脑的可塑性主要表现为系统水平的可塑性,即不同感觉通道之间跨通道的可塑性。

(2)脑损伤后的重塑

对人类大脑可塑性的研究最初是针对脑损伤患者进行的。随着时间的推移,脑损伤患者的大脑功能会出现自发性的恢复和补偿效应。对于那些因脑损伤而引起的失语症患者而言,随着时间的推移,他们大都会出现一些自发性的语言恢复现象。但是,功能的恢复到底是受经典的左半球语言区的调节还是受右半球相同皮层区域的调节,是长期以来失语症研究中一个备受关注的问题。针对这一问题,穆索等运用正电子发射计算机断层显像技术,对大脑左半球外侧裂受损的20名失语症患者在训练情景下的大脑可塑性进行了研究。结果发现,所有病人的行为表现在训练结束后都得到了明显的改善,与训练引起的语词理解成绩的改善明显相关的脑区是右侧颞上回的后部和左侧的前楔叶。这一研究表明大脑右半球在失语症恢复过程中扮演着非常重要的角色,同时也显示了因具体的训练引发的听觉理解能力的改善,伴随着大脑功能的重组。此外,托马斯等的研究也发现,失语症患者在其语言恢复过程中会产生语言加工皮层侧化模式的可塑性变化。研究还显示,聋人和盲人的中枢神经系统也存在可塑性,而且他们的皮层可塑性往往是跨通道的,即如果一种功能(如听觉)减弱甚至丧失,另一些功能(如视觉、触觉)会代偿性增加,许多残疾人就是利用这种脑的重塑和代偿机制创造了许多正常人也难以实现的奇迹。

(3)大脑可塑性的影响因素

研究大脑可塑性不仅要探索其表现形式,更重要的是要进一步了解其机制及其影响因素。影响大脑可塑性的因素既有内在的,也有外在的,而影响大脑可塑性的内在因素和外在因素之间往往存在复杂的交互作用。以内在因素而言,有关突触可塑性和皮层地图可塑性的研究显示,突触可塑性引起了皮层地图的重组,而在大脑皮层可塑性重组的过程中受体和基因表达等方面的变化起着十分重要的作用。

就脑损伤患者而言,其损伤开始的时间,损伤的部位、面积、严重程度,损伤部位周围和对侧脑区的完整情况,受损脑区的特异性,发病前的认知发展水平以及社会支持都会影响大脑功能的恢复模式及其可塑性。受损越轻、受损面积越小、受损脑区周围和对侧的脑区越完整、受损脑区的特异性越弱,大脑功能的恢复和补偿越好。同时,在受损面积较小的情况下,受损脑区同侧的脑区会出现可塑性的变化;在受损面积较大的情况下,对侧的脑区会补偿受损脑区的功能。

尽管人类和动物的中枢神经系统在整个生命过程中都具有可塑性,但是大脑可塑性并不是自发产生的,而是受经验、训练、损伤等许多因素影响的。经验对大脑的影响有时是积极的,但有时则是消极的。训练开始的时间、类型、强度、持续时间等因素都会影响训练的结果,进而影响大脑可塑性。一般而言,训练开始比较早、类型比较适当、强度比较大、持续时间比较长的情况更容易诱发大脑的可塑性。单就训练类型而言,要诱发大脑可塑性的变化,训练必须具有行为关联性。

当前,围绕大脑可塑性的表现形式、内在机制及其影响因素,研究者从分子、细胞、行为、皮层地图以及神经网络等层面开展了大量的研究,并且已经获得了一些重要的发现。

研究大脑在教育、培训等经验的影响下产生的可塑性变化及其机制,是摆在神经科学工作者面前的一项紧急的任务。大脑可塑性是诸多学科共同关注的研究领域,不同领域的专家学者需要联合攻关才可能真正揭示大脑可塑性的机制。

二、创造性思维的特征及影响因素

(一)创造性思维的特征

创造性思维是一种开创性的探索未知事物的高级、复杂的思维,是一种有自己的特点、具有创见性的思维,是扩散思维和集中思维的辩证统一,是创造想象和现实定向的有机结合,是抽象思维和灵感思维的对立统一。创造性思维是指有主动性和创见性的思维,通过创造性思维,不仅可以揭示客观事物的本质和规律性,而且能在此基础上产生新颖的、独特的、有社会意义的思维成果,开拓人类知识的新领域。广义的创造性思维是指思维主体有创见、有意义的思维活动,每个正常人都有这种创造性思维。狭义的创造性思维是指思维主体发明创造、提出新的假说、创见新的理论,形成新的概念等探索未知领域的思维活动,这种创造性思维是少数人才有的。创造性思维是在抽象思维和形象思维的基础上和相互作用中发展起来的,抽象思维和形象思维是创造性思维的基本形式。除此之外,还包括扩散思维、集中思维、逆向思维、分合思维、联想思维等。

创造性思维是创造成果产生的必要前提和条件,而创造则是历史进步的动力,创造性思维能力是个人推动社会前进的必要手段,特别是在知识经济时代,创造性思维的培养、训练显得更加重要。其途径在于丰富知识结构、培养联想思维的能力、克服习惯思维对新构思的抗拒性、培养思维的变通性、经常进行思想碰撞。

创造性思维是与常规思维相对而言的。常规性思维是从已有的知识和经验中引申出解决问题的方案,或者运用已有的知识和经验去重复地解决前人已经解决的问题。而创造性思维不是照搬书本知识和过去的经验去解决问题,而是根据实际情况,突破理论权威以及现成的规律、方法和思维定式的束缚,以新颖方式和多维角度独立思考,首创性解决问题。创造性思维与常规性思维的区别主要有两点:一是从思维过程看,是否有现成的规律、方法可以遵循,凡有现成的规律、方法可以遵循的思维都是常规性思维,只有无现成规律、方法可以遵循的思维才是创造性思维;二是从思维结果看,是不是前所未有的,凡思维成果不是前所未有的,都不是创造性思维,只有思维成果是前所未有的,才是创造性思维。

综上所述,创造性思维是人们在创新活动过程中所具有的思维方式。它是相对于以固定、惰性的思路为特征的常规性思维而提出的,一种高度灵活、新颖独特的思维方式。它通常是在创新动机和外在启示的激发下,充分利用人脑意识和潜意识活动能力,借助于各种具体的思维方式(包括直觉和灵感),以渐进式或突发式的形式,对已有的知识经验进行不同方向、不同程序的再组合、再创造,从而获得新颖、独特、有价值的新观念、新知识、新方法、新产品等创造性成果。

1. 新颖性

创造性思维不同于非创造性思维的主要特征就是新颖性。从本质上说,创造性思维就是一种新颖性思维,这种新颖性思维包括三个含义:

①它是突破常规思维、习惯思维的旧程序,采取新程序、新思路的超常思维;

②它是突破过去和现在已知的、现成的思路和形式,善于适应不断变化的新情况,以新

思路、新方法解决新问题的应变思维；

③它是体现在思维的结果上，必须是首次获取，这一点尤为重要。思维者通过思维过程第一次产生的各种新设想、新概念、新设计、新方法、新理念、新作品等，都是首次获取的创造性思维成果。这些思维成果都符合前所未有的条件，其新颖性必定是"空前"的。

1982 年初，著名建筑大师贝聿铭接受新上任的法国总统密特朗的委托，为改造和修复卢浮宫提供设计方案。卢浮宫是法国国家博物馆所在地，馆内珍藏的文物世界闻名。由于受原建筑结构的限制，加上年久失修，卢浮宫的状况已引起参观者普遍的不满。贝聿铭的设计一反常规，在卢浮宫中心的拿破仑庭院打开了一个入口，建造一个高 70 英尺、每小时能容纳 1.5 万人的玻璃金字塔，周围再配上三个小金字塔和三个有喷泉的三角形水池。尽管当初遭到很多人反对，但建成后却引起轰动，成为堪与埃菲尔铁塔相媲美的巴黎新象征。贝聿铭的这个设计，就充分体现了创造性思维的新颖性。贝聿铭设计的北京香山饭店没有采用常规的对称设计，而是依据地形，并考虑到保护古树，将香山饭店设计成结构和形态均不对称的、中西合璧的第三种风格，也是创造性思维新颖性的极好体现。

2. 流畅性

创造性思维的流畅性是指能够迅速产生大量设想或思维速度较快的性质。流畅性是对思维速度的一种评价，创造性思维无疑是流畅性思维。人们常用"思潮如涌"来形容才思敏捷的科学家的风貌，用"一气呵成"来描述才华横溢的文学家的工作状态。一个"涌"字，一个"呵"字，充分体现了创造性思维的高速度特征。德国数学家高斯上小学时就展露了过人的才华。一次，老师要大家计算从 1 到 100 之间所有自然数的和，话音刚落，高斯就算出了正确的答案 5 050。原来他想出了创造性的方法：把 1～100 组合成 1＋100，2＋99，…，50＋51，共 50 组，每组的和都是 101，然后乘以 50 组，立即得出了正确答案。高斯的算法是创造性思维流畅性的范例。

创造性思维的酝酿过程可能是十分艰辛的，但在它诞生之时，就必定表现为高速度的流畅性思维。著名科学家达尔文曾回忆生物进化论学说的创立过程，并在《物种起源》一书中记录道："1838 年 8 月，即我开始有系统的调查工作之后 15 个月，我偶读马尔萨斯的《人口论》以资消遣，由于长期观察动植物的习惯，当然不难认出随处可见的生存竞争的事实。于是我恍然大悟……这时我终于得到了一个可以作为工作根据的学说。"我们不难从作者的记录中得出如下看法：15 个月艰苦的脑力劳动，一个偶然的外因触发，他在恍然大悟之时能够运用流畅的创造性思维，解决了一个伟大学说的核心问题。

3. 灵活性

创造性思维的灵活性是指思维的灵活、多变，其思路能及时转换和变通，主要表现在以下几点：

第一，思维的主体性。能从多方位、多角度、多侧面去思考问题，寻求问题的答案。

第二，思路的变通性。当某一思路行不通时，能及时放弃旧的思路，转向新的思路。

第三，方法的多样性。不仅善于采取多种方法解决问题，而且能主动放弃无效的方法而采取新的方法。创造性思维并没有现成的思维方法和程序可以遵循，进行创造性思维活动的人在考虑问题时，可以迅速地从一个思路转向另一个思路，对问题进行全方位思考。因此，创造性思维常伴随"想象""直觉""灵感"之类的非逻辑、非规范的思维活动，他人不能完全模仿或者模拟，往往一闪即逝，不能复制。

案 例

被利用的总统

美国一出版商有一批滞销书久久不能脱手,他忽然想可以给总统送去一本书,于是他这样做了,并三番五次地去征求意见。总统为了逃脱他的纠缠,便回了一句:"这本书不错。"出版商便大做广告:"现有总统喜爱的书出售!"

于是,这些书被一抢而空。

不久,他又送给总统另一本滞销书。总统因上过一次当,这次说:"这本书糟透了。"

出版商又做广告:"现有总统讨厌的书出售!"这些书很快被销了出去。

第三次,出版商又送去一本书,总统接受前两次的教训,不做任何答复。出版商却因此大做广告:"现有总统难下结论的书,欲购从速!"

结果书又被抢购一空。

这位出版商之所以把滞销书销售了出去,是因为他头脑灵活并且积极主动地努力,因而创造了一个又一个的机遇。

4. 敏感性

创造性思维的敏感性是指敏锐地认识客观世界的性质。客观存在的事物是丰富多彩而错综复杂的,一切事物又都处在发展变化的运动状态之中。人们通过各种感觉器官直接感知客观世界,但如果想理性地认识客观世界,就得运用思维。在人们开展各种形式思维的过程中,创造性思维对于客观世界的认识往往更为敏锐。例如,我国有个成语"一叶知秋",反映了可以把第一片黄叶的飘落作为秋天来临的标志这一规律,也表明了第一个总结出这个成语的人创造性思维的敏感性。

在科学发展史上,反映创造性思维敏感性的例子就更多了。1820 年,丹麦科学家奥斯特有一次讲课时发现,通电的导体会引起一旁磁针的偏转,从而揭开了电与磁相互关系研究的序幕。英国科学家法拉第敏锐地认识到这一发现的重要性,并且预言它将打开一个科学新领域的大门。他自己也勇敢地冲向这个未知领域进行大胆探索,终于开辟出电磁学的崭新天地。法拉第的成功同他创造性思维的敏感性存在有机的联系。

5. 精确性

创造性思维的精确性是指能周密思考、满足详尽要求的性质。随着科学技术的发展,客观事物的复杂性要求人们细心观察、周密思考,舍此便难以完成许多重大的科研项目和系统工程。以微电子技术为例,到 20 世纪 80 年代末期,极大规模集成电路的集成度(每片芯片的晶体管数)已经超过 100 万,采用 6 英寸硅片的存储器位数已达到 1 024 K,加工技术则需要精确到 $1 \sim 1.5 \ \mu m$,而且要求环境绝对清洁,每立方英寸内的灰尘不得超过 100 颗。在这种情况下,要想创新,必须有独到的见解和周密、详尽的思维能力。创造性思维的精确性正是我们探索微观世界的可靠保证。

英国生物化学家桑格在生物大分子测定方面的突破是创造性思维精确性的典范。众所周知,蛋白质由氨基酸组成,其结构与成分十分复杂。例如,由 500 多个氨基酸组成的血清蛋白可能有 10^{600} 种结构。桑格从 20 世纪 40 年代中期开始,创建了一套超微量方法,费时 10 年,终于确定了最小的蛋白质——牛胰岛素中氨基酸的排列顺序,因此荣获 1958 年诺贝尔化学奖。接着他又向核酸进军,设计了更精细的方法,测定了核酸的结构,并第二次荣获诺贝尔化学奖。

6. 变通性

创造性思维的变通性是指运用不同于常规的方式对已有的事物重新定义或理解的性质。人们在认识客观世界的过程中,如果只会按照常规的方式进行思考,久而久之,就会形成固定的习惯,因局限于已有的认识而难以创新发展。遇到障碍和困难的时候,往往也会束手无策,难以超越和克服。在这种情况下,创造性思维的变通性有助于打破常规,找到新的出路。

曹冲称象的故事反映了创造性思维变通性的作用。有人送给曹操一头大象,为了测定大象的重量,大家想尽办法却没有结果。曹操的幼子曹冲灵机一动,让人把象牵到船上,并记下船的吃水深度;然后换上使船吃水深度相同的石块,再分批称出石块的重量,石头的总重量即为大象的体重。就创造性思维的变通性而言,曹冲使用了等值变换法,把欲求重量的概念,由不可分割的大象替换成了可分割的石块。

综上所述,新颖性、流畅性、灵活性、敏感性、精确性和变通性是典型的创造性思维所具备的基本特征,其中尤以新颖性、流畅性和灵活性为主。并非所有的创造性思维都具有上述全部特征,而是各有侧重,因人因事而异。因此,我们在评价创造性思维时,应该全面衡量,不能苛求完美无缺。

(二)创造性思维中的影响因素

在创新思维中有许多因素起着重要的作用,比如情感、形象、直觉、灵感、顿悟、经验、想象、联想和质疑等。

1. 形象

形象的反义词是抽象。一般是指能够引起人的思想或感情活动的具体形状或姿态;比如,图画教学是通过形象来发展儿童认识事物的能力。从心理学的角度来看,形象就是人们通过感觉器官在大脑中形成的关于某种事物的整体印象,也就是知觉。

印象是指客观事物在人的头脑里留下的迹象。由于形象就是人们通过感觉器官在大脑中形成的关于某种事物的整体印象,所以,形象不是事物本身,而是人们对事物的感知,不同的人对同一事物的感知不会完全相同,因而其正确性或客观性将受到人的意识、认知过程和其他因素的影响。

在思维或创新思维中对事项的描述应该是客观的,并且需要通过一定的技法来确定它的客观性。这虽然是一个显而易见的问题,但是许多人却经常忽略了它,导致了事倍功半、甚至失败的结果。

2. 直觉

直觉一般是指直观感觉,或没有经过分析推理的观点。但在思维科学领域,直觉是对事物本质和客观规律的直接把握或洞察。直觉可以是纯经验的,比如人们通过直觉感到他是个好人或坏人;也可以是理性的,例如科学家经常要用到理性阶段的直觉(不是灵机一动的感想)来推进科研工作。产生直觉的原因很多,但是本领域内知识、经验体验性的多少或高低是能否产生直觉的重要原因之一。直觉的六个主要特点如下:

①非逻辑性,即主体不是通过一步步的分析,而是直接获得对事物的整体认识,这是直觉思维最基本和最显著的特征。

②快速性,即思维结果的产生显得很迅速,这种快速性甚至导致思维者对所进行的过程无法做出逻辑的解释。

③跳跃性,即直觉一旦出现,便摆脱了原先常规思维的束缚或框架。

④个体性,即与主体个体特征的思维观念和知识经验相联系,或者说是主体个体特征的一种反映。

⑤理智性,即主体以直觉方式得出结论时,理智清楚,意识明确,这使直觉有别于冲动性行为,并且主体对直觉结果的正确性持有本能的信念。

⑥或然性,即直觉的结果具有或然性,可能是正确的,也可能是错误的;直觉如同灵感一样,其结果要经过一定的验证。

案 例

丁肇中和居里夫人的直觉

美籍华裔物理学家丁肇中在谈到"J粒子的发现"时写道:"1972年,我感到很可能存在许多有光的而又比较重的粒子,然而理论上并没有预言这些粒子的存在。我直观上感到没有理由认为这种较重的发光的粒子(简称重光子)也一定比质子轻。"这就是直觉。正是在这种直觉的驱使下,丁肇中决定研究重光子,终于发现了J粒子,并因此获得诺贝尔物理学奖。

居里夫人在深入研究铀射线的过程中,凭直觉感到,铀射线是一种原子的特性,除铀外,还会有别的物质也具有这种特性。她马上扔下对铀的研究,决定检查所有已知的化学物质,不久就发现另外一种比铀元素放射性强400倍的新元素——钍。这使居里夫人着了迷,她开始测量矿物的放射性。一天,她突然在一种不含铀和钍的矿物中测量到了新的放射性,而且这种放射性比铀和钍的放射性要强得多。凭直觉,她大胆地假定:这些矿物中一定含有一种放射性物质,它是当时还不为人所知的一种化学元素。1898年12月,居里夫妇在沥青铀矿中发现了另一种放射性元素——镭。居里夫人以她出色的工作,两次荣获诺贝尔奖。

以上两个例子说明,直觉在创新中具有重要的作用。直觉总是具有引导性的,有时候直觉与当前活动主方向一致,比如"丁肇中的直觉";有时候直觉与当前活动的主方向不一致,如果选择转向,也许会有意想不到的效果,比如"居里夫人的直觉",这种直觉也许会"扑空"。居里夫人实际上在直觉的引导下,采用了无障碍性侧向思维。

3. 顿悟

佛教指顿然破除妄念,觉悟真理为顿悟,也可指忽然领悟。顿悟的前期必定有艰苦的解题或探索过程;直觉则不一定必须经过这样的过程(但却需要"体验过程");而灵感一般要受到外界事物的启发,但也有从心灵内部产生的、无法说清产生途径的启迪。顿悟一般是在思维内在的活动加工过程中,忽然得到结果,中介的引导作用比较少。因此,伴随顿悟的是平静的喜悦。顿悟主要得到的是"是什么""是谁""是什么时间和地点"和"是多少"的回答。

4. 灵感

灵感一般是指在文学、艺术、科学、技术等活动中,由于艰苦学习,长期实践,不断积累经验和知识而突然产生的富有创造性的思路。北京大学的傅世侠教授认为,灵感是人们潜心于某一问题达到癫狂着迷的程度而又无法摆脱的情况下,由于某一机遇的作用(中介事物的启发)而受到启迪的心理状态,这种心理状态会导致灵感。在灵感产生前,所有积极的心理品质都得到调动,借助中介的启发,使问题一下子得到启发性的答案。伴随着灵感的是极强烈的情感,多少有点"天上掉馅饼"的感觉。所以,灵感有六个最显著的特征:

①长期的艰苦性;

②中介的启发性;

③引发的随机性;

④显现的瞬时性;

⑤过程的应激性;

⑥结果的模糊性。

由于这些特点,当人们产生灵感时,往往充满了激情,甚至缺乏应有的理智,就像阿基米德赤裸身体地喊叫那样。

灵感是突如其来的,并没有逻辑的一步一步推导,所以灵感的出现意味着思维的跳跃。灵感的产生,都是长期观察、实验、勤学、苦想的结果,没有这些基础,灵感是不会飞进你的大脑的。同时,由于灵感往往是模糊的,因此如果不重视就可能让灵感白白地溜掉。

案 例

从看地图中闪烁出的"大陆漂移说"

德国地球物理学家魏格纳是个好冒险、多幻想的人。1909 年,他参加了格陵兰探险队到北极探险,这使他的健康大受损伤。在以后的一年里,他不时生病卧床。1910 年的一天,魏格纳躺在床上,心里却思索着下一个探险目标,所以他的目光全神贯注地盯在他对面墙上的世界地图上,突然他发现在地图上有个奇妙的现象:南美洲巴西东部的一块凸出部分,同非洲的喀麦隆西海岸凹陷进去的部分,像古代符契似的惊人吻合。魏格纳兴奋得跳下床来,拿过一张世界地图,握着放大镜仔细研究起来。结果他发现,几乎巴西海岸的每一个凸出部位都恰好和非洲西部的几内亚湾的凹进部位相吻合。这难道是偶然的巧合吗?如果不是,那只能说明南美洲和非洲这两块大陆过去是连在一起的,后来才分离开来。他一口气把地图上所有的陆地一块块像拼七巧板似地进行了拼接,结果发现从海岸线的形状来看,地球上所有的大陆块都是大致吻合的。看来,这绝不是偶然的巧合!他确信,在地球形成的初期,地球上只有一大块陆地,后来它们分散漂移开来,形成了现在这样好多块陆地。

为了证明自己的这一发现,魏格纳开始调查研究两块大陆上的生物,发现彼此有许多共通之处。他又收集了包括海岸线的形状、地层、构造等方面的资料,更坚定了他关于地球上当初只有一块陆地的设想。在做了充分的研究之后,1912 年魏格纳出版了《海陆的起源》一书,正式提出了"大陆漂移说"。

5. 思维观念

思维观念与思维风格有所不同,在思维活动中具有定向的作用,它有意或无意地规定和支配着思维的角度和性质、路径和方法等,并在思维运行中发挥着激励、"推手"和筛选等作用。爱因斯坦说:"我们的观念决定我们所看到的世界。"观念在思维中主要有如下三个方面的表现:

①观念不同,思维的指向和时空视野也就不同。比如,系统观念使人具有宽阔的时空视野,使思维朝着整体目的和整体效用的方向运动。

②已形成的思维观念使思维活动对于客体所发出的信息具有选择和同化的作用,我们用下面的案例来加以说明。

案例

引导达尔文的观念

大家知道,达尔文在环球考察中曾如饥似渴地阅读了英国著名地质学家赖尔的《地质学原理》一书。赖尔在这部著作中提出了地球缓慢变化的理论,指出地球变化的原因不是什么超自然的外力,而是自然界本身的力量:风雨、温度、水流、潮汐、冰川、火山、地震等因素,在漫长的时间里逐渐造成的。这些观点给了刚从神学院毕业的达尔文极大的启发,使他萌发了物种进化的观念,他在考察中对于材料的取舍也就与原来有所不同。在这种状况下,他意识性地知道(请注意:这里用的是"意识性地知道")什么是他最感兴趣的东西,什么是最有价值的资料(请注意:也就是他意识到应该怎么做)。正是由于达尔文形成了地质演化和物种进化的观念,他在野外考察中,原来曾认为是"杂乱无章"的岩石就不再是杂乱无章的了,而是"按照一定规律展现在自己眼前的,尤其是河流两岸和新近断裂的地带,岩石和贝壳之类的分布,层次格外清楚"。

达尔文的这种选择、同化作用和表现出来的特殊敏感性是在观念引导下不知不觉产生的。这说明:主体存在的知识资源和主体注意的客观现象在某种思维观念的作用下被引导和筛选了。

③观念因素还制约着思维活动的结果。在思维过程中,使用的观念正确与否就会导致思维的结果是否与实际相符合。

观念因素在思维活动中起着相当重要的作用,观念的变化和发展就必然引起思维方式和方向等的变化和选择。所以,观念的变革也就成了制约思维方式、方法等变革的内在因素之一。为了帮助进一步地理解思维中观念的作用、影响等,摘录休谟在《人类理解研究》中的一段话:"很显然,在人的种种思想或观念之间,有一种联系的原则,而且当它们出现于记忆或想象中时,它们会以某种次序和规则来互相引生。在我们较严肃的思想或探讨中,我们最容易看出这一点来,所以任何特殊的思想如果闯入各观念的有规则的路径,那它就会立刻被人注意,而加以排斥……如果我们把最松懈、最自由的谈话记录下来,则我们立刻会看到,有一种东西,贯穿着谈话中的一切步骤。"

思维观念就像在人脑思维空间中不时闪烁的一座座导航灯,既有方向性,又有区域性;

既引导了方向,照亮了区域,又引导着你注意什么方向和注意些什么。

案例

教育心理学家的试验

教育心理学家已经进行了多个试验,以揭示观点的多样性是如何开启人的认知和创造力的。比如,有一个针对钢琴初学者的研究:向两组学生介绍一个简单的 C 大调音阶,其中一组被告知通过多种观点学习该音阶,包括思想和感情,而另一组被告知通过传统的重复练习默记该音阶。事后,心理学家发现第一组学生的演奏高出一筹,并且富有创造力。

在另外一个实验中,研究者将同一篇文章分给两组学生,要求第一组学生从多种观点出发阅读该文章,包括作者的观点、文中人物的观点等,思考文中人物的所感、所思、所想,另一组学生则只需要简单地进行学习即可。事后,对两组学生进行的测试表明,第一组学生从文章中获得的信息更多,对文章的理解更深刻。在对原文进行改写时,他们的文章内容和提出的创造性方案也比第二组学生强。

以上试验中,第一组受试者的行为有多种观念的引导,而第二组却是就事论事,无观念的活动。其实,观念也是促使形成特定空间的方法之一,虽然对于同一主题每个人都会客观地形成一个思维空间,但是由于观念不同,思维空间的范围、内容和色彩等都会有所不同。

观念具有引导思维活动的作用。观念是人们在实践当中形成的各种认识的集合体,人们会根据自身形成的观念进行各种活动。观念具有主观性、实践性、历史性、发展性等特点。

人类的行为都是受观念支配和指挥的,观念正确与否直接影响到行为的结果,人们常说"观念先行"就是这个道理。在思维中,特别是在创新思维中,主体选择哪一种思维方向,采用哪一种思维形式、方式和方法等主要也是由其思维观念决定的。

富兰克林·D.罗斯福说过:"人并不是命运的囚徒,而是自己思想的囚徒。"德鲁克说:"观念的改变并没有改变事实本身,改变的只是对事实的认识和看法。"在思维或创新思维中,应当注意以下几点:

①主体要学会通过观念来"管理"自己的思维,因为在主体思维自然而然的过程中,思维的观念决定着思维的视野、视角、方向或方法等;

②在学习创新案例时,我们要善于发现躲藏在创新行为背后的观念,从技法中学习仅是一种模仿,如果以观念为基础进行学习,不仅能够理解、运用技法,而且能够创造技法;

③驾驭自己思维的办法除了"强制",比如运用"思维检核表"或相关软件外,掌握思维观念、更新思维观念和创新思维观念就是最有效的方法了。

比如,在"曹冲称象"这个故事中,其主题是"小秤不能称大象"。我们可以在不同的思维观念引导下对其进行简要的分析和思考(见图 2-1)。

①在逆向观念引导下,将主题"小秤不能称大象"反向一下,变为"大秤能够称小象",成了期望的命题。小与大在特定的环境中是相对而言的,也就是说,如果秤不发生变化,但是,假设"象"变小了的话,并且小到秤能够称起的时候,那么也就可谓是"小象"了。这样的问题关键是:秤不变化,怎么才能够使大象成为"小象"。

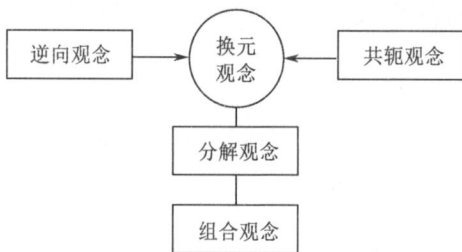

图 2 - 1 案例中的观念组成示意图

②在共轭观念引导下,将主题"小秤不能称大象"完善,即成为"小秤的秤重不能称大象的重量";这样,就明显地看出共轭对象是"重量"。它们之间的"不能"是各自重量的量值不能相融所造成的。这样的问题关键是:在秤重量值不变的情况下如何改变象的重量。

③在换元观念引导下,因为重量具有累计性的特点,说明它是可以分解的。作为整体的象是不能分割的,但是从重量具有替代性的特点来看,重量的载体是可以置换的。由于任何的置换都是有条件的,一般需要特征或功能等值,在这里是特征中的重量等值。这样的问题关键是:象的原重量不变,用什么载体来等值置换象的重量,并且替代物的重量是可以化整为零的。

④在分解观念与组合观念引导下,如何满足秤重的要求,将等值物分解。如何将各重量组合,并还原成大象的整体重量。这样的问题关键是等值量不变、如何具体地分解和组合。

总之,思维观念决定着思维的思路、视角、视野、方向或方法等,在创新思维中是一个十分重要的概念或原理。

6. 创新视角

视角是指观察问题的角度,在思维或创新思维中也可以理解为观察目标对象的角度。对同一事物或对象,从不同的角度加以观察、思考所得到的认识或结果是不同的。所以,客观事物是一回事,人们对事物的认识是另一回事。这两回事不可能是完全一样的,当然,也不会是完全不一样的,面对同一种事物或现象,如果人们之间的认识出现差异,有时是正确和错误的关系,但更多的则是不同视角之间的关系,无所谓对与错。

案例

抽 烟

有两个人一起去问牧师,在祈祷的时候能否吸烟。

其中 A 先上前问:"在祈祷的时候能否吸烟?"

牧师生气地回答:"不可以!"A 闷闷不乐地退了下去。

B 上前问:"在吸烟的时候能否做祈祷?"牧师愉快地回答:"当然可以!"

其实"在祈祷的时候能否吸烟?"与"在吸烟的时候能否做祈祷?"这两句话具有相同的行为,即在某一特定的时间内完成两个动作:吸烟和祈祷。但是,它们的结构却不同:前一句是以"祈祷"为主兼带"吸烟",后一句却是以"吸烟"为主兼带"祈祷"。

所谓创新视角,是指用不寻常、非常规的视角去观察事物,使事物显示出某些特殊的性质或特征。这里所指的特殊性质或特征,并不是事物新产生的,而是一直存在于事物之中,只不过以前人们从未发现而已。比如,地球一直处在不停自转的状态,但长久以来人们却把它当作静止不动的。当视角由静转向动时,就是一种新的视角。法国学者查铁尔说:"你在做事时如果只有一个主意,这个主意是最危险的。"我们同样有理由认为,在创新思维时如果只用一个视角,那么是很容易被引入歧途的。

三、创造性思维障碍的突破

(一)思维障碍的含义

当代心理学家认为,思维是人脑对客观事物概括的、间接的反映。从字面上理解思维的含义,思就是思考,维就是方向,思维可以理解为沿着一定方向进行思考。人的大脑思维有一个特点,就是一旦沿着一定的方向、按照一定的次序思考,久而久之,就会形成一种惯性。也就是说,这次这样解决了一个问题,下次遇到类似的问题或表面看起来相似的问题,会不由自主地沿着上次思考的方向或次序去思考,这种情况就叫作"思维惯性"。就像物理学里的惯性一样,思维惯性也很顽固,是不容易克服的。如果对于自己长期从事的事情或日常生活中经常发生的事物产生了思维惯性,多次以这种惯性思维来对待客观事物,就形成了非常固定的思维模式,即"思维定式"。思维惯性和思维定式合起来,就称为"思维障碍"。一方面,思维障碍有着巨大好处,它使得人们的学习、生活、工作简洁和明快,社会高度有序化;另一方面,思维障碍的固定程序化等模式又阻碍科技发展,尤其是在创造活动中,思维障碍阻碍了人们创造性地解决问题,对于创新是非常不利的。

卢钦斯在研究思维障碍对解决问题的影响时做了一个很有名的量水实验,实验非常简单,只是要求用给定的三种容量的容器 A、B、C 量出定量的水 D(见表 2 – 1)。

表 2 – 1　卢钦斯量水实验

问题	给定容器容量/夸脱			求 D/夸脱	一般解法	更简便解法
	A	B	C			
1	21	127	3	100	$D = B - A - 2C$	
2	14	163	25	99	$D = B - A - 2C$	
3	18	43	10	5	$D = B - A - 2C$	
4	9	42	6	21	$D = B - A - 2C$	
5	20	59	4	31	$D = B - A - 2C$	
6	23	49	3	20	$D = B - A - 2C$	$D = A - C$
7	15	39	3	18	$D = B - A - 2C$	$D = A + C$
8	28	76	3	25	$D = A - C$	
9	18	48	4	22	$D = B - A - 2C$	$D = A + C$
10	14	36	8	6	$D = B - A - 2C$	$D = A - C$

注:1 夸脱 = 1.136 5 升,夸脱为英国的计量单位。

他首先给被试者做一示范,用给定的 29 夸脱和 3 夸脱的容器量出 20 夸脱的水,即先将 29 夸脱的容器盛满水,后从中倒出灌满 3 夸脱的容器三次,这便求得了 20 夸脱的水。随后要求一部分人从第一题开始做起直到最后一题,而让另一部分人直接从第六题做起。观察结果,由于前五题的解法一致,均可用 $D = B - A - 2C$ 求得,使得第一部分人中约有 33% 一直沿用老办法求解,甚至在第八题上卡壳,而后一部分人中的 99% 都用更简便的方法求解。

由此实验看出,由于受前五题的影响,人们在有更简便方法求解时,也放弃探索而套用老办法,明显地表现出用三容器量法的思维定式。

(二)常见的思维障碍

1. 习惯性思维障碍

习惯性思维障碍又称思维定式,通俗地说就是"习惯成自然"。它是指人们常常沿用一种思路或固定的思维方式,去考虑同一类问题。习惯性思维几乎人皆有之,可以说是一种常见现象。但是这种思维一旦变成固定不变的"老套套""老框框",就会束缚人的思维,使人们发现不了新的问题,想不到新的解决方法,从而构成学习、创造的心理障碍。

案 例

沉 默 广 告

大家都知道,广告、广告,广而告之,平面广告得有内容,广播广告得有声音,电视广告得有画面。这是所有人的习惯性思维。纽约一银行新开业,想迅速打开知名度,在电台做广告。一般做法是宣传一下,搞个大促销,或者请个名人推广,但他们没有采用其他银行开张宣传使用的方法。要想快速获得知名度,就得出位,明显的差异化才会赢得关注。

于是他们买断纽约各电台的黄金时段 10 秒钟,向人们提供沉默时间,他是这样宣传的:"听众朋友,从现在开始播放由本市国际银行向您提供的沉默时间。"然后整个纽约所有电台都沉默,听众被这莫名其妙的 10 秒钟激起了兴趣,纷纷开始讨论,各大媒体也争相报道,成了热门话题。

这家银行彻底打破了习惯性思维,告诉了世人,谁说广播广告非得在那儿大费口舌。这个沉默时间以自己的不说话唤起所有人说话。

这就是一个新的改变。如果完全依赖过去的经验,我们就会判断失误。尤其在当今社会,世界变化非常快,科学进步也非常快,以前有很多不可能的事情变成可能。我们不能完全依照我们过去的经验来判断未来。过去经验的积累导致了我们思维上的一种定式。所以有一句话说:过去的经验既是我们的财富,某种程度上又是我们的包袱。

习惯性思维并不都是有害的。对于有些简单的问题,如日常生活中的小事,按照习惯性思维去行事,可能节省时间,或者少费脑筋。例如写字是先找纸还是先找笔,早上起来是先洗脸还是先刷牙,各人有各人的习惯,都无不可。即使是某些数学运算,有时按照老经验、老习惯,还可以较快地完成运算。

人的思维不仅有惯性,还有惰性,对于比较复杂的问题如果仍按照习惯性思维如法炮制,就会使人犯错误,或者面对新问题一筹莫展。要想使自己变得聪明起来、要想进行创新,就必须自觉地打破习惯性思维障碍,主动去寻求新的思维方式。

突破习惯性思维,从表面看,似乎很简单,很容易操作,但人的头脑往往会因为陷入经验主义而逐渐僵化,意识不到自己已被习惯性思维所束缚。因而往往无法使用这种单纯的突破性思考方法。

2. 直线型思维障碍

直线型思维是指一种单维的、定向的、视野局限、思路狭窄、缺乏辩证性的思维方式,但同时也被认为是以最简洁的思维历程和最短的思维距离直达事物内蕴的最深层次的一种思维方式。由于在解决简单问题时人们只需用一就是一,二就是二,或因为 $A=B$、$B=C$,所以得出结论 $A=C$,这样直线型的思维方式就可以奏效,因此往往在解决复杂问题时仍用简单的非此即彼或者按顺序排列的直线的方式去思考问题。在学习时,虽然也遇到过稍微复杂的数学问题、物理问题,但多数情况下是把类似的例题拿来照搬。对待需要认真分析,全面考虑的社会问题、历史问题或文学艺术方面的课题,经常是死记硬背现成的答案。

久而久之,就形成了直线型思维障碍。

案例

寻找作案嫌疑人

1985 年,某厂有 35 000 元被窃,当时这是一笔不小的数目,厂方和市公安局出动了大批人员来破案。他们的破案思路:进行排查,找出嫌疑人,再通过审查破案。嫌疑人应当是有前科的,经济上支出明显超过收入的。结果找到了一个年轻工人,他平时吊儿郎当,工资较低,这时恰好又买了一辆新摩托车。于是,这个年轻工人便成了重点怀疑对象,被审查了好几个月,结果却搞错了。而实际上作案的是另一个平时显得很老实的职工,两年后,他看没事了,到银行去存款,被机警的出纳员发现了破绽,报告给公安局,这才破了案。

错误的产生显然与办案人员的直线型思维方式有关。过去、平时表现不好的,经济上又突然发生变化的,可能有作案的嫌疑,但不是所有这样的人就一定是盗窃公款的,而平时表现还不错的,也不一定就不会干坏事。

3. 权威型思维障碍

权威型思维障碍也叫权威定式,是指在思维过程中盲目迷信权威,以权威的是非观为是非观,缺乏独立思考能力,不敢怀疑权威的理论或观点,一切都按照权威的意见办。权威定式对人类的发展与进步有着一定的积极意义,因为有了权威的存在,节省了人们无数重复探索的时间和精力。尊重权威当然没有什么错,但一切都按照权威的意见办事,盲目崇拜和服从权威,不敢怀疑权威的理论或观点,不敢逾越权威半步,就会严重阻碍人们创造性思维的发挥。

事实上,权威的意见只是在某个阶段、某个领域、某个范围是正确的,并非适用于所有问题,而只有实践才是检验真理的唯一标准。人类史上的大量创造性成果都是克服了对权威的无条件崇拜、打破了迷信权威的思维障碍后取得的。

普通的自行车工莱特兄弟要发明飞机时,许多有名的物理学家都提出了否定的意见,甚至说要想让比重比空气大的机械装置在空气中浮起来是不可能的事情。然而莱特兄弟不迷信权威，经过多次试验，终于让世界上第一架飞机飞上了蓝天。

在通常情况下，服从专家的看法会少走很多弯路，时间久了人们就会认为"专家的意见不会错"，在现实生活中当两人发生争执时，人们往往会用某位专家的话来做引证。

当某一领域专家的权威确立之后，除了不断地强化外，还会产生"权威泛化"的现象，即把某个专业领域内的权威不恰当地扩展到社会生活的其他领域内。比如，某位专家是某一领域的专家，可能是在某尖端领域做出了很大的贡献，于是马上有人请他参政议政，担任某个单位的领导，等等，也就是说他马上就成了一切领域的权威。例如，爱因斯坦成为世界著名科学家之后，曾有人邀请他参与政治，竞选以色列总统，当然爱因斯坦坚决地回绝了。

案 例

飓风袭击美国东海岸

1938 年 9 月 21 日，一场凶猛异常的飓风袭击了美国的东部海岸。美国著名历史学家威廉·曼彻斯特在他的名作《光荣与梦想》中记载并描述了这场罕见的风暴。书中写道："下午两点三十分，海水骤然变成了一堵高大的水墙，以迅猛之势，向马比伦和帕楚格小镇（位于纽约长岛）之间的海滩劈头压来。第一次波浪的威力如此之大，以至于阿拉斯加州锡特卡的一台地震仪上都记录下了它的影响。在袭击的同时，飓风携带着巨浪以每小时超过 100 英里的速度向北挺进，这时水墙已经达到近 40 英尺高，长岛的一些居民手忙脚乱地跳进他们的轿车，疯狂地向内陆驶去，没有人能精确地知道，有多少人在这场生死赛跑中，因为输掉了比赛而失去了生命。幸存者后来回忆道，一路上，人们将车速保持在每小时 50 英里以上。"

其实，当地气象学家早已预测到了这场飓风的规模和到来时间，但因为一些不便公开的原因，气象局并没有向公众发出警告。事实上，绝大多数的居民通过家中的仪器或者通过其他渠道都获知飓风即将来临，但由于作为权威部门的气象局并没有发出任何预报，居民们都出人意料地对即将到来的大灾难漠然视之。

"后来，许多令人吃惊的故事被披露出来"，曼彻斯特写道，"这里有一个长岛居民的经历。早在飓风到来的前几天，他就到纽约的一家大商店订购了一个崭新的气压计。9 月 21 日早晨，新气压计寄了过来，令他恼怒的是，指针指向低于 29 的位置，刻度盘上显示：'飓风和龙卷风'。他用力摇了摇气压计，并在墙上猛撞了几下，驾车赶到了邮局，将气压计又邮寄了回去。当他返回家中的时候，他的房子已经被飓风吹得无影无踪了。"

这就是绝大多数当地居民采取的方式。当他们的气压计指示的结果没有得到权威部门和专家的印证时，他们宁愿诅咒气压计，或者忽略它，甚至干脆扔掉它。

有人的地方就有权威的存在，迷信权威是任何时代、任何地方都会存在的现象，人们对权威也总是怀有崇敬之情，尊重权威固然重要，然而盲目尊崇权威也会严重影响人们的判断。

对于权威，我们应当学习他们的长处，以他们的理论或学说作为基础和起点。但不可一味模仿,不敢超过他们。如果只是跟在他们后面亦步亦趋,那就谈不上改革和创新了。英国皇家学会的会徽上就镶嵌着一行耐人寻味的字:不要迷信权威,人云亦云。

4. 从众型思维障碍

从众心理,就是不带头、不冒尖,一切都随大流的心理状态。当个体的信念与大众的信念发生冲突时,虽然清楚地知道自己的信念是正确的,但由于缺乏信心,或不敢违反大众的信念而主动采取与大众相同的观念。有这种心理的人,有的是为了跟大伙保持一致,不被指责为"标新立异""哗众取宠",也有的是思想上的懒汉,认为跟着大家走错不了。在实际生活中,大多数人都可能因从众心理而表现出盲目性,明明稍加独立思考就能正确决策的事却偏偏跟着大家走弯路,这就是从众型的思维障碍。

大家知道,人与人之间是不可能保持一致的,一旦群体发生了不一致,有两种方法可以维持群体的不破裂,一是整个群体服从某一权威,与权威保持一致:二是群体中的少数人服从多数人,与多数人保持一致。

案 例

毛毛虫效应

毛毛虫习惯于固守原有的本能、习惯、先例和经验,无法破除尾随习惯而转向去觅食。法国心理学家约翰·法伯曾经做过一个著名的实验,称之为"毛毛虫实验":把许多毛毛虫放在一个花盆的边缘上,使其首尾相接,围成一圈,在花盆周围不远的地方,撒了一些毛毛虫喜欢吃的松叶。

毛毛虫开始一个跟着一个,绕着花盆的边缘一圈一圈地走,一小时过去了,一天过去了,又一天过去了,这些毛毛虫还是夜以继日地绕着花盆的边缘在转圈,一连走了七天七夜,它们最终因为饥饿和精疲力竭而相继死去。

约翰·法伯在做这个实验前曾经设想:毛毛虫会很快厌倦这种毫无意义的绕圈而转向它们比较爱吃的食物,遗憾的是毛毛虫并没有这样做。导致这场悲剧的原因就在于毛毛虫习惯于固守原有的本能、习惯、先例和经验。毛毛虫付出了生命,但没有任何成果。其实,如果有一个毛毛虫能够破除尾随的习惯而转向去觅食,就完全可以避免悲剧的发生。

后来,科学家把这种喜欢跟着前面的人的路线走的习惯称之为"跟随者"的习惯,把因跟随而导致失败的现象称为"毛毛虫效应"。

我们每个人或多或少都有从众心理,对一些约定俗成的说法或做法,我们应有判断力,既要相信"群众的眼睛是雪亮的",又要相信"真理往往只掌握在少数人手里",无论是面对"群众"还是面对"少数人",我们都应该独立思考,不盲从、不轻信。洛克菲勒有句名言:"如果你想成功,你应开辟出一条新路。而不要沿着过去成功的老路走。"任何时候,放弃独立思考,一味跟随大众会走弯路。所罗门·希尔指出:人类有33%的错误源于跟着别人走。

张三开了个面馆,生意红火,利润丰厚,李四看了也开了个面馆,王五同样开面馆……大家效仿张三开面馆,结果是谁的生意也不好。著名经济学家吴敬琏说:"一哄而起,一哄而上,一哄而乱,一哄而散。"只会跟在别人后面的人永远成就不了事业,反倒是不盲目从众,坚持独立思考的人能出类拔萃,获得成功。

创新就是用不妥协于常规的思维做出与众不同的行为来创造不同的结果,创新往往会带来意料之外的惊喜。日本一纺织公司董事长的父亲对他说:"一项新的事业,10个人中有一两个人赞成就可以开始了,有五个人赞成的时候,就已经迟了一步,要有七八个人赞成,那就太晚了。"

5. 书本型思维障碍

书本是千百年来人类经验与智慧的结晶,有了书本,前人能够很方便地将自己的知识、观念等传递给下一代人,使得后人能够始终站在前人的肩膀上做事。知识的传播与传承是人类社会进化得以加速进行的重要原因,但书本在带给我们大量有益信息的同时,也会给我们带来一些麻烦。

许多人认为,一个人的书本知识多了,比如上了大学,读了硕士、博士,必然有很强的创新能力,其实不然。还有的人认为,书本上写了的就都是正确的,遇到难题先查书,如果自己发现的情况与书本上不一样,那就是自己错了。在这种认识的指导下,有的人对书上没有说的不敢做,对读书比自己多的人说的话百分之百地相信,一点也不敢怀疑。因此,把这种由于对书本知识的过分相信而不能突破和创新的思维方式,叫作书本型思维障碍。

人们常说知识就是力量,但是如果不能将所学的知识灵活运用,那知识就并非力量。实际上只能认为知识是潜在的力量。要能够正确、有效地应用知识,它才能成为现实力量。不能认为谁读的书多,知识丰富,谁的力量就大,创造性思维就强。

案例

高频放大管的研制

20世纪50年代初,美国某军事科研部门在研制一种高频放大管的时候,科研人员都被高频率放大管能不能使用玻璃管难住了,研制工作一直没有进展。后来,发明家贝利负责的研制小组承担了这一任务,上级主管部门鉴于以往的经验,要求研制小组的人员不得查阅有关书籍。贝利小组经过努力,终于研制成功频率高达100个计算单位的高频放大管。

在研制任务完成以后,研制小组的人员想弄清楚为什么上级要求不得查阅资料。后来,他们查阅了有关书籍后都十分惊讶,原来书上写着:如果采用玻璃管,高频放大管的极限频率是25个计算单位。可见,如果在研制过程中受到书本限制的话,研制人员就没有信心研制这样的高频放大管了。

俗话说,尽信书不如无书。也就是说,书本知识固然重要,但是,书本知识毕竟是前人知识和经验的总结,时代发展了,情况变化了,书本知识也可能过时。更何况书上写的东西有可能就是错误的或是片面性的。即使书上说的是正确的,也有一定的适用范围,不能无条件地照抄照搬。

1979年诺贝尔物理学奖获得者、美国物理学家伯格说过一段很值得人们深思的话:"不要安于书本上给你的答案,要尝试下一步,尝试发现有什么与书本上不同的东西。这种素质可能比智力更重要,它往往成为最好学生和次好学生的分水岭。"

所以,正确对待书本知识的态度应当是:既要学习书本知识,接受书本知识的理论指导,又要防止书本知识可能包含的缺陷、错误或落后于现实的局限性。要善于思维创新,要敢于否定前人,培养提出问题的能力。学习新知识,不能完全依靠老师,也不能盲目迷信书本,应勇于质疑,勇于提出问题,这是一种可贵的探索求知精神,是创造的萌芽。人们常说:真理诞生于一百个问号之后。马克思的座右铭恰恰就是:怀疑一切。

6. 经验型思维障碍

我们生活在一个需要经验的世界中,所谓经验就是人们通过大量实践获得的知识、掌握的规律或技能。通常情况下,经验对于我们处理日常问题是有好处的。因为拥有了某些方面的经验,我们才能将各种各样的问题处理得井井有条。如果要加工一个精密零件,具有熟练技术的工人就能够很好地胜任这个工作;一个熟悉车间运作的管理人员能够很好地管理这个车间;老工人听到机器运转的声音就知道机器在什么地方出现了问题……这些都与人们所拥有的丰富经验分不开。

经验和习惯是宝贵的,它是我们日常生活和工作的好帮手,为我们办事带来方便。要是没有个体与群体经验的积累,人类和社会的进步是不能想象的。但经验和习惯又有局限性,它们常常会妨碍创新思考,成为创新的枷锁。因此经验需要鉴别。而我们运用创造性思维,跳出框框,突破经验的局限性才能创造财富、创造奇迹。

历史上有不少事例是由于受到了经验型思维定式的影响而使发明的东西性能大打折扣,有的甚至因为这种定式的影响而失败;相反,如果没有受到经验型思维定式的影响,那么就能够获得成功。

在美国早期设计的飞船上按照经验都安装了一个小小的减速器,用来减低太阳能发射板的开启速度。科学家发现这种减速器太笨重,并且容易沾上油污,而重新设计的减速器经过试验并不可靠,多次改进后仍令人不满意。正当研制小组几乎绝望的时候,有位科学家突破经验型思维定式,提出可以不用这个减速器。最终的实验证明这个建议完全正确,也就是说这个减速器从一开始就是多余的,只是经过多次的成功飞行强化了人们的思维定式。

最初问世的火车的车轮上有齿轮,铁轨上也有齿轮。火车行进时,车轮上的齿轮和铁轨上的齿轮正好啮合。这样的设计是从安全的角度出发,为了防止火车打滑出轨。火车的设计者和制造者为什么会采取这样的加齿轮的做法呢?它既不是直接来自书本的知识,也不是来自实践经验的结果,设计者认为车轮上的齿与铁轨上的齿啮合后能够避免打滑,设计者并没有对这种设计进行认真的分析、研究和论证,便认定齿轮对防止打滑出轨是必不可少的。而后来取消齿轮后的火车不但依然能够安全行驶,还大大提高了行车速度,降低了制造成本。

7. 其他类型的思维障碍

以上介绍的是常见的、多数人可能出现的思维障碍,还有一些思维障碍,在不同的人那里表现的严重程度也不同。例如,以自我为中心的思维障碍、自卑型思维障碍、麻木型思维障碍、偏执型思维障碍等。

①以自我为中心的思维障碍。在日常生活中,我们常常可以看到有些人特别固执,思考问题时以自我为中心,阻碍了创造性思维。这些人有的还是很有能力的,做出过一些成绩,但他们从此就觉得自己了不起,不知道天外还有天,能人之上还有能人。

②自卑型思维障碍。就是非常不自信,由于过去的失败或成绩较差,受到过别人的轻视,而产生了自卑心理。在这种自卑心理的支配下,不敢去做没有把握的事情,即使是走到了成功的边缘,也因害怕失败而退却。

③麻木型思维障碍。即对生活、工作中的问题习以为常,精力不集中,思维不活跃,行为不敏捷,不能抓住机遇,对关键问题不能及时捕捉,更不会主动寻找问题,迎接挑战。

④偏执型思维障碍。他们大多颇为自信,但有的爱钻牛角尖,明知这条道路走不通,非要往前闯,直到碰得头破血流才罢休,不知道及时转弯子;有的喜欢跟别人唱对台戏,人家说东,他偏往西,好赌气,费了好大力气,走了许多弯路还不愿回头。

不同的人在不同的情况下思维障碍的情况有所不同。其实不管遇到的思维障碍是什么,只要能冷静客观地发现自己的思维障碍,分析它产生的原因,换一种方式去思考,有意识地去克服它,那么这就是一个了不起的进步。因为突破思维障碍,就是创造性思维的开始。

(三)思维障碍的突破

思维障碍抑制着我们的创新意识,使我们的创新能力难以得到进一步提高。要提高创新能力,就应该突破思维障碍,而突破思维障碍的关键就是转换思维视角。创造学里将思维开始的切入点称为思维视角。对同一事物以不同的切入点进行思考,其结果是大相径庭的。就像我们切苹果一样,我们以通常的角度竖着切下去看到的只是几粒籽,而横着切下去我们将看到一个可爱的五角星。

思维障碍的突破是一个人格独立、自我意识觉醒的过程。很多人走不出思维定式,所以他们走不出宿命般的可悲结局,而一旦走出了思维定式,也许可以看到许多别样的人生风景,甚至可以创造新的奇迹。因此,从舞剑可以悟到书法之道,从飞鸟可以造出飞机,从蝙蝠可以联想到电波,从苹果落地可悟出万有引力……常爬山的应该去涉涉水,常跳高的应该去打打球,常划船的应该去驾驾车。换个位置,换个角度,换个思路,也许我们面前就是一番新的天地。

1. 思维视角的定义

人的思维活动不仅有方向,有次序,还有起点。在起点上,就有切入的角度。实际上,对于创造活动来说,这个起点和切入的角度非常重要。思维开始时的切入角度,就叫作思维视角。

思维障碍是妨碍我们创造性思维的拦路虎,而突破思维障碍的好办法就是扩展思维视角。

扩展思维视角对认识客观事物有极大的影响,原因如下:

(1)事物本身都有不同的侧面,从不同的角度去考察,就能更加全面地接近事物的本质。

(2)世界上的各种事物都不是孤立存在的,它们与周围的其他事物有着千丝万缕的联系,观察研究某一未显露本质的事物,可以从与它有联系的另一事物中找到切入点。

(3)事物是发展变化的,发展变化的趋势有多种可能性。

(4)对于某个领域的一些事物,特别是社会生活或专业技术领域里的常见事物,许多人都观察思考过了,你自己也经常接触。

马克·吐温幽默风趣,口无遮拦。一次他在公开场合说:"国会里有些议员是流氓。"众议员异常愤怒,要求他必须公开道歉。一周后他在报纸的显眼位置做出如下道歉:"日前我说:'国会里有些议员是流氓',这和实际情况不符,为此我修改我的原话为'议会里有一些议员不是流氓'。"

2. 扩展思维视角的方法

（1）改变万事顺着想的思路

从古至今,大多数人对问题的思考,都是按照常情、常理、常规去想的,或者按照事物发生的时间、空间顺序去想,这就是所谓的万事顺着想。万事顺着想容易找到切入点,解决问题的效率比较高,大家都是这么想的,彼此之间的交流就比较方便。但是在互相竞争的情况下,很难出奇制胜。更重要的是,客观事物本身并不是那么简单的,而是很复杂的、千变万化的,顺着想不可能完全揭示事物内部的矛盾,从而发现客观规律。

①变顺着想为倒着想

在顺着想不能很好地解决问题时,倒着想人失为一种新的选择。

案例

怎样给网球充气

网球与足球、篮球不一样,足球、篮球有打气孔,可以用打气针头充气。网球没有打气孔,漏气后球就软了、瘪了。如何给瘪了的网球充气呢? 专业人士首先分析了网球为什么会漏气,气从哪里漏到哪里。我们知道,网球内部气体压强高,外部大气压强低,气体就会从压强高的地方往压强低的地方扩散,也就是从网球内部往外部漏气,最后网球内外压强一致了,就没有足够的弹性了。怎么让球内压强增加呢? 运用逆向思维,专业人士考虑让气体从球外往球内扩散。怎么做呢? 那就是把软了的网球放进一个钢筒中,往钢筒内打气,使钢筒内气体的压强远远大于网球内部的压强,这时高压钢筒内的气体就会往网球内"漏气",经过一定的时间,网球便会硬起来了。让气体从外向里漏的逆向思维让没有打气孔的网球同样可以实现充气。很显然,通过逆向思维,把不可能变为了可能。

②从事物的对立面出发去想

遇到问题时可以直接跳到事物中矛盾一方的对立面去想。因为对立的双方是既对立又统一的,改变这一方不行,改变另一方则可能有助于问题的解决。

案例

熊田长吉改进锅炉

日本科学家熊田长吉在从事锅炉研究改造工作中,开始时主要考虑怎样在炉内加热,而使热效率有所提高,但效果并不理想。后来他想到,冷和热是对立的,不能只考虑热的方面,不考虑冷的方面,只加热水管,热水就上升,但没有考虑冷水的下降,冷热水循环不畅,热效率当然不高。他又进一步实验,把原来的许多热水管加粗,在粗管内再安装一根使冷水下降的细管,这样,粗管里的热水上升,细管里的冷水下降,水流和蒸汽的循环加快,热效率果然提高了。按照他设计而生产的锅炉,在实际使用时,热效率提高了10%。

过去的工业锅炉和生活用锅炉,都是在炉内安装许多水管,用给水管加热的方法,产生蒸汽,但这种锅炉的热效率不高。熊田长吉从矛盾的对立面出发进行大胆尝试,果然收到奇效。

③思考者改变自己的位置

改变思考者自己的位置,从另外的角度看问题,这就是换位思考或易位思考。如果你是思考社会问题,你可以把自己换到其他人的位置上,特别是换到你考察的对象的位置上;如果你研究的是科学技术问题,你可以更换观察的位置,从前后、左右、上下等各个方向去分析问题。

案例

小型超市的设计

关于小型超市设计的理念与方案,对于大多数的设计公司来说并不是一件困难的事,然而往往细节决定成败的案例并不在少数,为何有的小型超市的设计能够使得消费者络绎不绝,而有的却人烟稀少?除了超市所在的地理环境以及自身所销售的产品以外,在很大程度上,超市的设计起到了至关重要的作用。对于超市设计师来说,如果能够更多地进行换位思考,为消费者设想,相信未来国内的小型超市市场将会越来越火热。根据相关设计专家的建议,超市设计师在起初进行消费者换位思考时,需要做到如下两点:一是重视消费者的购物感受与体验。合理布局、层次分明的超市结构能够使消费者一进入超市就能够清晰地定位到自己所需购买的物品。试想,当一个消费者已明确自己要购买的物品,一旦走入超市,当然是希望直奔目标位置。二是超市的整体设计以简单、实用、方便为主。不同于大型购物超市,小型超市的设计材料不宜过于"奢华",整体设计符合朴素而实用、简单而不简陋的原则即可。

对于一个企业来讲,要想实现可持续性的长远发展,一定要从真正意义上做到换位思考,而这种换位思考不仅包括管理者与被管理者之间的内部换位思考,更包括企业与客户间的内外换位思考。换位思考要求参与者加强自己思想的换位,而不是强求他人的转变。只有真正做好换位思考才能使企业运营合理、效益提升、事半功倍。

(2)转换问题获得新视角

虽然我们遇到的问题是多种多样的,但彼此之间有相通的地方。对于难以解决的问题,与其死盯住不放,不如把问题转变一下。如把几何问题转换为代数问题,把物理问题转换为数学问题。

①把复杂问题转化为简单问题

有一句话说:聪明人可以把复杂的问题越搞越简单,不聪明的人可以把简单的问题越搞越复杂。也可以说,把复杂的问题简单化是大智慧,把简单的问题复杂化是添麻烦。

爱因斯坦说:"解决问题很简单时,上帝在回应。"一种方法的简单性,保证了它的正确性。学过高等数学的人都知道,一些看似很烦琐的题,其答案往往非常简单,而答案若是十分复杂,那十之八九是算错了。

一个手艺精湛的锁匠,因得罪了皇帝而被投入牢房,他花了10年时间研究牢房门上的锁,但始终没打开。获释后他才知道锁一直是开的,与其说是锁锁住了锁匠,倒不如说是表面上的复杂吓住了锁匠。

案例

于振善测量土地面积

很早以前,各国的数学家们都一直在思考,如何计算出不规则形状土地的面积。许多国家的边界线由于受到自然环境等方面的影响,如同蚯蚓般曲折蜿蜒,多年来大家一直寻找不到一个标准的计算方法,一般都是大致估算一下,粗略地取个近似值。

事有凑巧,我国有一位木匠,他就是于振善,面对这样的问题,他专心致志地研究起来,经过多次的实践,终于找到了一种计算不规则图形面积的方法——"尺算法",也叫"称法",他巧妙地称出了我国各行政区域的面积。

他的"称法"是这样的:先精选一块重量、密度均匀的木板,把各种不规则形状的地图剪贴在木板上;然后,分别把这些图锯下来,用秤称出每块图板的重量;最后再根据比例尺算出 1 平方厘米图板的重量,用这样的方法,就不难求出每块图板所表示的实际面积了,也就是说,图板的总重量中含有多少个 1 平方厘米的重量,就表示多少平方厘米,再扩大一定的倍数(这个倍数是指比例尺中的后项),就可以算出实际面积是多大了。

"尺算法"解答的原理是:面积与重量的比等于单位面积的重量比,实际是比例的综合应用,只要测量重量和单位长度的仪器精密,那么经测量算出来的地图面积就会非常精确。

②把自己生疏的问题转换成熟悉的问题
对于从未接触过的生疏的问题,可能一时无法下手,找不到切入点,但不要望而却步,试着把它转换成熟悉的问题,可能就会有新的视角,也许还会有出色的成果诞生。

案例

钢筋混凝土的发明

19 世纪末,法国园艺学家莫尼哀想设计一种牢固结实的花坛,可是他只熟悉园艺,对于建筑结构和建筑材料一窍不通,经过思考,他发挥了自己的特长:他对植物结构再熟悉不过了,他就把花坛的构造转换成植物的根系作为出发点。植物根系是盘根错节的,牢牢地和土壤结合在一起,非常结实。他把土壤再转换为水泥,把根系再转换为一根一根的钢筋,并用水泥包住钢筋,就制成了新型的花坛,这样不仅花坛造出来了,而且建筑史上划时代意义的新型建筑材料——钢筋混凝土,也由这个建筑业的"门外汉"发明出来了。

钢筋混凝土的问世,引发了建筑材料的一场革命,然而令人惊奇的是,发明钢筋混凝土的既不是建筑业的科学家,也不是著名的工程师,而是一个和建筑不搭界的园艺师。

③把不能办到的事情转化为可以办到的事情
世间有些事情是能够办到的,有些是难以办到的,有些根本就是不能办到的。但是,不能办到的事,就不能转换成能够办到的事吗?

Linux 系统的发展

Linux 是一种类 UNIX 计算机操作系统,最早开始于一位名叫 Linus Torvalds 的计算机业余爱好者,当时他是芬兰赫尔辛基大学的学生。他的目的是设计一个代替 Minix 的操作系统,这个操作系统可用于 386、486 或奔腾处理器的个人计算机上,并且具有 UNIX 操作系统的全部功能。

Linux 的诞生充满了偶然。Linus Torvalds 经常要用他的终端仿真器(Terminal Emulator)去访问大学主机上的新闻组和邮件,为了方便读写和下载文件,他自己编写了磁盘驱动程序和文件系统,这些后来成为 Linux 第一个内核的雏形。在自由软件之父理查德·斯托曼某些精神的感召下,Linus Torvalds 很快以 Linux 的名字把这款类 UNIX 的操作系统加入自由软件基金(FSF)的 GNU 计划中,并通过 GPL 的通用性授权,允许用户销售、拷贝并且改动程序,但你必须将同样的自由传递下去,而且必须免费公开你修改后的代码。Linus Torvalds 通过在网上发帖寻找合作者,使这项看起来遥遥无期的工作,最终吸引了上千名程序高手参与进来,帮助改进了 Linux 系统。正所谓众人拾柴火焰高,程序员们把在 Linux 和其他开放源代码项目上的工作,放在比睡觉、锻炼身体、娱乐和聚会更优先的地位,因为他们乐于成为一个全球协作努力活动的一部分——Linux 是世界上最大的协作项目。

只要有足够多的眼睛,程序中无论有多少漏洞都能被找出来,Linux 系统的发展正是巧妙地利用了互联网上成千上万的程序业余爱好者,把一项看似遥遥无期的工作分配给网络大众,从而成就了 Linux 系统的迅猛发展。

(3)把直接变为间接

在解决比较复杂、困难的问题时,直接解决往往遇到极大的阻力。这时,就需要扩展视角,或退一步来考虑,或采取迂回路线,或先来设置一个相对简单的问题作为铺垫,为最终实现原来的目标创造条件。

借 锯 锯 杯

清朝石天成编著的《笑得好》中有一个故事。一人赴宴,主人斟酒,每次只斟半杯。此人忽问主人:"尊府若有锯子,请借我用。"主人问何用,此人指着酒杯说:"此杯上半截既然盛不得酒,要它何用? 锯去岂不更好!"客人通过"借锯锯杯"间接表达了主人小气。

①先退后进

先退后进在军事上是很重要的一种策略。在解决其他方面的问题时,如果遇到了困难,暂时退一步,等待时机,就可能使情况朝着有利的方向转化。这时再前进,问题的解决可能就要容易得多。退,绝不是逃避,而是积极地转移,是以最小的代价取得最大收获的手段。

案 例

巧立警示牌

法国女高音歌唱家玛·迪梅普莱有一座相当大规模的私人园林,经常有人来这里摘果子、采鲜花、拾蘑菇、钓鱼及捉蜗牛,有人甚至搭起帐篷,生起篝火,在园林中野营野餐,搞得草地上一片狼藉,肮脏不堪。为此,她花了很多钱,费了很大劲在园林四周围上篱笆,还竖起了一块块"私人园林禁止入内"的牌子,但都不管用,她的草地依然遭到践踏和破坏。后来,她把牌子上的字拼成:"请注意! 如果在园林中被毒蛇咬伤,最近的医院距此15公里,驾车约半小时可到。"然后树立在园林的各个路口,这样以退为进,就再也没有人闯入园林了。

②迂回前进

迂回前进是指我们解决问题有难以逾越的障碍时,用直接的方法得不到解决,就必须相应地采取迂回的方法,设法避开障碍,取得成功。

创造活动有时带有一定的模糊性,一下子就能将事物看穿的情况并不多见。这就要求我们一方面要保持解决问题的毅力和耐心;另一方面在必要时另辟蹊径,使难题迎刃而解。

案 例

泰勒斯测量金字塔的高度

约公元前600年,古希腊数学家、天文学家泰勒斯从遥远的希腊来到了埃及。在此之前,他已经到过很多东方国家,学习了各国的数学和天文知识。到埃及后,他学会了土地丈量的方法和规则。他学到的这些知识能够帮助他解决测量金字塔的高度这个千古难题吗?泰勒斯已经观察金字塔很久了:底部是正方形,四个侧面都是相同的等腰三角形(有两条边相等的三角形)。要测量出底部正方形的边长并不困难,但仅仅知道这一点还无法解决问题。他苦苦思索着。

当他看到金字塔在阳光下的影子时,他突然想到办法了。这一天,阳光的角度很合适,泰勒斯仔细观察着影子的变化,找出金字塔地面正方形一边的中点(这个点到边的两端距离相等),并做了标记,然后他笔直地站立在沙地上,并请人不断测量他的影子的长度,当影子的长度和他的身高相等时,他立即跑过去测量金字塔影子的顶点到做标记的中点的距离,经过细致计算,就得出了这座金字塔的高度。

③先做铺垫,创造条件

在面对一个不易解决的问题的时候,有时要先设置一个新的问题作为铺垫,为解决问题创造条件,这也是采取变直接为间接的新视角。

案 例

老 汉 分 牛

一个老汉有17头牛,打算分给3个儿子,大儿子得1/2,二儿子得1/3、小儿子得1/9,但不得把牛杀死分肉,他问儿子们:你们说,怎样分?

儿子们想了很久,也没有想出怎么个分法。老汉说,直接分当然不行了,我先借来1头牛,共18头,大儿子分9头,二儿子分6头,小儿子分2头,剩下1头再还回去,不就行了吗?

老汉分牛避开了复杂的数学公式计算,而是采用一种间接的视角,通过借牛,将问题尽可能转化为自己熟悉的简易计算,从而快速、创造性地解决了问题。

第二节　创造性思维的方式

一、思维的分类

思维最初是人脑借助于语言对事物的概括和间接的反映过程。思维以感知为基础又超越感知的界限。通常意义上的思维,涉及所有的认知或智力活动。它探索与发现事物的内部本质联系和规律性,是认识过程的高级阶段。

思维对事物的间接反映,是指它通过其他媒介作用认识客观事物,及借助于已有的知识和经验、已知的条件推测未知的事物。思维的概括性表现在它对一类事物非本质属性的摒弃和对其共同本质特征的反映。

随着研究的深入,人们发现,除了逻辑思维之外,还有形象思维、顿悟思维等思维形式的存在。逻辑思维也叫抽象思维,形象思维也叫具象思维,顿悟思维也叫灵感思维。

按照思维的方向分类,可以分为发散思维与收敛思维,正向思维与逆向思维,侧向思维与转向思维,求同思维与求异思维;按照思维的方式分类,可以分为逻辑思维(包括形式逻辑思维与辩证逻辑思维)与形象思维(想象思维、联想思维、直觉思维、灵感思维等);按思维的过程和结果分类,可以分为常规思维和创造性思维。

理论上说,分类越详尽越好。但有些思维方式在训练与应用的过程中并不需要严格区分,一是很多思维方式总是共同起作用,二是有些思维方式统一在某种思维方式之中。

二、方向性思维

(一)发散思维与收敛思维

1. 发散思维

微型电冰箱的发明

很长时期以来,电冰箱市场一直为美国人所垄断,几乎每个家庭都有。这种高度成熟的产品竞争激烈,利润率很低,美国的厂商显得束手无策,而日本人却异军突起,发明创造了微型电冰箱。人们发现除了可以在办公室、家里使用外,还可安装在野营车、娱乐车上,使得全家人外出旅游,舒适性大大提高。

微型电冰箱与家用电冰箱在工作原理上没有区别,其差别只是产品所处的环境不同。日本人把电冰箱的使用由家居转换到了办公室、汽车、旅游等其他侧翼方向,有意识地改变了产品的使用环境,引导和开发了人们潜在的消费需求,从而达到了创造需求、开发新市场的目的。

微型电冰箱的成功主要归功于人们的思维方式的发散。通过发散的思维,想出了电冰箱所有可能的使用环境,最终发明了微型电冰箱。微型电冰箱改变了一些人的生活方式,也改变了它进入市场初期默默无闻的命运。

(1)发散思维的含义

发散思维也叫辐射思维、放射思维、扩散思维或求异思维,是指大脑在思维时呈现的一种扩散状态的思维模式,它表现为思维视野广阔,呈多维发散状,如图2-2所示。如"一题多解""一事多写""一物多用"等方式,都可培养发散思维能力。不少心理学家认为,发散思维是创造性思维最主要的特点,是测定创新能力的主要标志之一。

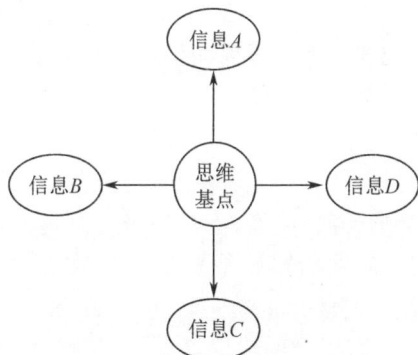

图2-2 发散思维

心理学家吉尔福德把发散思维定义为:从所给定的信息中产生信息,从同一来源中产生各式各样的为数众多的输出。他还认为,智力结构中的每一种能力都与创造性有关,但发散思维与创造性的关系最密切。

发散思维是根据已有的某一点信息,运用已有的知识、经验,通过推测、想象,沿着各种不同的方向去思考,重组记忆中的信息和眼前的信息,从多方面寻找问题答案的思维方式。这种思维方式最根本的特色是多方面、多思路地思考问题,而不是限于一种思路、一个角度,一条路走到黑。对于发散思维来说,当一种方法、一个角度不能解决问题时,它会主动否定这一方法、角度,而向另一方法、另一角度跨越。它不满足已有的思维成果,力图向新的方法、领域探索,并力图在各种方法、角度中寻找一种更好的方法、角度。如风筝的用途可以"辐射"出:放到空中去玩,测量风向,传递军事情报,做联络暗号,当射击靶子等。类似的例子在科学史和实践史上数不胜数。

发散思维体现了思维的开放性、创造性,是事物普遍联系在头脑中的反映。

发散思维的客观依据是,由于事物的内部及其所处客观环境的复杂性,事物的发展往往不是单一的可能性,而是多种可能性,而其中的每一种可能性都可以作为一个解决问题的依据。事物是相互联系的,是多方面关系的总和,我们应从多个方面、多个角度去认识事物,向四面八方发散出去,从而寻找解决问题更多、更好的方法。发散思维是创造性思维中最基本、最普通的方式,它广泛存在于人的创造活动中。

(2)发散思维的特点

发散思维具有流畅性、变通性和独特性三大特点。

①流畅性

流畅性是指短时间内就任意给定的发散源,选出较多的观念和方案,即对提出的问题反应敏捷,表达流畅。机智与流畅性密切相关。流畅性反映的是发散思维的速度和数量特征。

目前我们课堂教学往往注重的是收敛性思维的培养和训练,追求标准答案,缺乏的恰恰是那种能充分发挥学生主动性和创造性的发散性思维训练,应该让学生追求多种答案。法国哲学家查提尔说:"当你只有一个点子时,这个点子再危险不过了。"美国的罗杰博士说:"习惯寻求单一正确答案,会严重影响我们面对问题和思考问题的方式。"

曾有人请教爱因斯坦,他与普通人的区别何在。爱因斯坦答道:如果让一位普通人在一个干草垛里寻找一根针,那个人在找到一根针之后就会停下来,而他则会把整个草垛掀开,把可能散落在草里的针全都找出来。爱因斯坦在科学领域之所以能够取得那么大的成就,就是因为他在科学研究的过程中,不会找到一个方法后就停下来,而是不断地想出更多的方法,找到解决问题的方案,这充分体现了发散思维的流畅性。

②变通性

变通性是指思维能触类旁通、随机应变,不受消极思维定式的影响,能够提出类别较多的新概念。可举一反三,提出不同凡响的新观念、解决方案,产生超常的构想。变通过程就是克服人们头脑中某种自己设置的僵化思维框架,按照新的方向来思索问题的过程。

变通性比流畅性要求更高,需要借助横向类比、跨域转化、触类旁通等方法,使发散思维沿着不同的方向扩散,表现出极其丰富的多样性和多面性。

吉尔福德在"非常用途测验"中,要求学生在八分钟之内列出红砖的所有可能用途。

某一学生说:盖房子、盖仓库、建教室、修烟囱、铺路、修炉灶等。所有这些回答,都是把红砖的用途局限于"建筑材料"这个范围之内,缺乏变通。

另一学生说:打狗、压纸、支书架、打钉子、磨红粉等。这些回答的变通性较大,多数是红砖的非常用途。因此后者的变通性好,创新能力比前者高。

③独特性

所谓思维的独特性,就是指超越固定的、习惯的认知方式,以前所未有的新角度、新观点去认识事物,提出不为一般人所有的、超乎寻常的新观念。它更多地表征发散思维的本质,属于最高层次。红砖能够当尺子、画笔、交通标志等就是独特性思维。

例如,英国著名作家毛姆的小说有一段时间销售不畅,他便在报刊上刊登了一则征婚启事:本人年轻英俊,家有百万资产,希望获得和毛姆小说中主人公一样的爱情。结果毛姆的这一独特举动使他的小说在短时间内被抢购一空。毛姆在推销他的小说时,就运用了思维的独特性,收到了意想不到的效果。

流畅性、变通性、独特性三个特征彼此是相互关联的。思路的流畅性是产生其他两个特征的前提,变通性则是提出具有独特性新设想的关键。独特性是发散思维的最高目标,是在流畅性和变通性基础上形成的,没有发散思维的流畅性和变通性,也就没有其独特性。

(3)发散思维的常见形式

①多路思维

多路思维就是根据研究对象的特征,人为地分成若干路,然后一路一路地考虑,以取得更多解决方案的发散思维。这是发散思维最一般的形式。用多路思维进行思考可以化复杂为简单,化整为零,且使条理更清楚,思路更周密,使思维的流畅性、变通性大幅度提高,产生的有价值方案也大大增加。

多路思维要求思考者善于一路又一路地想问题,而不要在"一条道上摸到黑"。

例如,以"电线"为题,设想它的各种用途,学生们自然地把它和"电、信号"等联系起来,作为导体;也可以把它当作捆东西、扎口袋等的绳子。但如果你把电线分成铜质、重量、体积、长度、韧性、直线、轻度等要素再思考,你会发现电线的用途无穷无尽。如可加工成织针,弯曲做鱼钩,可以做成弹簧,缠绕加工制成电磁铁,铜丝熔化后可以铸铜字、铜像,变形加工可以做外文字拼图,做运算符号等。

多路思维需要涉及各方面的知识,同时还要综合社会生活经验,这就需要同学们在日常生活中细心观察,认真学习,拓宽知识面,要敢于冲破陈规陋习的束缚,进行创造性思维。

②立体思维

立体思维就是在考虑问题时突破点、线、面的限制,从上下左右、四面八方去思考问题,即在三维空间解决问题。该问题在平面上是不可能解决的,想到立体空间,就十分简单了。其实,有不少东西都是跃出平面、伸向空间的结果。小到弹簧、发条,大到奔驰长啸的列车,耸入云天的摩天大楼……最典型的例子要数电子王国中的"格列佛小人"——集成电路了。立体形的电子线路板制造出来后,不仅在上下两面有导电层,而且在线路板的中间设有许多导电层,从而大大节约了原材料,提高了效率。

立体思维在日常生活和生产上是非常有用的。例如,在养鱼业中,根据各种鱼的习性,合理搭配饲养的鱼种,就可以充分利用鱼塘的空间,提高单位面积产量;在农业生产中,利用空间,采取间作、套种等多种措施,都是运用立体思维的结果。

2010年美国《时代》周刊年度50大"最佳发明"中,北京立体快速巴士获得交通类最佳发明。立体快速巴士由深圳一家公司设计,其设计思路是将地铁或轻轨列车车厢与铁轨间的垂直距离增高,以便使小汽车能在车厢下通行,避免了城市公共交通工具与小汽车争路的情况,提高了城市道路利用率。立体快速巴士的设计就是立体思维的结果。

2. 收敛思维

洗衣机的发明

在探讨洗衣服的问题时,人们首先围绕"洗"这个关键词,列出各种各样的洗涤方法:用洗衣板搓洗、用刷子刷洗、用棒槌敲打、在河中漂洗、用流水冲洗、用脚踩洗,等等,然后再进行思维收敛,对各种洗涤方法进行分析和综合,充分吸收各种方法的优点,结合现有的技术条件,制定出设计方案,然后再不断改进,最终发明了洗衣机。洗衣机的发明,使烦琐的手工洗衣方式演变为自动化的机械洗衣方式,改善了人们的生活。

在洗衣机的发明过程中,人们利用收敛的思维方式,对发散思维的结果加以总结,最终创造出洗衣机。收敛思维能够从各种不同的方案和方法中选取解决问题的最佳方法或方案。

(1)收敛思维的含义

收敛思维与发散思维是一对互逆的思维方式。收敛思维也叫作"聚合思维""求同思维""辐集思维"或"集中思维",是指在解决问题的过程中,尽可能利用已有的知识和经验,把众多的信息和解题的可能性逐步引导到条理化的逻辑序列中去,最终得出一个合乎逻辑规范的结论,如图2-3所示。

收敛思维也是创造性思维的一种形式。与发散思维不同,发散思维是为了解决某个问题,从这一问题出发,想的办法、途径越多越好,总是追求更多的办法,而收敛思维使我们直接对准思维目标。收敛思维也是为了解决某一问题,在众多的现象、线索、信息中,向着问题的一个方向思考,根据已有的经验、知识或发散思维中针对问题的最好办法而得出最好的结论。如果说发散思维是"由一到多"的话,那么收敛思维则是"由多到一"。当然,在集中到中心点的过程中也要注意吸收其他思维的优点和长处。

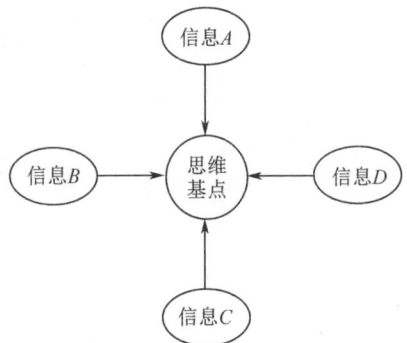

图2-3 收敛思维

吉尔福德认为,收敛思维属于逻辑思维推理的领域,可纳入智力范围。虽然发散思维是创造性思维中最基本、最普遍的方式,但是没有收敛思维,就没有办法确定由发散思维所得到的众多方案中,究竟哪一个方案最合适、有最佳效果。

(2)收敛思维的特点

①唯一性

尽管解决问题有多种多样的方法和方案,但最终总是要根据需要,从各种不同的方案和方法中选取解决问题的最佳方法或方案。收敛思维所选取的方案是唯一的,不允许含糊其词、模棱两可,一旦选择不当就可能造成难以弥补的损失。

②逻辑性

收敛思维强调严密的逻辑性,需要冷静的科学分析。它不仅要进行定性分析,还要进行定量分析,要善于对已有信息进行加工,由表及里,去伪存真,仔细分析各种方案可能产生的后果和应采取的对策。

③比较性

在收敛思维的过程中,对现有的各种方案进行比较才能确定优劣。比较时既要考虑单项因素,更要考虑总体效果。

收敛思维对创造活动的作用是正面的、积极的,和发散思维同样,是创造性思维不可缺少的。这两种思维方式运用得当,会对创造活动起促进作用;使用不当,就不能发挥应有的作用。但我们国家很长一段时间里,教育方法上忽视了发散思维,这对创新能力的培养是不利的,需要进行改变。杨振宁教授在谈中美两国教育哲学的差异时,得到的结论是:如果你讨论的是一个美国学生,就要鼓励他多进行一些有规则的训练;如果讨论的是一个亚洲的学生,那么就鼓励他去挑战权威,以免他永远胆怯。

(二)正向思维与逆向思维

1. 正向思维

案　例

海王星和冥王星的发现

发现天王星之后的几十年里,人们又发现天王星的实测轨道同理论数据存在偏差,表现出轨道上下摆动,有的天文学家大胆地推测,天王星的外边还有一颗未发现的行星。19世纪40年代,英国的亚当斯花费了近两年时间,终于用万有引力定律和天王星实测数据推算出这颗尚未被发现的新星轨道。几乎与亚当斯同时,法国天文学家勒维烈也用数学方法艰难地推算出这颗新星的可能位置。1846年9月23日,柏林天文台台长加勒按勒维烈推算的位置找到了一颗未列入星表的八等小星,即海王星,它的发现使太阳系的空间范围增加了1.5倍。80多年之后,天文学家们又通过类似的推理演绎方法,在海王星外发现了冥王星。

在海王星和冥王星的发现过程中,人们按照常规的思维方式去思考,利用已知的理论对实测数据进行分析,并大胆地推测出了新行星的存在。这些太阳系行星的发现均是正向思维的结果。

所谓正向思维,就是人们在创造性思维活动中,沿袭某些常规去分析问题,按事物发展的进程思考、推测,是一种从已知到未知,通过已知来揭示事物本质的思维方法。这种方法一般只限于对一种事物的思考。坚持正向思维,就应充分估计自己现有的工作、生活条件及自身所具备的能力,就应了解事物发展的内在逻辑、环境条件、性能等。这是自己获得预见能力和保证预测正确的条件,也是正向思维法的基本要求。

例如,根据居民的货币收入与商品销售量的相关性,根据新建的住宅和新婚人数的相关性,根据婴儿服装销售量与当年婴儿出生数量的相关性,进行大量的数据统计分析,找出其变量之间的关系,推算出其将来的发展状况,也是运用了正向思维方法。

我国古代的"月晕而风、础润而雨""朝霞不出门、晚霞行千里""鱼鳞天,不雨也风颠"之类预报天气的谚语,也都体现为正向思维。

2. 逆向思维

案例

电磁感应定律的发现

1820年丹麦哥本哈根大学物理学教授奥斯特,通过多次实验发现了电流的磁效应。英国物理学家法拉第怀着极大的兴趣重复了奥斯特的实验。果然,只要导线通上电流,导线附近的磁针立即会发生偏转,他深深地被这种奇异现象所吸引。

当时,德国古典哲学中的辩证思想已传入英国,法拉第受其影响,认为电和磁之间必然存在联系并且能相互转化,他想既然电能产生磁场,那么磁场也应该能产生电,为了使这种设想能够实现,他从1821年开始做磁产生电的实验。无数次实验都失败了,但他坚信,从反向思考问题的方法是正确的,并继续坚持这一思维方式。

十年后,法拉第设计了一种新的实验,他把一块条形磁铁插入一只缠着导线的空心圆筒里,结果导线两端连接的电流计上的指针发生了微弱的转动,电流产生了!随后,他又设计了各种各样的实验,如两个线圈相对运动,磁作用力的变化同样能产生电流。法拉第十年不懈的努力并没有白费,1831年他提出了著名的电磁感应定律,并根据这一定律发明了世界上第一台发电装置。如今,他的定律正深刻地改变着我们的生活。

法拉第成功地发现了电磁感应定律,是运用逆向思维方法的一次重大胜利。与常规思维不同,逆向思维是反过来思考问题,是用与绝大多数人相反的思维方式去思考问题。运用逆向思维去思考和处理问题,实际上就是以"出奇"达到"制胜",因此,逆向思维的结果常常会令人大吃一惊,喜出望外。

(1)逆向思维的含义

逆向思维也称逆反思维或反向思维,它是相对正向思维而言的一种思维方式。

正向思维是人们习以为常、合情合理的思维方式,而逆向思维则与正向思维背道而驰,朝着它的相反方向去想,常常有悖常理。而创造学中的逆向思维是指为了更好地想出解决问题的办法,有意识地从正向思维的反方向去思考问题。平常所说的反过来想一想、看一看,唱唱反调,推推不行、拉拉看等都属于逆向思维。如有人落水,常规的思维模式是"救人离水",而司马光面对紧急险情,运用了逆向思维,果断地用石头把缸砸破,"让水离人",救了小伙伴的性命。

在电影《非诚勿扰2》里有两个场景利用了逆向思维,是整部电影的亮点。一个是李香山和芒果的离婚典礼,离婚比结婚办得还隆重,颠覆了很多人举办结婚典礼的传统观念;另一个是李香山的人生告别会,在李香山活着的时候,秦奋给他举办了一场人生告别会。中规中矩的生活总是缺乏趣味,逆向的思维模式不仅在情理之中,人们还会被这样的新奇创意所征服。

逆向思维作为一种思维方法是有其客观依据的。辩证唯物法的对立统一规律揭示了任何事物或过程都包含着相互对立的因素,都是相反的对立面的统一体。由于事物内部相互对立因素的存在,事物的发展就存在两种相反的可能性,不同的人就可能以相反的因素为依据沿着相反的方向进行思考,产生相互对立的看法。

(2)逆向思维的分类

逆向思维可分为四类,即结构逆向、功能逆向、状态逆向、原理逆向。

①结构逆向

结构逆向就是从已有事物的结构形式出发所进行的逆向思维,通过结构位置的颠倒、置换等技巧,使该事物产生新的性能。

例如,在第四届中国青少年发明创造比赛中获一等奖的"双尖绣花针",发明者是武汉市义烈巷小学的学生王帆,他把针孔的位置设计到中间,两端加工成针尖,从而使绣花的速度提高近一倍。这是一个结构逆向思维的典型实例。

②功能逆向

功能逆向是指从原有事物功能的角度进行逆向思维,以寻求解决问题的措施,获得新的创造发明的思维方法。

例如,我国生产抽油烟机的厂家都在如何能"不粘油"上下功夫,但绝对不粘油是做不到的,用户每隔半年左右还得清洗一次抽油烟机。美国有一位发明家却从反方向去考虑问题,他发明了一种专门能吸附油污的纸,贴在抽油烟机的内壁上,油污就被纸吸收,用户只需定期更换吸油纸,就能保证抽油烟机干净如初。

③状态逆向

状态逆向是指人们根据事物的某一状态的反向来认识事物,从中找出解决问题的办法或方案的思维方法。

例如,过去木匠用锯和刨来加工木料,都是木料不动而工具动,实际上是人在动,因此人的体力消耗大,质量还得不到保证。为了改变这种状况,人们将工作状态反过来,让工具不动而木料动,并据此设计发明了电锯和电刨,如图2-4所示,从而大大提高了工作效率和工艺水平,减轻了劳动强度。

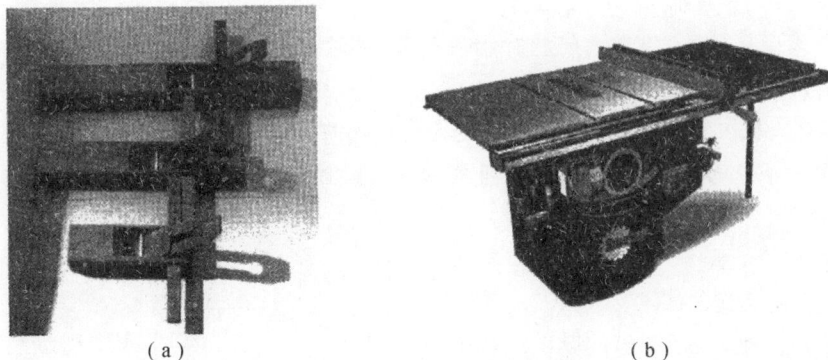

(a) (b)

图2-4 手工刨与电刨

④原理逆向

原理逆向是指从相反的方面或者相反的途径对原理及其应用进行思考的思维方法。

例如,1800年意大利物理学家伏特发明了伏特电池,第一次将化学能转换成电能。英国化学家戴维想,既然化学能可以转换成电能,那么电能是否也可以反过来转化为化学能呢?他做了电解化学的实验并获得成功。他通过电解各种物质,于1807年发现了钾(K)和钠(Na),1808年又发现了钙(Ca)、锶(Sr)、镁(Mg)、钡(Ba)、硼(B)等5种元素。迄今人类发现的109种元素中,他一人就发现了7种。

化学家戴维通过化学能转换为电能而反向求索,成功完成电解化学实验,接连发现了7种元素,就是运用原理逆向思维的结果。

（三）横向思维与纵向思维

案例

博 诺 的 提 问

牛津大学的爱德华·博诺先生非常推崇横向思维,在一次讲座中,博诺先生提出了这样一个问题:

某工厂的办公楼原是一片2层楼建筑,占地面积很大,为了有效利用地皮,工厂新建了一幢12层的办公大楼,并准备拆掉旧办公楼。员工搬进了新办公大楼不久,便开始抱怨大楼的电梯不够快、不够多。尤其是在上下班高峰期,他们得花很长时间等电梯,顾问们想出了几个解决方案。

（1）在上下班高峰期,让一部分电梯只在奇数楼层停,另一部分只在偶数楼层停,从而减少那些为了上下一层楼而搭电梯的人。

（2）安装几部室外电梯。

（3）把公司各部门上下班的时间错开,从而避免高峰期拥挤的情况。

（4）在所有电梯旁边的墙面上安装镜子。

（5）搬回旧办公楼。

你会选哪一个方案?

博诺先生说,如果你选了1、2、3、5,那么你用的是纵向思维,也就是传统思维,如果选了4,你就是个横向思维者,你考虑问题时能跳出思维惯性。这家工厂最后采用了第4种方案,并成功地解决了问题。

"员工们忙着在镜子前审视自己,或是偷偷观察别人,"博诺先生解释说,"人们的注意力不再集中于等待电梯上,焦急的心情得到放松。大楼并不缺电梯,而是人们缺乏耐心。"

1. 横向思维

（1）横向思维的含义

所谓横向思维,是指突破问题的结构范围,从其他领域的事物、事实中得到启示而产生新设想的思维方式。由于横向思维改变了解决问题的一般思路,试图从别的方面、方向入手,其思维广度大大增加,因此横向思维常常在创造活动中起到巨大的作用。

横向思维是对问题本身提出问题、重构问题,它倾向于探求观察事物的所有方法,而不是接受最有希望的方法。这对打破既有的思维模式是十分有用的。

例如,两个妇女被带到所罗门(Soloman)王面前,她们都自称是一个婴儿的母亲。所罗门下令拟将那个婴儿切成两半,给两个妇女一人一半。所罗门的本意是要处以公正,找出婴儿的母亲,但这条命令乍听起来显然与此背道而驰。然而最终的结果是发现了真正的母亲,她宁愿让另一个妇女占有自己的孩子,也不愿让他死去。

横向思维在解决问题时可能需要绕个弯,甚至是逆向而行,但是最终能有效地解决棘手的难题。

(2)促进横向思维的方法

促进横向思维的方法有五种。第一是对问题本身产生多种选择方案(类似于发散思维);第二是打破思维定式,提出富有挑战性的假设;第三是对头脑中冒出的新主意不要急着做是非判断;第四是反向思考,用与已建立的模式完全相反的方式思维,以产生新的思想;第五是对他人的建议持开放态度,让一个人头脑中的主意刺激另一个人的头脑,形成交叉刺激。

例如,战国时代齐将田忌与齐王赛马,孙膑出主意:"今以君之下驷与彼之上驷,取君上驷与彼中驷,取君中驷与彼下驷",终使田忌三局两胜,得金五千,这就是横向思维所生妙想之实例。

一个学生提出一个有趣的理论,认为蜘蛛的腿有听觉,他说他可以证明这一点。他把蜘蛛放在桌中央,而后说"跳",蜘蛛跳了。男孩重复表演,然后他切掉蜘蛛的腿,再把它放在桌中央,再说"跳"。这次,蜘蛛纹丝不动。"明白了吧!你切掉蜘蛛的腿,它就聋了。"男孩说。这个故事被认为是对于受控于某一思想的纵向思维(即逻辑思维)者的最妙的讽刺。

(3)横向思维的方式

①横向移入

横向移入是指跳出本专业、本行业的范围,摆脱习惯性思维,侧视其他方向,将注意力引向更广阔的领域;或者将其他领域已成熟的、较好的技术方法、原理等直接移植过来加以利用;或者从其他领域的事物特征、属性、机理中得到启发,产生对原有问题的创新设想。美国著名科学家、电话的发明人贝尔说过:"有时需要离开常走的大道,潜入森林,你就肯定会发现前所未见的东西。"

一百多年前,奥地利的医生奥恩布鲁格想解决怎样检查出人的胸腔积水这个问题。他想来想去,突然想到了自己的父亲,他的父亲是酒商,在经营酒业时,只要用手敲一敲酒桶,凭叩击声就能知道桶内有多少酒。奥恩布鲁格想:人的胸腔和酒桶相似,如果用手敲一敲胸腔,凭声音不也能诊断出胸腔中积水的病情吗?"叩诊"的方法就这样被发明出来了。

②横向移出

与横向移入相反,横向移出是指将现有的设想、已取得的发明、已有的感兴趣的技术和本厂产品,从现有的使用领域、使用对象中摆脱出来,将其外推到其他领域或对象上。这也是一种跳出本领域,克服思维定式的思考方式。

例如,法国细菌学家巴斯德发现酒变酸、肉汤变质都是细菌作怪,经过处理,消灭或隔离细菌,就可以防止酒和肉汤变质。李斯特把巴斯德的理论用于医学界,发明了外科手术消毒法,拯救了千百万人的性命。再如仿生技术等,这些发明都是利用了横向移出的方法取得成功的案例。

③横向转换

横向转换是不直接解决问题,而是将其转换成其他问题。

例如曹冲称象,把测重量转换成测船入水的深度。又如,美国柯达公司是生产胶卷的,但在 1963 年时没有急于卖胶卷,而是生产了一种大众化的自动照相机,并宣布各厂家都可以仿制,于是世界各地出现了生产自动相机热,这就为柯达胶卷开辟了广阔的销售市场。通过横向转换,把复杂的问题简单化,取得了意想不到的效果。

2. 纵向思维

案例

丰田生产方式

丰田汽车工业公司总经理大野耐一认为,他之所以能发明"丰田生产方式",根本原因在于他从不满足,善于"在没有问题中找出问题"。

在世人看来,"不满足现状"总是不好的,但在丰田工厂里却有一个口号:"不满足是进步之母。"丰田工厂鼓励员工对现状不满,但要求把这个不满足同改革结合起来,而不是和牢骚结合起来。大野本人就是个善于从不满中发现问题,加以改进的人。大野曾总结他发现问题的秘诀,在于凡事要"问 5 次为什么"。

有一次,生产线上有台机器老是停转,修了多次都无效。大野就问:"为什么机器停了?"工人答:"因为超负荷,保险丝烧断了。"

大野又问:"为什么超负荷呢?"答:"因为轴承的润滑不够。"

大野再问:"为什么润滑不够?"答:"因为润滑泵吸不上油来。"

大野再问:"为什么吸不上油来呢?"答:"因为油泵轴磨损,松动了。"

这样,大野还不放过,又问:"为什么磨损了呢?"答:"因为没有安装过滤器,混进了铁屑。"

于是,大野下令给油泵安上过滤器,终于使生产线恢复了正常。

"丰田生产方式"是基于这种反复问 5 次"为什么"的科学探索方法而创造出来的。倘若不是这样打破砂锅问到底,只满足于换一根保险丝,或者换一下油泵轴,过一阵仍会出现同样的故障,并不能从根本上解决问题。当你就一个问题探寻其原因时,一定要追根溯源,深入探查问题的核心,而不要满足于停留在问题的表面,这就是人们所说的纵向思维。

(1)纵向思维的含义

所谓纵向思维,是指在一种结构范围内,按照有顺序的、可预测的、程式化的方向进行思考的思维形式,这是一种符合事物发展方向和人类认识习惯的思维方式,遵循由低到高、由浅到深、由始到终等线索,因而清晰明了,合乎逻辑。我们平常的生活、学习中大都采用这种思维方式。纵向思维是从对象的不同层面切入,具有纵向跳跃性、突破性、递进性、渐变的连续过程等特点。

具有这种思维特点的人,对事物的见解往往入木三分,一针见血,对事物动态把握能力较强,具有预见性。

(2)纵向思维的特点

①由轴线贯穿始终

当人们对事物进行纵向思维时,会抓住事物的不同发展阶段所具有的特征进行考量、比照、分析。事物体现出发生、发展等连续的动态演变特性,而所有片段都由其本质轴线贯穿始终,如人类历史由人类的不同发展阶段串联而成。这里时间轴是最常见的一种方式,特别是在各种各样的专项研究中,轴的概念类型就丰富多了。如在物理研究中,水在不同温度中表现的物理特性,则是由温度轴来贯穿的。

②清晰的等级、层次、阶段性

纵向思维考察事物的背景由参数量变到质变的特征,能够准确地把握临界值,清晰界定事物的各个发展阶段。

③良好的稳定性

运用纵向思维,人们会在设定条件下进行一种沉浸式的思考,思路清晰、连续、单纯,不易受干扰。

④明确的目标性和方向性

纵向思维有着明确的目标,执行时就如同导弹根据设定的参数锁定目标一样,直到运行条件溢出才会终止。

⑤强烈的风格化

纵向思维具有极高的严密性和独立性,个性突出,难以被复制而广泛流传。于人性情方面显得泾渭分明,甚至格格不入,很多专家都是这种性格。

(3)纵向思维的表现形式

纵向思维有多种不同的表现形式,其中一种为连环法。具体应用这种方法时要遵循以下四个步骤:

①确定最后要达到的理想成果是什么,即按照理想,希望得到什么样的东西。

②确定妨碍成果实现的障碍是什么。

③找出障碍的因素,即产生障碍的直接原因是什么。

④找出消除障碍的条件,即在哪种条件下障碍不再存在。

这是一种较为严密的方法,用这种方法进行思考,虽说比较费时,但不至于思考不周,发生遗漏。这种思考方法把问题一步步地推演下去,像链条一样,最终找到解决问题的办法,它对于那些不喜欢直观,而喜欢按逻辑思考问题的人,是一种非常适用的方法。

(4)横向思维与纵向思维的区别

纵向思维是分析性的,横向思维是启发性的;纵向思维按部就班,横向思维可以跳跃;做纵向思维时,每一步必须准确无误,否则无法得出正确的结论,而横向思维旨在寻找创造性的新想法,不必要求思维过程的每一步都正确无误;在纵向思维中,使用否定来堵死某些途径,而横向思维中没有否定。如果把纵向思维比喻成在深挖一个洞,横向思维则是尝试在别处挖洞。把一个洞挖得再深,你也不可能得到两个洞,因此纵向思维是把一个洞挖得更深的工具,而横向思维则是在别的地方另外挖一个洞的工具。

(四)求同思维与求异思维

英国心理学家、哲学家和经济学家约翰·穆勒在《逻辑学体系》(1843)中提出了后来以他的姓氏命名的穆勒五法,即契合法、差异法、契合差异并用法、共变法、剩余法。

契合法就是考察出现某一被研究现象的几个不同场合,如果各个场合除一个条件相同外,其他条件都不同,那么这个相同条件就是某被研究现象的原因。这种方法是异中求同法,又叫求同法。

差异法就是比较某现象出现的场合和不出现的场合,如果这两个场合除一点不同外,其他情况都相同,那么这个不同点就是这个现象的原因,这种方法是同中求异法,又称为求异法。

契合差异并用法就是如果某一被考察现象出现的各个场合只有一个共同的因素,而这个被考察现象不出现的各个场合都没有这个共同因素,那么这个共同的因素就是某被考察现象的原因。该法的步骤是两次求同一次求异。此法又叫作求同求异并用法。

共变法就是在其他条件不变的情况下,如果某一现象发生变化另一现象也随之发生相应的变化,那么前一现象就是后一现象的原因。

剩余法就是如果某一复合现象已确定是由某种复合原因引起的,把其中已确认有因果联系的部分减去,那么剩余部分也必有因果联系。

1. 求同思维

求同思维是指在创造活动中,把两个或两个以上的事物,根据实际的需要联系在一起进行"求同"思考,寻求它们的结合点,然后从这些结合点中产生新创意的思维活动。求同思维是从已知的事实或者已知的命题出发,通过沿着单一方向一步步推导,来获得满意的答案以获得客观事物共同本质和规律的基本方法是归纳法,把归纳出的共同本质和规律进行推广的方法是演绎法。这些过程中,肯定性的推断是正面求同,否定性的推断是反面求同。

求同思维是沿着单一的思维方向,追求秩序和思维缜密性,能够以严谨的逻辑性环环相扣,以实事求是的态度,从客观实际出发,来揭示事物内部存在的规律和联系,并且要通过大量的实验或实践来对结论进行验证和检验。

运用求同思维可以按照以下步骤进行:

第一步,在各种不同的场合中找出两个或者两个以上的事物。

第二步,寻找这些事物存在的共同特征或联系。

第三步,根据实际需要,从某个"结合点"出发,将这些事物进行"求同",产生新的创意。

求同思维进行的是异中求同,只要能在事物间找出它们的结合点,基本就能产生意想不到的结果。组合后的事物所产生的功能和效益,并不等于原先几种事物的简单相加,而是整个事物出现了新的性质和功能。

案例

活版印刷机

在欧洲中世纪,古登堡发明了活版印刷机(图2-5),据说,古登堡首先研究了硬币打印机,它能在金币上压出印痕,可惜印出的面积太小,没办法用来印书。接着,古登堡又看到了葡萄压榨机,那是由两块很大的平板组成的,成串的葡萄放在两块板之间便能压出葡萄汁。古登堡仔细比较了两种机械,从"求同思维"出发,把两者的长处结合起来,经过多次试验,终于发明了欧洲第一台活版印刷机,使长期被僧侣和贵族阶层垄断的文化和知识迅速传播开来,为欧洲科学技术的繁荣和整个社会的进步做出了巨大贡献。

图 2 - 5　古登堡发明活版印刷机

2. 求异思维

求异思维是指对某一现象或问题,进行多起点、多方向、多角度、多原则、多层次、多结果的分析和思考,捕捉事物内部的矛盾,揭示表象下的事物本质,从而选择富有创造性的观点、看法或思想的一种思维方法。

在遇到重大难题时,采用求异思维,常常能突破思维定式,打破传统规则,寻找到与原来不同的方法和途径。求异思维在经济、军事、创造发明、生产生活等领域广泛应用。求异思维的客观依据是任何事物都有的特殊本质和规律,即特殊矛盾表现出的差异性。要进行求异思维,必须积极思考和调动长期积累的社会感受,给人们带来新颖的、独创的、具有社会价值的思维成果。

在求异思维中,常用到寻找新视角、要素变换、问题转换等具体方法。

新视角求异法是指对一个事物或问题,要力争从众多的新角度去观察和思考它,以求获得更多的对事物的新认识,萌生和提出更多解决问题的新方法。

要素变换求异法是指从解决某一问题的需要出发,思考如何通过采取措施改变事物所包含的要素,从而使事物随之发生符合人的需要的某种变化。

问题转换求异法是指在思考过程中,把不可能办到的转换为可以办到的,或者把复杂困难的转换为简单容易的,或者把生疏的转换为熟悉的,从而找到解决问题的恰当可行或效率更高、效果更好的办法。

三、逻辑思维与形象思维

(一)逻辑思维

1. 逻辑思维的含义

逻辑思维又称抽象思维,也称垂直思维,是人脑的一种理性活动,是人们把感性认识阶段获得的对于事物认识的信息材料抽象成概念,运用概念进行判断,并按一定逻辑关系进行推理,从而产生新的认识。它是对丰富多彩的感性事物去粗取精、去伪存真、由此及彼、由表及里加工制作以反映现实的过程。逻辑思维具有规范、严密、确定和可重复的特点。

2. 逻辑思维的作用

(1)有助于我们正确认识客观事物

人们对客观世界的认识,第一步是接触外面的世界,产生感觉、直觉和印象;第二是综合感觉的材料加以整理和改造,逐渐把握事物的本质、规律,产生认识过程的飞跃,进而构成判断和推理。在现实生活中,我们常常看到有的人知识、理论一大堆,谈论起来引经据典、头头是道,可一旦面对实际问题,却束手束脚,不知如何是好。这是因为他们虽然掌握了知识,却不善于通过思维运用知识。另有一些人,他们思维活跃、思路敏捷,能够把有限的知识举一反三,灵活地应用到实践当中,因此逻辑思维让我们对客观事物的认识更加明确、更加正确。

(2)可以使我们通过揭露逻辑错误来发现和纠正谬误

人类的生命过程就是生活过程,就是不断经历和实践的过程。任何科学实验、事物的研究探索、生活工作的每一步都可能与理想有偏差,或许还会出现错误。有些人在经历这些不尽如人意的事情时,满是悔恨与感叹;努力了,却没有得到应有的回报;拼搏了,却没有得到应有的成功。他们抱怨自己的出身背景不好,抱怨自己拥有的资源不丰富,等等。然而,他们错了,他们可能最缺少的是逻辑思维能力。

(3)能帮助我们更好地去学习知识

我们一再强调逻辑思维的意义、作用及重要性,并非是贬低知识的价值,我们知道,逻辑思维也是围绕知识而存在的,没有了知识积累,逻辑思维的应用就会出现障碍。因此,学习知识和启迪逻辑思维是提升自身智慧不可偏废的两个方面。逻辑思维能够帮助我们更好地学习知识、运用知识。没有知识的支撑,智慧就成了无源之水;没有了逻辑思维的驾驭,知识就像一潭死水,波澜不兴,智慧也就无从谈起了。

(4)有助于推动我们成功

逻辑思维是一种心境,是一种妙不可言的感悟。在伴随人们行动的过程中,正确的逻辑思维方法、良好的思路是化解疑难问题、开拓成功的重要动力源。一个成功的人,首先是一个积极的思考者,经常积极地、想方设法地运用逻辑思维方法去应对各种挑战和困难。这种人也比较能体会到成功的欣喜。

3. 逻辑思维的方法

逻辑思维是人对事物的思考、辨别、判断的过程,它不同于以表象为凭借的形象思维,逻辑思维已经摆脱了对感性材料的依赖,其方法主要体现在以下几个方面。

(1)分析与综合

分析是在思维中把对象分解为各个部分或因素,分别加以考察的逻辑方法,是认识事物整体的必要阶段,综合是在思维中把对象的各个部分或因素结合成为一个统一体加以考察,以掌握事物的本质和规律的逻辑方法。

分析与综合是互相渗透和转化的,在分析基础上综合,在综合指导下分析,分析与综合,循环往复,推动认识的深化和发展。

例如,在光的研究中,人们分析了光的直线传播、反射、折射,认为光是微粒;人们又分析研究光的干涉、衍射现象和其他一些微粒说不能解释的现象,认为光是波。当人们测出了各种光的波长,提出了光的电磁理论,似乎光就是一种波,一种电磁波。但是,光电效应的发现又是波动说无法解释的,又提出了光子说。当人们把这些方面综合起来以后,一个新的认识产生了:光具有波粒二象性。

(2)分类与比较

根据事物的共同性与差异性就可以把事物分类,具有相同属性的事物归入一类,具有不同属性的事物归入不同的类。"比较"就是比较两个或两类事物的共同点和差异点。通过比较就能更好地认识事物的本质。分类是比较的后继过程,重要的是分类标准的选择,选择得好还可导致重要规律的发现。

案　例

<h1 style="text-align:center">强力万能胶</h1>

　　香港有一家经营黏合剂的商店,在推出一种新型的强力万能胶时,市面上已有各种类型的万能胶。老板决定从广告宣传入手,经过研究发现几乎所有的万能胶广告都有雷同。

　　于是,他想出一个与众不同、别出心裁的广告,把一枚价值千元的金币用这种胶粘在店门口的墙上,并告示说,谁能用手把这枚金币抠下来,这枚金币就奉送给谁。果然,这个广告引来许多人的尝试和围观,起到了轰动效应。尽管没有一个人能用手抠下那枚金币,但进店买强力万能胶的人却日益增多。

　　我们可以在不同中求相同或相似之处,如人类发明飞机时参考了鸟的飞行原理,发明潜水艇时参考了鱼的游弋原理。

　　(3)归纳与演绎

　　归纳是从多个个别的事物中获得普遍的规则。例如,黑马、白马,可以归纳为马。演绎与归纳相反,演绎是从普遍性规则推导出个别性规则。例如,马可以演绎为黑马、白马等。

　　(4)抽象与概括

　　抽象就是运用思维的力量,从对象中抽取它本质的属性,抛开其他非本质的东西,以反映事物的本质和规律。概括是在思维中从单独对象的属性推广到这一类事物的全体的思维方法,概括是科学发现的重要方法,因为概括是由较小范围的认识上升到较大范围的认识,是由某一领域的认识推广到另一领域的认识。例如,人们对各种钟、表的抽象就是将"能计时"这个本质属性抽取出来,而舍弃大小、形状等非本质的属性。我们把"由三条线段组成的封闭图形"称为三角形,意思是无论一个图形的大小、形状和位置如何,只要它具有"由三条线段组成"和"封闭图形"这两个特征就是三角形。

　　4. 逻辑思维与创造性思维的关系

　　(1)逻辑思维与创造性思维是辩证统一、运动发展的关系

　　创造性思维渗透在人的各种思维活动中,它是逻辑思维和非逻辑思维的综合应用。从微观机制看,创造性思维是人的主观意识和潜意识的协同作用。以意识活动为基础的思维活动对应的是逻辑思维,会受到已有的知识、经验、认识规范、逻辑规则、创造性及心理定式等因素的约束,具有极大的自由创造性和不确定性。

　　(2)创造性思维为逻辑思维提供基础和前提

　　创新、创造是人类更好地改造世界的武器和法宝,创造性思维是人们进行创造的核心。人的行为受时间、空间、环境等因素的制约,人的思维尽管也受到社会发展的影响,却能够撇开时空的限制,实现跳跃式联想,从远古、过去跳跃到现在、未来,从当下的此地联想到遥远的彼地,可以无限扩展和发展,这种思维扩散也需要遵循一定的规律,才能使创造性思维获得成功。这个原则与规律的寻找过程,必定会与知识进行链接,也就为逻辑思维提供了基础和前提。

（3）逻辑思维是创造性思维的归宿和工具

逻辑思维是纵观历史的思维活动，是在对已有的科学方法进行分析、总结、提炼等基础上形成并固定下来的。人类已有的思维活动在人类产生之前是不存在的，它是伴随着人类产生的，即使最初是极为简单、零散的思维碎片，也是人类在社会实践活动中一步步积累而成的。创造性思维也是人类尚未完全认识的思维形式之一，随着科学的发展，其部分形式和模式也必然会被人们发现。被人们发现、认识并沉淀下来的创造性思维，就成为具有固定模式的逻辑思维。

（二）形象思维

1. 形象思维的含义

形象思维是在对形象信息传递的客观形象体系进行感受、储存的基础上，结合主观的认识和情感进行识别（包括审美判断和科学判断等），并用一定的形式、手段和工具（包括文学语言、绘画线条色彩、音响节奏旋律及操作工具等）创造和描述形象（包括艺术形象和科学形象）的一种基本的思维形式。是只用直观形象的表象解决问题的思维方法。

例如，一个人要外出，要考虑环境、气候、交通工具等情况，分析比较走什么路线最佳，带什么衣物合适，这种利用表象进行的思维就是形象思维。在文学作品中典型形象的创造、画家绘画、建筑师设计规划建筑蓝图等也是形象思维的结果。在学习中，不管哪一学科，不管是多么抽象的内容，如果得不到形象的支持，没有形象思维的参与，都很难顺利进行。所以我们学习各门课程时，既要运用抽象思维法，也要运用形象思维法。

形象思维是反映和认识世界的重要思维形式，是培养人、教育人的有力工具，在科学研究中，科学家除了使用抽象思维以外，也经常使用形象思维。在企业经营中，高度发达的形象思维，是企业家在激烈而又复杂的市场竞争中取胜不可缺少的重要条件。高层管理者离开了形象信息，离开了形象思维，他所得到信息就可能只是间接的、过时的甚至不确切的，因此也就难以做出正确的决策。

形象思维与逻辑思维（抽象思维）是两种基本的思维形态，过去人们曾把它们分别划归为不同的类别，认为："科学家用概念来思考，而艺术家则用形象来思考。"这是一种误解。其实，形象思维并不仅仅属于艺术家，它也是科学家进行科学发现和创造的一种重要的思维形式。

例如，物理学中所有的形象模型，像电场线、磁感线、原子结构的枣糕模型等，都是物理学家抽象思维和形象思维结合的产物。这些理想化模型并不是对具体的事例运用抽象化的方法，舍弃现象，抽取本质，而是运用形象思维的方法，将表现一般本质的现象加以保留，并使之得到集中和强化。

随着思维的成熟和后天的教育，人们的思维方式逐渐由形象思维向抽象思维过渡，并最终由抽象思维取代形象思维的主要地位。例如，面对五颜六色的苹果、草莓、桃子、菠萝……我们却说"水果"，甚至说"植物的果实"；面对千姿百态的天鹅、海鸥、老鹰、大雁……我们却说"飞禽"，甚至说"鸟纲"。这些都是抽象思维的结果。

但并这不意味着形象思维就一定是低层次的思维方式，因为当大脑在抽象思维的进化道路上走到极致的时候，形象思维又会以一种新的姿态焕发新生，并引导思维向更高层次发展，它不仅适用于不同的领域，而且适用于任何层次，尤其是在一些极度抽象的尖端科研领域，形象思维更是不可取代的。创造是形象思维与逻辑思维互补的结果。

2. 形象思维的基本特点

（1）形象性

形象性是形象思维最基本的特点。形象思维所反映的对象是事物的形象，思维形式是意象、直感、想象等形象性的观念，其表达的工具和手段是能为感官所感知的图形、图像、图式和形象性的符号。形象思维的形象性使它具有生动性、直观性和整体性的优点。

（2）非逻辑性

形象思维不像抽象（逻辑）思维那样，对信息的加工一步一步、首尾相接、线性地进行，而是可以调用许多形象性材料，一下子合在一起形成新的形象，或由一个形象跳跃到另一个形象。它对信息的加工过程不是系列加工，而是平行加工，是面性的或立体性的。它可以使思维主体迅速从整体上把握问题。形象思维是或然性或似真性的思维，思维的结果有待于逻辑的证明或实践的检验。

（3）粗略性

形象思维对问题的反映是粗线条的反映，对问题的把握是大体上的把握，对问题的分析是定性的或半定量的。所以形象思维通常用于问题的定性分析，抽象思维可以给出精确的数量关系。在实际的思维活动中，往往需要将抽象思维与形象思维巧妙结合，协同使用。

（4）想象性

想象是思维主体运用已有的形象形成新形象的过程，形象思维并不满足于对已有形象的再现，它更致力于追求对已有形象的加工，而获得新形象产品的输出。所以想象性使形象思维具有创造性的优点。这也说明了一个道理，富有创造力的人通常都具有极强的想象力。

3. 形象思维的分类

形象思维具体体现为想象思维、联想思维、直觉思维、灵感思维等思维方式。

（1）想象思维

①想象思维的含义。

想象是形象思维的高级形式，是在头脑中对已有表象进行加工、改造、重新组合形成新形象的心理过程。想象与形象思维的过程是一致的，具有形象性、新颖性、创造性和高度概括性等特点。

想象不是凭空产生的，它是在社会实践活动中产生和发展的，以实践经验和知识为基础。想象的内容和水平受社会历史条件和生活条件的制约和影响。如"齐天大圣"有七十二般变化，但每一种变化都没有超越当时的科学发展和时代水平。

②想象思维的特点。

a. 形象性。想象思维是借助形象或图像展开的，不是数字、概念或符号。所以我们可以根据他人的描述，在头脑中塑造出各种各样的形象。例如，我们可以在读小说时想象出人物和场景的具体形象。

b. 概括性。想象思维是对外部世界的整体把握，概括性很强。想象力比知识更重要，因为知识是有限的，而想象力概括这世界上的一切，推动着进步，是知识进化的源泉。

c. 超越性。想象中的形象源于现实但又不同于现实，它是对现实形象的超越，正是借助这种对现实形象的超越，我们才产生了无数的发明创造。

③想象思维的作用。

a. 想象在创新思维中的主干作用。创新思维要产生具有新颖性的结果，但这一结果并不是凭空产生的,要在已有的记忆表象的基础上,加工、改组或改造。创新活动中经常出现的灵感或顿悟,也离不开想象思维。

b. 想象思维在人精神文化生活中的灵魂作用。人的精神文化生活丰富多彩,主要靠的是想象思维。作家、艺术家创作出优美的、震人心魄的作品,需要发挥想象力,读者、观众欣赏作品,也需要借助想象力。

如欣赏艺术家的作品,要能解读作品的内涵,领略作品的美,就必须借助想象力来完成。想象力越丰富,感受到的美感就越多,对作者的认同感就越强,即产生了共鸣。例如,读李清照的词:"梧桐更兼细雨,到黄昏,点点滴滴,这次第,怎一个愁字了得。"能令人感受到词中透出的丝丝凄凉。

c. 想象思维在发明创造中的主导作用。在无数发明创造中,我们都可以看到想象思维的主导作用。发明一件新的产品,一般都要在头脑中想象出新的功能或外形,而这些新的功能或外形都是人的头脑调动已有的记忆表象,加以扩展或改造而来的。

那么,如何发挥自己的想象力呢? 一名学者曾经说过这样的话:"眺望风景,仰望天空,观察云彩,常常坐着或躺着,什么事也不做。只有静下来思考,让幻想力毫无拘束地奔驰,才会有冲动。否则任何工作都会失去目标,变得烦琐空洞。若每天不给自己一点做梦的机会,那颗引领他工作和生活的明星就会暗淡下来。"

案 例

同一个结果的两次测试

一次,一位老师做了一个测试。

他问高二学生:"花儿为什么会开?"

得到的是异口同声的回答:"因为天气暖和了。"

可当他拿同样问题去问幼儿园的小朋友时,却得到了几十种不同的答案。

有的孩子说:"花儿睡醒了,想来看太阳。"

有的孩子说:"花儿一伸懒腰,就把花朵顶开了。"

有的孩子说:"花儿想跟小朋友比一比,看看哪一个穿的衣服更漂亮。"

有的孩子说:"花儿想看一看,有没有小朋友把它摘走。"

还有的孩子说:"花儿也有耳朵,它想出来听听小朋友们在唱什么歌。"

老师不由得感慨万千:"我们的教育在使学生学会实事求是的同时,也扼杀了他们的大部分想象力。"

又一次,老师用粉笔在黑板上画一个圆圈,请被测试者回答这个圆圈是什么。

当问到大学中文系学生时,他们哄堂大笑,拒绝回答这个只有傻瓜才回答的问题。

当问到初中学生时,一位尖子学生举手回答:"是零。"一位差生喊道:"是英文字母O。"这位差生遭到了班主任的批评。

最后,当问到小学一年级的学生时,他们异常活跃地回答:"句号""月亮""烧饼""乒乓球""老师生气时的眼睛""我家门上的猫眼"……

事后,老师给这次测试起了个题目:"人的想象力是怎样丧失的?"

所以说,鸟儿要飞翔,需要借助于空气与翅膀,人类要有所创造则必须占有事实和开展想象。

④想象思维的分类。

a.无意想象。无意想象也称消极想象,是一种无目的、无计划的不受主观意志支配的想象。这种想象不受思维框架的束缚,可以让思维的翅膀任意飞翔,是一种非常自由、活跃的思维状态,如做梦、走神等。无意想象虽然是无法控制的,但是有时候也会产生积极的结果,使日思夜想、未能解决的问题突然在梦中得到解决。袁隆平说,他曾经两次做过同一个梦,梦见杂交水稻的茎秆像高粱一样高,穗子像扫帚一样大,稻谷像葡萄一样结得一串串,他和他的助手们一起在稻田里散步,在水稻下乘凉,成了一个禾下乘凉的幸福农民。

b.有意想象。有意想象是事先有预定的目的,受主体意识支配的想象。它是人们根据一定的目的,为塑造某种事物形象而进行的想象活动,这种想象活动具有一定的预见性、方向性。

有意想象又可分为再造性想象、创造性想象和憧憬性想象。

再造性想象。再造性想象的形象是曾经存在过的,或者现在还存在的,但是想象者在实践中没有遇到过它们,而是根据别人的语言、文字、图样的描述,在头脑中形成相应的新形象的过程。例如,听广播时头脑中就会构想出节目中描绘的各种景象,听别人描述某处风景时,头脑中也会相应地进行想象,甚至有画出来的想法。

创造性想象。创造性想象是指完全不依据现成的描述和引导而独立地创造出新形象的思维过程,作家在头脑中构建新的典型人物形象就属于创造性想象。这些形象不是仅仅根据别人的描述,而是想象者根据生活提供的素材,在头脑中通过创造性的综合,构成前所未有的新形象,例如,鲁迅笔下的阿Q、祥林嫂和狂人等都是这样的艺术形象。再如建筑装潢设计师设计音乐厅或客厅,服装设计师设计服装,也都需要运用创造性想象。

憧憬性想象。憧憬性想象是一种对美好的未来,对希望的事物,对某种成功的向往。憧憬性想象也就是我们平时所说的幻想。积极的、符合现实生活规律的幻想,反映了人们美好的理想境界,往往是人的正确思想行为的先行。19世纪法国著名科幻作家儒勒·凡尔纳一生中运用憧憬性想象写出了104部科幻小说和探险小说,书中写的霓虹灯、直升机、导弹、雷达、电视台等,当时虽都不存在,但在20世纪都已实现。更使人难以置信的是,凡尔纳曾预言:在美国的佛罗里达将建造火箭发射基地,发射飞向月球的火箭。一个世纪以后,美国果然在佛罗里达发射了第一艘载人宇宙飞船。凡尔纳幻想的事物70%如今已成为现实。这足以证明,憧憬性想象的确是科学创造发明的前导。

(2)联想思维

①联想思维的含义。

联想思维就是根据当前感知的事物、概念或现象,想到与之相关的事物、概念或现象的思维活动。具体地说,联想就是根据输入的信息,在大脑的记忆库中搜寻与之相关的新信息的过程。搜寻的结果主要是再现,但形成新信息已是创造。例如,从红铅笔到蓝铅笔,从写到画,从画圆到印圆点,从圆柱到筷子,联想可以很快地从记忆里追索出需要的信息,构成一个链条,通过事物的接近、对比、同化等条件,把许多事物联系起来思考,开阔了思路,加深了对事物之间联系的认识,并由此形成创造构想和方案。在创新过程中,运用概念的语义、属性的衍生、意义的相似性来激发创造性思维,是唤醒沉睡在头脑深处记忆的最简便和最适宜的钥匙。

②联想思维的特点。

a. 连续性。联想思维的主要特征是由此及彼,连绵不断地进行,可以是直接地,也可以是迂回曲折地,形成闪电般的联想链,而链的首尾两端往往是风马牛不相及的。

b. 形象性。由于联想思维是形象思维的具体化,其基本的思维操作单元是表象,是一幅幅画面。所以,联想思维和想象思维一样显得十分生动,具有鲜明的形象。

c. 概括性。联想思维可以很快把联想到的思维结果呈现在联想者的眼前,而不顾及其细节如何,是一种整体把握的思维操作活动,因此可以说有很强的概括性。

③联想思维的作用。

a. 在两个以上的思维对象之间建立联系。通过联想,可以在较短时间内在问题对象和某些思维对象间建立起联系来,这种联系就会帮助人们找到解决问题的答案。正如《科学研究的艺术》一书的作者贝佛里奇在书中所说,独创性常常在于发现两个或两个以上对象或设想之间的联系或相似点,而原来以为这些对象或设想彼此没有联系。

b. 为其他思维方法提供一定的基础。联想思维一般不能直接产生有创新价值的新的形象,但是它往往能为产生新形象的想象思维提供一定的基础。

c. 活化创新思维的活动空间。联想就像风一样,扰动了人脑的活动空间。由于联想思维有由此及彼、触类旁通的特性,常常把思维引向深处或更加广阔的天地,导致想象思维的形成,甚至灵感、直觉、顿悟的产生。

d. 有利于信息的储存和检索。思维操作系统的重要功能之一,就是把知识信息按一定的规则存储在信息存储系统,并在需要的时候再把其中有用的信息检索出来。联想思维就是思维操作系统的一种重要操作方式。

④联想思维的分类。

a. 相关联想。相关联想是由给定事物联想到经常与之同时出现或在某个方面有内在联系的事物的思维活动。例如,当你遇到大学老师时,就可能联想到他过去讲课的情景。

诗歌中时空接近的联想的佳句很多,如“春江潮水连海平,海上明月共潮升。滟滟随波千万里,何处春江无月明。”春江、潮水、大海与明月(既相远又相近)联系在一起。

任何两个概念(语词)都可以经过四五个阶段建立起相关联想的联系。例如,“木材”和“球”是两个离得很远的概念。但是,只要经过四步中间联想(每个联想都是很自然的)就可以从“木材”联想到“球”,

其环节是:木材→树林,树林→田野,田野→足球场,足球场→球。

再如,“天空”和“茶”:天空→土地,土地→水,水→喝,喝→茶。

多做这样的练习,就可以提高相关联想能力。

案 例

马戏团与冰激凌

有一年冬天,大雪纷飞时,美国冰冻类食品的销售量反而飞速上升。发财心切的冰商们高兴得心花怒放:这是天赐良机啊！于是大家一哄而上,大量的冰棒、冰激凌等冷饮源源不断地生产出来。结果不出半月,市场饱和,供过于求。冰商们资金周转失灵,一下子都吓傻了眼。其中有一个冰商最心急，他想再这样在家里坐等，无异于束手待毙，公司会给拖垮的，于是他积极出去想法子。

突然，一阵"哗啦哗啦"的声音传入他耳中。抬头一看，是一张马戏团的海报被风吹得不停地抖动。"哎，有了！"他眼前一亮，火速赶到马戏团演出的地点。走进马戏团老板的办公室，他边打手势边眉飞色舞地急急发话："先生，请允许我为远道而来的你们做点事。每次演出时，在剧场入口处，让我的公司赠给每位观众一份可口的爆炒蚕豆。"

马戏团老板大喜过望，如此锦上添花之举，何乐而不为呢？

观众纷纷进场，边看马戏边津津有味地吃着香喷喷的爆炒蚕豆，但是等到演出休息时，观众突然感到口中干渴难受。此时剧场入口处拥出了一大群卖冰棒、冰激凌的孩子，价格虽然比平时贵了好多，人们还是争相走出剧场购买。转眼间，这批冷冻类食品被抢购一空。连续五天这个冰商的商品统统销售一空，不但没有使企业陷入倒闭的惨境，反而赚了一大笔。

冰商由马戏团的海报，联想到马戏团的演出；联想到如果给观众吃爆炒蚕豆，观众必然口渴；观众口渴，便会买他的冷饮食品。正是由这一系列的联想思维，冰商不仅销售出了他积压的冷饮，并且还发了一笔财。

b. 相似联想。相似联想是从给定事物想到与之相似的事物（形状、功能、性质等方面）的思维活动。

例如，从油炸元宵可以联想到与之形状相似的乒乓球，从飞鸟可以联想到与之功能相似的飞机，从香味可以联想到与之气味属性相似的花香。

相似联想能促使人们产生创造性的设想和成果。

案例

盲文的发明

法国人路易·布莱叶是一位盲人，同时也是盲文的创造者。他7岁时，两只眼睛就不幸失明了。有天，路易在一家餐馆里听朋友读报。他从报上得知，一位法国上尉发明了一种被称为"夜写法"的密码。这种以凸起点横写成的密码，在战场上被用来传递消息。即使在夜间，也能用手指摸读明白。例如，以一定的圆点符号代表相应的意义：一个点表示前进，两个点则表示撤退等。路易感到异常兴奋，他认为这种方法肯定能建立起一套符号语言系统给全世界千百万人带来光明。于是他用了5年时间，创造出了一种简便的方法，他以6个不同的小孔，形成63种不同的组合，除表示26个字母外，还能表示标点符号和一些常用词，这就是盲文。后来，路易还用自己创造出的"布莱叶点字法"写了一本书。这就是受相似联想启发而产生创造性思维的案例。

c. 类比联想。类比联想是指对一件事物的认识引起对和该事物在形态或性质上相似的另一事物的联想。这种联想是借助于对某一事物的认识，通过比较它与另一类事物的某些相似达到对另一事物的推测理解。

戳出来的创意

美国一家制糖公司,每次往南美洲运方糖都因受潮而遭受巨大损失。结果有人考虑:既然方糖用蜡密封还会受潮,不如用小针戳一个小孔使之通风,经试验,果然取得意想不到的好效果。他申请了专利,据媒体报道,该专利的转让费高达 100 万美元。

日本的一位先生听说戳小孔也算发明。于是也用针东戳西戳埋头研究,希望也能戳出个发明来。结果他发现,在打火机的火芯盖上钻个小孔,可以使打火机灌一次油,由原来使用 10 天变成使用 50 天。发明终于让他"戳"出来了。

还可以在哪里戳孔呢?日本盛行一时的"香扣子"出口贸易,就是因为有人发现,在衣扣上戳个小洞注入香水,香水不但不易消失,而且"永远"香味扑鼻。

在此案例中,随美国制糖公司戳小孔获专利之后,日本人从另外的角度戳小孔搞发明就是运用的联想思维。

因果联想。因果联想是指由事物的某种原因而联想到它的结果,或指由一个事物的因果关系联想到另一事物的因果关系的联想。

人们由冰想到冷,由风想到凉,由火想到热,由科技进步想到经济发展,就是运用的因果联想。

美国工程师斯波塞在做雷达起振实验时,发现口袋里的巧克力融化了,探究其原因,是雷达发射时的微波造成的,找到因果关系就联想到用微波加热食品,发明了"微波烤炉"。

(3)直觉思维

①直觉思维的含义。

直觉思维是未经逐步分析,不受某种固定的逻辑规则约束而直接领悟事物本质的一种思维形式。它是一种无意识的、非逻辑的思维活动,是根据对事物的生动直觉印象,直接把握事物的本质和规律,是一种高度省略和减缩了的思维。

对直觉的理解有广义和狭义之分。广义上的直觉是指包括直接的认知、情感和意志活动在内的一种心理现象,也就是说,它不仅是一个认知过程、认知方式,还是一种情感和意志的活动。而狭义上的直觉是指人类的一种基本的思维方式,当把直觉作为一种认知过程和思维方式时,便称为直觉思维。狭义上的直觉或直觉思维,就是人脑对于突然出现在面前的新事物、新现象、新问题及其关系的一种迅速识别、敏锐而深入的洞察、直接的本质理解和综合的整体判断。简言之,直觉就是直接的觉察。

直觉是人们在生活中经常应用的一种思维方式,作为一种心理现象,不仅贯穿于日常生活中,也贯穿于科学研究之中。

美国化学家普拉特和贝克曾经对许多化学家采用填调查表的方式进行调查,有 232 名化学家向他们递交了调查表,其中有 33% 的人说在解决重大问题时经常有直觉出现,50% 的人偶尔有直觉出现,其中 17% 的人未有此现象。这种调查至少在某种数量上表明了直觉在创造中的重要地位。

中国科学院院士张光斗教授对于直觉思维有这样的评价和经历:"(在我的科学创造历

程中)有借助直觉的,即研究一个问题,事先想了一套意见或设想,到处理该问题时,忽然凭直觉想到一个新意见,解决了关键性问题,事先是没有考虑到的。例如,在长江葛洲坝工程中已开工的设计是保留葛洲坝这个江中岛,于是大家都按照这一前提来解决各种复杂技术问题,我去了也是按照这个思想来考虑如何解决这些复杂技术问题。后来,在现场凭直觉提出挖掉葛洲坝这个江中岛。经过研究,证明这个想法是正确的,许多复杂技术问题就较容易解决了,当然还要做许多实验和研究工作。现在的葛洲坝工程是照此设想设计修建的。"

②直觉思维的特征。

a.直接性。直觉思维是不用逻辑推理,也无须分析综合,而多是靠直接的领悟,就能对遇到的事物和接触的问题直接做出反应,并能在刹那间直抵事物的本质或得出结论,或提出解决问题的方法。这是直觉思维最根本的特征。学者周义澄说:"直觉就是直接的觉察。"

b.突发性。直觉思维常常使人一遇到问题,很快就能萌发出答案,或想出对策。其过程非常短暂、速度非常快,通常是在一念之间完成的。例如,稍懂一点围棋的人都会知道,在快棋赛或正规棋赛进入读秒阶段中,容不得棋手苦思细想,需要在短短的数秒中看透令人眼花缭乱的黑白世界,迅速地找到最佳的落子点。像棋手这样按"棋感"行棋就体现了直觉思维的快速性。

c.非逻辑性。直觉思维往往是从对问题思考的起点一下就奔到解决问题的终点,似乎完全没有中间过程,跳跃式地将思维完成。它不是按照通常的逻辑规则按部就班地进行,既不是演绎式的推理,也不是归纳式的概括,主要依靠想象、猜测和洞察力等非逻辑因素,直接把握事物的本质或规律。它不受形式逻辑规则的约束,常常打破既有的逻辑规则,提出一些反逻辑的创造性思想。如爱因斯坦提出的"追光悖论":它也可能压缩或简化既有的逻辑程序,省略中间烦琐的推理过程,直接对事物的本质或规律做出判断。例如,当华生医生初次见到福尔摩斯时,福尔摩斯开口就说:"我看得出,你到过阿富汗。"华生医生对此非常惊讶。

d.理智性。在日常生活中,人们会经常遇到一些资深的医生,在第一眼接触某一重病患者时,他们会立即感觉到此人的病因、病源所在,而他们下一步的全面检查就会自觉地围绕这些感觉展开。医生们的"感觉",即直觉,是同他们丰富的经验、高深的医学理论和娴熟的技术分不开的。所以直觉思维过程体现出来的不是草率、浮躁和鲁莽行为,而是一种理智性思维的过程。

③直觉思维的作用。

a.选择的功能。自然界和社会生活中值得去探讨的问题很多,我们不可能研究所有的问题。究竟应该去研究什么问题,单单运用逻辑思维是无法决定的,还必须借助直觉。同样,每一个问题的解决,往往有许多种可能性,我们不可能每一种方法都去尝试,只可能选择其中的一种或几种方法。而在选择的过程中,只有凭借以往积累的经验,在各种方法难分优劣的情况下做出最佳选择。

例如,当普朗克提出量子假说以后,物理学就出现了问题:究竟是通过修改来维护经典物理理论,还是进行革命,另创新的量子物理呢?爱因斯坦凭借他的直觉能力,选择了一条革命的道路——创立"光量子假说",对量子论做出了创造性预见。

b.预见与预测功能。科技工作者运用直觉可以对科技创造进行预见与预测。运用直觉不仅可以对某一种科技创造领域的发展方向进行预测,而且可以对某一具体研究课题进行预测。直觉的预见、预测的正确程度与直觉水平高低有密切关系。直觉高度灵敏的科学家具有远大而敏锐的眼光,能正确地预测科学发展的趋势,有着独到的见解和计谋。

例如,生物学家达尔文在见到向日葵总是朝着太阳的现象后,便凭直觉提出:"其中可能含有能跑向背光一面的某种物质。"这种设想,后人通过实验证实了这种物质的存在,它就是促使植物提早开花结果的"植物生长素"。

c. 直觉的突破性作用。直觉就是在面临一个课题,或者面对一种奇特现象时,先对其结果做出大致的估量与猜测,不是先动手进行实验设计或计算论证。也就是说,直觉是一种模糊估量法。这种模糊估量,在创建新的理论时显得特别重要。因为新的科学理论总是为了试图解决原有理论不能解决的问题而提出来的,它的出现总是在被证实之前,此时就需要用到直觉思维。

例如,我国杨纪珂教授结合自己依靠直觉获得新的发现和发明的实例指出,在科学活动上升到艺术的领域时,"直觉就会对科学技术的发现和创造起非常重要的作用"。借助于直觉,他发现蝴蝶的翅鳞由于结构上的均匀条纹而产生分光现象。还发明了用蜂窝结构以厚纸和板元制成省料、质轻而强度高的复合板。

④直觉思维的局限性。直觉容易局限在狭窄的观察范围里,有时甚至经验丰富的研究者,像心理学家、医生和生物学家也常常根据范围有限的、数量不足的观察事实,凭直觉错误地提出假说或引出结论。例如,在没有对病人进行周密的观察之前,匆匆根据直觉做出判断,医生就有可能做出错误的诊断。

直觉有时会使人把两个风马牛不相及的事件纳入虚假的联系之中。因此,直觉得出的发现或者猜测,应由实践来检验它的正确性,这是科学创造的一个极其重要的阶段。

(4)灵感思维

①灵感思维的含义。

灵感思维也称顿悟,是人们借助直觉启示所猝然迸发的一种领悟或理解的思维形式。

在生活中,我们常常有这样的体会,当对一个问题的思考进入死胡同时,虽然绞尽脑汁,但仍一无所获,沮丧之余,不得不放弃这种研究。忽一日,或在吃饭,或在散步,或在交谈,或在干别的什么事时,头脑中忽地划过一道闪电,眼前豁然一亮,一个念头在毫无思想准备的情况下突然降临,倏忽之间,闭塞许久的思路顿时贯通,缠绕多日而未能解决的问题迎刃而解了,这种突然降临的良策就是灵感。

例如,牛顿发现天体运动的原因,据说是在花园里碰巧一个苹果从树上掉下来,他因此突然想到,使苹果落地和天体运动是因为同一种力(后来被称为万有引力)。

其具体过程是这样的:苹果的落地使他想到,既然在最深的矿井和最高的山上都这样感到地球的吸引力,那么这种力能否达到月球? 牛顿自己说:"就在这一年,我开始想到把重力引申到月球的轨道上。"

②灵感思维的特征。

a. 突发性。逻辑思维是按一定规律有意识地寻出,想象思维是主动自觉地进行搜索,而灵感思维却往往是在出其不意的刹那间突然出现。

例如,爱因斯坦回忆说:"一天,我坐在伯尔尼专利局内的椅子上突然想到:假设一个人自由落下时,他绝不会感到自身的重量。我吃了一惊,这个简单的想法给我打上了一个深深的烙印,这是我创立引力论的灵感。"

b. 瞬时性。灵感的出现常常是蜻蜓点水式的一点,又像闪电似的一闪,稍纵即逝。

我国宋代文学家苏轼的"作诗火急追亡逋,清景一失后难摹"即是对灵感瞬时性特征的生动写照。

基于灵感的瞬时性特征,我们在灵感出现时,需要马上抓住它,尽量不要与它失之交臂而留下遗憾。

c. 跳跃性。跳跃性是一种思维形式和过程的突变,表现为逻辑的跳跃。灵感的出现所得的一些绝妙的想法和新奇的方案不是一种连续的、自然的进程,而是一种质的飞跃的过程。

d. 偶然性。灵感在什么时间可以出现,在什么地点可以出现,或在哪种条件下可以出现,都是难以预测且带有很大偶然性的,往往给人以"有心栽花花不开,无意插柳柳成荫"的感叹。

第三节　创造性思维训练

本节的主要目的是引导学生参与开放创造性思维的开发与实践。开放是创造性思维的重要原则,所以创新思维训练的形式是不受时间和空间的限制的。学生可以根据自己的兴趣和爱好不断探索和寻找创造性思路。

一、思维的流畅性

(1)计算流畅:在规定时间(3分钟或4分钟)内,尽可能多地列出得数等于某个指定数值(如9、14、23)的完整算式。　　　　　　　　　　　　　　　　　　　（　　个）

(2)词汇流畅:在规定时间(3分钟或4分钟)内,尽可能多地写出包含某个特定结构(如"木""口""金")的汉字。　　　　　　　　　　　　　　　　　　　　（　　个）

(3)词汇流畅:在规定时间(3分钟或4分钟)内,尽可能多地写出包含某个字母(如"e""n""o")的英文(或其他外文)单词。　　　　　　　　　　　　　　　　（　　个）

(4)概念流畅:在规定的时间(3分钟或4分钟)内,尽可能多地列举某一类事物(如"水果""鸟类""交通工具""运动器材")的名称。　　　　　　　　　　　　　　（　　个）

(5)表达流畅:在规定的时间(4分钟或5分钟)内,根据下列指定的字组尽可能多地造句,所造句子必须依序包括该组所有的字,并且语法正确,意义能使人理解。

①西—咸　　　　　　　　　　　　　　　　　　　　　　　　　　　（　　个）

②海—热—冬　　　　　　　　　　　　　　　　　　　　　　　　　（　　个）

③春—飞—雨—山　　　　　　　　　　　　　　　　　　　　　　　（　　个）

④水—水—水—水　　　　　　　　　　　　　　　　　　　　　　　（　　个）

(6)图形流畅:在规定的时间(5分钟或6分钟)内,尽可能多地画出包含特定结构(如圆形"○"、三角形"△"、T形"T")的事物并注明其名称。　　　　　　　（　　个）

二、思维的灵活性

(1)一词多解:对下列词组各做出尽可能多的解释,并分别造句(每题2~3分钟)。

①人行

②一班

③包袱

④差两分

(2)同音多义:根据下列各组汉语拼音,尽可能多地用汉字写出同音(四声可变化)而不同意义的词组(每题3~4分钟)。

①hua yuan

②da shu

③yi yi

④shi shi

(3)殊途同归:用下列各组数字通过四则运算分别求出指定得数24,每个数字只能使用一次(每题不超过半分钟)。

①3 3 3 3
②4 4 4 4
③5 5 5 5
④6 6 6 6
⑤9 9 7 3
⑥3 9 9 9
⑦2 5 2 10

⑧4 10 4 10
⑨2 8 7 5
⑩3 5 7 3
⑪2 2 7 6
⑫2 2 8 9
⑬6 6 10 6
⑭9 9 10 6

(4)图形组合:根据指定的基础图形(如一个三角形"△"和两条直线"‖",也可把圆形"○"、正方形"□"等定为基础图形)尽可能多地组合成各种事物,并写出其名称(4~5分钟)。

三、思维的敏感性

(1)排除异类:从下列各组词汇中排除一个与其他词汇不同类者(2~3分钟)。

①甘薯　马铃薯　荸荠　姜　芋头　　　　　　　( )

②鲸　蝙蝠　海豹　海马　海豚　　　　　　　　( )

③天王星　火星　木星　土星　金星　　　　　　( )

④排球　棒球　篮球　橄榄球　曲棍球　　　　　( )

(2)寻找同类:从下列各组数字或字母中各找出两个类别或性质相同者(2~3分钟)。

①1 2 3 4 5 6 7　　　　　　　　　　　　　　( )

②4 5 6 7 8 9 1　　　　　　　　　　　　　　( )

③A B C D E F G　　　　　　　　　　　　　　( )

④T U V W X Y Z　　　　　　　　　　　　　　( )

(3)图形区别:从下列各组图形中找出1~3个与其他图形不同者(2~3分钟)。

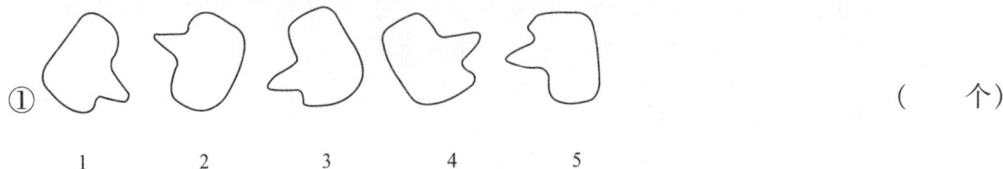

① 　　　　　　　　　　　　　　　　　　　(个)

1　　2　　3　　4　　5

②
1　　2　　3　　4　　5　　6

（　　个）

③
1　　2　　3　　4　　5　　6

（　　个）

④
1　　2　　3　　4

（　　个）

5　　6　　7　　8

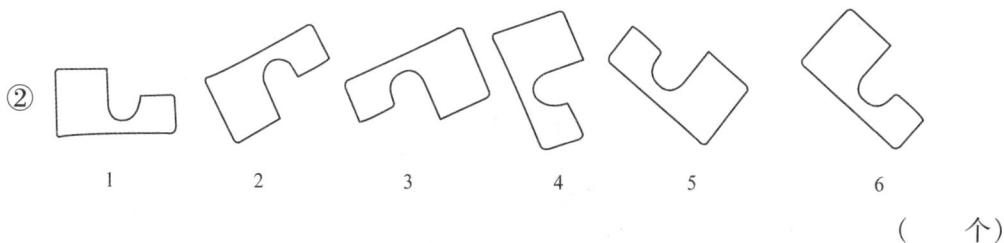

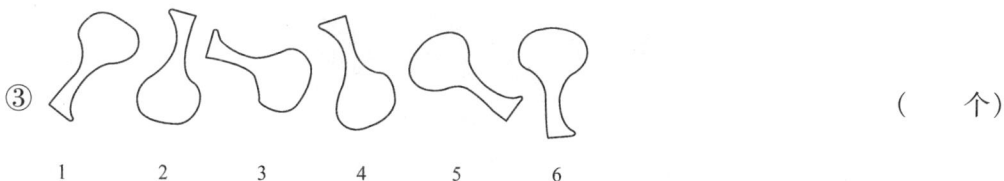

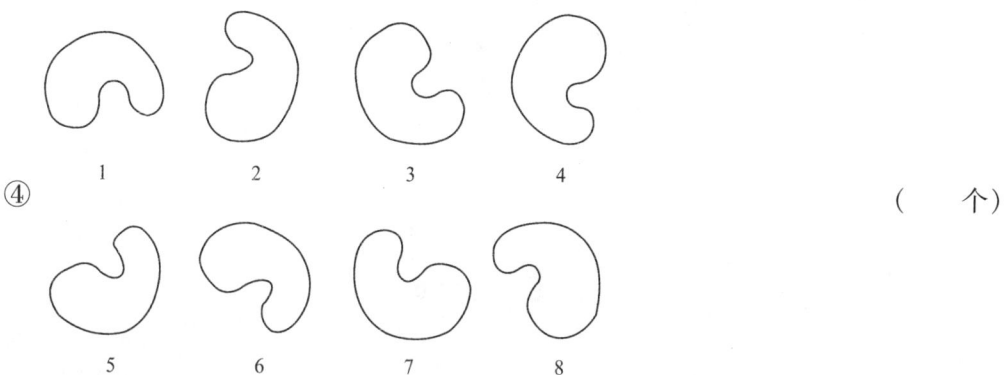

四、思维的逻辑性

请您回答下列问题：

A. 五头棕色的奶牛及四头黑色的奶牛，七天产奶的总量与四头棕色的奶牛及六头黑色奶牛六天产奶的总量相同。请问：是棕色的奶牛产奶量大，还是黑色的奶牛产奶量大？

B. 阿尔弗雷德与弗雷达尔一起抬砖头。倘若弗雷达尔从自己的砖头中给阿尔弗雷德一块的话，那么阿尔弗雷德所抬砖头的数量就是弗雷达尔的两倍，倘若阿尔弗雷德从自己的砖头中给弗雷达尔一块的话，那么他们所抬的砖头数量相同。请问：阿尔弗雷德与弗雷达尔各自抬了多少块砖头？

C. 三个孩子一起玩玻璃弹珠，他们一共有 15 个玻璃弹珠，苏珊娜输掉的弹珠数量是史代凡输掉弹珠数量的两倍，而史代凡输掉弹珠的数量是萨莎的四倍。请问：游戏最终还剩几个玻璃弹珠？

五、思维的变通性

（1）移动圆环

请您在下图所示的图形中移动三个圆的位置，要求使其变为顶角向下的三角形。

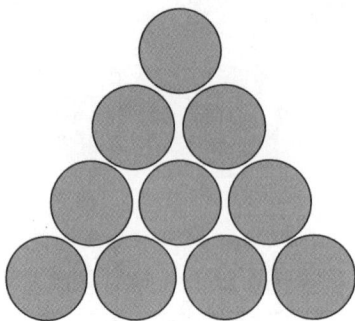

（2）移火柴

请您在下图所示的图形中移动四根火柴的位置，要求新图形含有两个大小不同的正方形与四个面积大小相同的三角形。

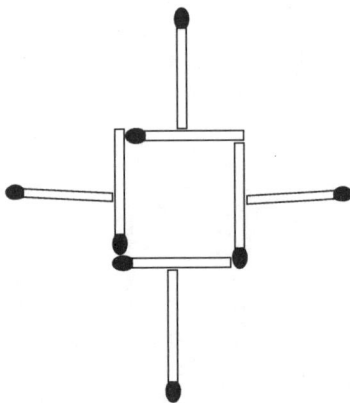

第 三 章

创造原理及技法

瑞士军刀的发明

瑞士军刀(图3-1),是众多工具集于一身的折叠小刀,因瑞士军方为士兵配备而得名。
在瑞士军刀中,基本工具为圆珠笔、牙签、平口刀、开罐器、螺丝起子、镊子等。卡尔·埃尔森纳下决心要做一名刀具工人,并于1884年在瑞士施夫州(SCHWYZ)开办了一家属于自己的刀具工厂。当时,瑞士军队还必须从德国购买又粗大又笨重的士兵刀,这一现状促使卡尔萌发了制造轻便、美观且功能强大的多功能刀的想法。在士兵刀的基础上,他研发出一种两个弹簧上面装有六个刀体的新模型,命名为"军官刀"。这种方便的多功能袖珍刀一经推出即获广泛欢迎,而后,刀的功能也在不断改进,陆续添加了木锯、剪刀、瓶盖起子、小螺丝刀、指甲锉、牙签、除鳞器、放大镜等功能性工具。现在的瑞士军刀可以有一百种以上的组合功能。

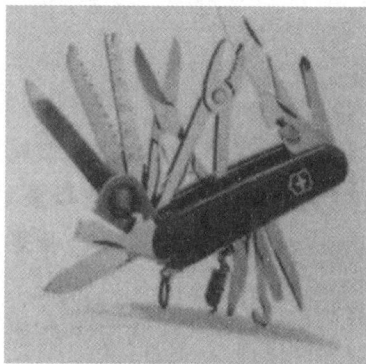

图3-1 瑞士军刀

第一节 创造原理和技法概述

一、关于创造技法含义的讨论

很多创造学类书籍都提到,从国外传入我国的一般创造学包含的创造技法多达数百种(有的讲300种,有的讲近千种,有的讲100种不等)。究竟什么是创造技法,其含义究竟是什么呢? 至今一般创造学中并没有给出明确的认识,各人的看法也不尽相同。例如,吴明泰在《发明创造学教程》一书中写道:"创造技法是建筑在创造心理和认识规律基础上的一些规则、技巧和做法……因此严格地说,它们并不是一种方法而是技巧。"朱邦盛在《实用创造学》中阐述道:"创造技法就是用科学的理论和方法,去研究一个个发明的具体过程……简单地说,所谓创造技法就是从创造发明的活动、过程、成果中总结出来的带有普遍规律的方法。"贾弘在《创造（发明）技法体系初探》一文中指出："创造技法是人们在长期的创造发明中总结出来的，比较成熟的，行之有效的，有一定操作规范的想法和做法。"2000年，我国著名创造学者傅世侠、罗玲玲合著的《科学创造方法论》把创造技法表述为"是从创造发明的实践中总结出来的一些规则、技巧和方法"。2003年，我国著名创造学者甘自恒在其《创造学原理和方法——广义创造学》一书中，通过国内外几十种主要创造技法的分析综合对创造技法概括出了这样的定义：创造技法"是运用创造学的基本原理，总结创造主体从事创造活动的实践经验，总结创造者的传记材料和专利文献中的重大发明创造案例，总结理论创新、制度创新、科技创新、技术培训，特别是新产品开发的经验和典型案例概括出来，用以拓宽创造性思维空间、启迪创新思路、指导创造过程、提高创造能力、促成创新成果的各种具体方法、技巧的总称"。还有许多学者对创造技法的不同理解和认识，这里就不一一列举了。

一般创造学对创造技法认识如此散乱的局面不仅大大影响创造技法的实用性，而且也不利于创造学学科体系建立。为此，行为创造学必须重新研究并认识一般创造学中的创造技法。

稍微接触到创造学的人都知道，在创造学界人们常常见到有关通过推广、应用创造技法而取得发明创造成果的报道，尤其是在工矿企业这种通过创造技法的应用而产生大量发明创造成果乃至带来百万元、千万元甚至亿元经济价值的报道并不少见。很多都是在发明创造成果出来后有人再反过来"套用"技法的步骤，或者仅仅是泛泛地提上一句："利用××创造技法而发明成功的。"

由此可见，我们很难判断一般创造学中的创造技法究竟具有怎样的"广泛实用性"。其实，在学术界对创造技法就一直存在一种"创造有法，但法无定法"的含混观点。

行为创造学认为，造成这种现象的重要原因之一是一般创造学中创造技法的内涵实际上已经包括两个完全不同的概念：具有客观性质的创造原理（即客观的创造规律）和具有主观性质的创造技法。很明显，一些企业职工和中小学学生学过"创造技法"后确实能发明创造出一些成果，但由于他们并未严格遵循某种技法，因而也说不出如何按技法的步骤一步一步进行，所以恰恰是学习者无意中利用了其中的"创造原理"而取得成果（例如，所谓使用"缺点列举法"，实则是无意利用了其中包含的完满创造原理而已）。其实大多数现有的创造技法并不具有实质性的操作步骤。一般创造学中创造技法的这一缺陷明显地妨碍了它在更大范围的普及和推广。对此，行为创造学要做进一步探讨。

二、创造原理的提出

什么是创造原理呢？原理就是最基本、最普遍并能产生其他规律的规律。由此而论，创造原理就是最基本的创造规律，就是能够导出其他次一级或更次一级创造规律或创造方法的创造规律。人们知道，规律是客观存在的，是不以个人意志为转移、也不以个人爱好而存亡的。所以，创造原理也是客观存在的，也是不以个人意志为转移的。与其他规律一样，创造原理也具有可认识性和可利用性，但它却没有可操作性。这就是说，人们在类似的创造过程中可以各自采用不相同或者很不相同的方法，但必须符合和遵循一定的创造原理才可能取得成功。当然，同一个创造发明过程往往不仅符合同一个创造原理，而且常常同时符合多种创造原理，于是我们也能从中认识到多种不同的创造原理。例如，一种可插入和拔出的榫头式鞋跟，即鞋底跟部被磨损后可将旧的榫头拔出再换插上一个新的榫头式鞋跟，这种发明创造既符合组合创造原理，又符合完满创造原理。所以，不同创造原理之间并不存在排他性。由于一般创造学中的很多创造技法实际上更偏向于创造原理,例如我国学者归纳成的"加一加、减一减、扩一扩、缩一缩、变一变、改一改、联一联、学一学、代一代、搬一搬、反一反和定一定"的"十二个一"创造技法实际上大多属于创造原理——加一加,属于组合创造原理;扩一扩、缩一缩、变一变、改一改,属于变性创造原理;代一代、搬一搬,属于移植创造原理,等等。这样,当人们从这些"创造技法"中获得启迪而产生创造成果时,就容易误认为是"技法"在起作用,而并不知道实际上是其中的创造原理在起作用。

总之,创造原理的客观性和创造技法的主观性,决定了创造原理比创造技法更处于基本性的和决定性的地位。掌握创造原理更能从理性上开发一个人的创造潜力,更能提高一个人的创造能力。所以,行为创造学主张深入研究创造原理,使其更易于为广大群众所了解、熟悉和掌握。

三、创造技法的性质

行为创造学认为,创造技法是从创造原理中派生出来的、与实践密切结合的、可操作的具体创造程序或步骤。因此,一个完善的创造技法至少应该具有理论性(即理论根据)、可操作性、排他性和可思维性。

所谓创造技法的理论性,是指一个技法的产生应该有其一定的理论基础,也就是说,在技法的操作过程中应当能够体现出某些可以上升为理论的隐性过程,至少也应当体现出其中的创造原理以及从原理演进到技法的过程,否则,所谓的创造技法就很可能只是一种创造的做法,而不具有在更高层次上的推广意义。至于创造技法的可操作性,其性质是十分明显的,如果一种创造技法没有可操作性、连一般"方法"的要求都达不到,就更不能称其为技法了。所谓创造技法的排他性,是由技法的可操作性决定的。因为一个人一次只能操作一个创造技法,而不可能同时操作两个或多个创造技法,这就要求创造技法必须具有排他性。如果没有排他性,那么就会出现"你中有我、我中含你"的情况而导致创造者无法操作实施。最后是创造技法的可思维性,虽然行为创造学认为创造技法和创造性思维的方法是两个完全不同范畴的概念,绝不能相互混淆,但它们之间亦有着一定程度的关联。创造技法的可思维性是指创造技法在实施过程中应当能够较明显地对创造者进行创造性思维的引发和启迪,即创造者能够通过方法、步骤的操作而有效地引发自己的创造性思维。不能引发创造性思维的创造技法也不能说是一种好的创造技法。

最后应该说明的一点是,人们衡量一个创造技法能否成立的最终标准只有一个,即一般人如果按照创造技法的程序操作,在大多数情况下能否取得新颖的创造结果(创造技法的结果叫"方案",它与创造性思维的结果——设想在含义上并不相同)。如果不能取得新颖的创造结果,那么这样的技法就不宜叫作创造技法,至少不能称为完善的创造技法。对这种不完善的创造技法应该加以进一步研究,以提高其技法本身的水平,为有效推广创造技法打下坚实的理论基础。

总之,创造原理和创造技法之间既有联系又有区别。其主要的区别有二:第一,创造原理是创造规律,规律是客观存在的,是不以人的主观意愿而转移的;而创造技法是一种方法、程序,它是人主观制定的产物。不同的人为达到同一个创造目标可以采用各自制定的不同方法,但无论什么方法都必须符合一定的客观规律才能成功。第二,从创造技法的可操作性得知,一个人在进行一次创造活动时,不可能同时采用两种或两种以上的方法,因此,创造技法之间必须具有排他性;而创造原理是创造规律,一个人的一次创造活动可以在符合一个规律的同时又符合另外的规律,所以创造原理之间没有排他性。

如果用上述标准衡量当前一般创造学中的数百种创造技法,人们就不难发现,其中绝大多数的技法均有待进一步研究、完善和深化。这是对创造学研究者的一个挑战,这或许也是今后比较长的一段时期内创造学研究者的一个重要研究方向。

第二节 创造原理及原则

目前所谓创造技法虽然多达数百种,但究其来源即创造的原理并不很多,一般认为创造的基本原理应当主要包括以下八种——聚合创造原理、还原创造原理、逆反创造原理、变性创造原理、移植创造原理、迂回创造原理、完满创造原理和群体创造原理。

一、聚合创造原理

根据聚合的因子和聚合方式的不同,聚合创造原理可以再区分为组合创造原理、综合创造原理和融合创造原理三种。

(一)组合创造原理

组合,即是简单地叠加。组合现象是普遍存在的。在自然界中,原子组合成分子,分子组合成细胞,细胞组合成组织、器官、系统和整个人体,个体组合成家庭,家庭组合成社会,等等。组合的结果是复杂的,组合的可能性是无穷的。组合可以形成新思想、新方法、新点子或新产品。组合可以使组合之物扩大原有的功能或产生新的功能,所以组合即是创造。我们常见的多用柜、两用笔、组合文具盒等,都是组合创造原理的具体体现。

组合也能形成"重大"的发明创造。美国的阿波罗登月计划,是当代大型创造发明的结晶之一。阿波罗计划的负责人曾直言不讳地讲过,阿波罗宇宙飞船的技术可以说没有一项是新的突破,都是现有的技术,问题的关键在于能否把它们精确地组合在一起,实行系统管理。爱因斯坦对于组合创造原理说得更为深刻:"组合作用似乎是创造性思维的本质特征。"

根据参与组合的组合因子的性质和主次以及组合的方式,组合的类型大体可分为以下四类。

1. 同类组合

同类组合,又叫同类自组,是指由两个或两个以上相同或近于相同事物的简单叠合。在同类组合中,参与组合的对象与组合后相比,其基本性能和基本结构一般没有变化。因而,同类组合是在保持事物原有功能或原有意义的前提下,通过数量的增加以弥补功能上的不足或求取新的功能。如图3-2所示为双头起钉器,又叫子母起钉器,它有两个相同的起钉头。使用时,可先用下端的起钉头将钉子拔出一段高度,然后再用上面的起钉头继续拔钉。又如,日本松下公司总裁松下幸之助,早年曾把原来人们使用的电源单插座改为双头插座、三头插座,获得成功后取得了巨额利润。再如,日本一家庭妇女发明的在刀片上划出若干刻痕的美工刀(即前面一段刀口用

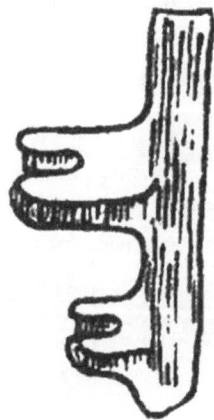

图3-2 同类组合——双头起钉器

钝时,可沿刻痕折断而启用下面一段锋利如新的刀口),即相当于多把刀的组合。这些短短的刻痕却撬动了全球大市场,其创造的效益无法估量。同类组合往往具有组合的对称性或一致性趋向,如双体船、双人情侣伞、双人自行车、驾驶室可原地旋转180°的可双向行驶的汽车等。同类组合创造原理虽然极为简单,但也能产生影响深远的发明创造。例如,发射人造卫星的多级火箭,其原理也可视为几枚火箭的同类组合,没有这种同类组合,人造卫星是不可能发射成功的。此外,在科学上具有重大意义的显微镜、望远镜的发明,实质上也是透镜的一种同类组合。古代战场上使用的强攻击性武器——弩床,就是把几张弓同时固定在同一个木架上而组成的,在其都撑住弩弦时具有极强的攻击能力。此外,中国古代造船中的一大发明是把船的最下层用木板分隔成10多个密封空间,这种结构叫作水密舱。该发明可使船在底部局部碰坏时也不致发生沉船,因此现代造船中仍使用这一技术。这种最简单也是最聪明的同类组合发明,中世纪传入阿拉伯地区和地中海沿岸时曾引起当地造船界的极大兴趣。其实,我们所写的文章、诗词、小说等,亦可视为文字的同类组合。所有的曲调也都是几个音符的同类组合,只是其组合的方式、结构不同而已。科学家早已发现,世界上所有构成生命的蛋白质都是由20种氨基酸通过不同排列组合而形成的,由此产生了千变万化的蛋白质结构。据报道,新加坡科学家陈宇综等人通过一个数学公式把20种氨基酸"翻译"成音乐中的21个音符,结果发现不同蛋白质有不同的"旋律",比如荷尔蒙的旋律听起来颇像王菲的《但愿人长久》的韵味,陈宇综还就此论证了自然科学和人文科学之间的密切联系。

2. 异类组合

异类组合是指来自不同领域的两种或两种以上不同类事物所进行的叠合,如机床就是异类组合的创造产物。最近市场上出现的同时具备鼠标和电话机两种功能的"鼠标电话"、带有音乐播放器MP3的太阳镜等都是异类组合创造的例子。在异类组合中,被组合的因子来自不同的方面,各因子彼此间一般没有明显的主次之分,参与组合的因子可以从意义、原则、构造、成分、功能等任何一方面或多方面进行互相渗透,从而使组合后的整体发生变化。异类组合实际上是一种异类求同,在创造中具有非常重要的意义。比如,汽车就是由发动机、离合器和传动机构、车厢、车胎等组合因子组合创造而成的一种交通工具。

3. 主体附加组合

它是一类特殊的异类组合,是指在原有的事物中补充新的内容或在原有的物质产品上增添新的功能附件。比如,早期的自行车没有车铃,后来加上了车铃;现在的自行车上还可附加里程表、前车篮、后视镜、折叠式货架等附件。在主体附加创造中,主体事物的性能基本上保持不变,附加物只是对主体起补充、完善或充分利用主体功能的作用。如市场上常见的印有导游图的纸折扇很畅销,折扇上的导游图就是一种附加物。可自动抽吸牙膏的牙刷也使人耳目一新。汽车作为主体,正是由于不断附加了拨雨器、转向灯、后视镜、打火机、温度表、遮光板、收音机、电话以及空调器等一系列的附加物之后,才被创造得越来越完善、越来越现代化了。

利用主体附加创造原理进行创造,其内容是丰富多彩的,因为不但一个主体可以附加多种事物,而且一个附加物也可附加在多种主体之上。例如响铃就可以附加在钟表、大门、车辆、寺塔、电话机等多种物体之上。再如音乐,可以附加在各种建筑物上而产生新颖效果:法国巴黎市郊有一个音乐亭,人们踩在亭内不同位置即可发出好听的音乐;日本有一座长31 m的音乐小桥,两侧栏杆上装有109块不同的音乐栏板,行人只要敲打栏板即可奏出一支曲子;印度首都新德里有一座7层大楼,装有共鸣性能极好的花岗石板楼梯,人上下楼踩在上面能发出不同音调的悦耳声响,等等。

4. 重组组合

重组组合是指在同一个事物的不同层次上分解原来的事物或组合,然后再以新的方式重新组合起来。石墨中的碳原子重新组合后成为金刚石,就是自然界的一种创造(现在实验室中也可完成这一创造)。重组组合通过改变事物内部各组成部分之间的相互位置来改变其相互关系,从而优化事物的性能,它是在同一事物上施行的,一般并不增加新的因子。例如,战国时代田忌赛马的故事即可生动说明重组组合的创造思想。齐威王与大将田忌经常赛马,比赛时二人各自出上等、中等、下等马分别对阵。齐王的马每个等级都比田忌强,所以田忌屡屡败阵。后来军事家孙膑给田忌出了个主意,让他以自己的下等马对齐王的上等马,再以自己的上等马对齐王的中等马、以自己的中等马对齐王的下等马。结果,田忌以一负二胜的成绩战败了齐威王。

在管理中,对人员进行重组组合也是创造新价值的一项举措。例如盖茨在讲到他的创造时说他并没有做什么,说他编软件编不过软件高手,搞经营比不上公司的理财顾问,搞管理也比不过公司的行政总管,但他却善于召集和重组各方面人员以发挥他们各自的优势。此外,一些企业在进行改革创新时对"物"进行"资产重组"的做法也可达到创造和创新的目的。运用重组组合创造原理,可以采用多种不同的方法(技法),如通过国有资产的联合、兼并、租赁、收购、改制、拍卖、破产等措施,企业创新者可根据具体情况选用或制定出最好的方法。

总之,组合创造在创造发明中的作用和地位日趋显著。有人在统计1900年以来的480项重大创造成果后发现:三四十年代的创造成果是以突破型成果为主而组合型成果为次;五六十年代,两者大体相当;到80年代,突破型成果渐趋于次要地位,而组合型成果则变为主导地位。这说明组合创造已经成为当前发明创造的主要方式。

当然,如果根据参与组合的组合因子的成分和内容的不同,有人又把组合进一步划分为元件组合、材料组合、现象组合、原理组合等,在此就不一一列举了。

图3-3所示为几种小的组合发明设计。

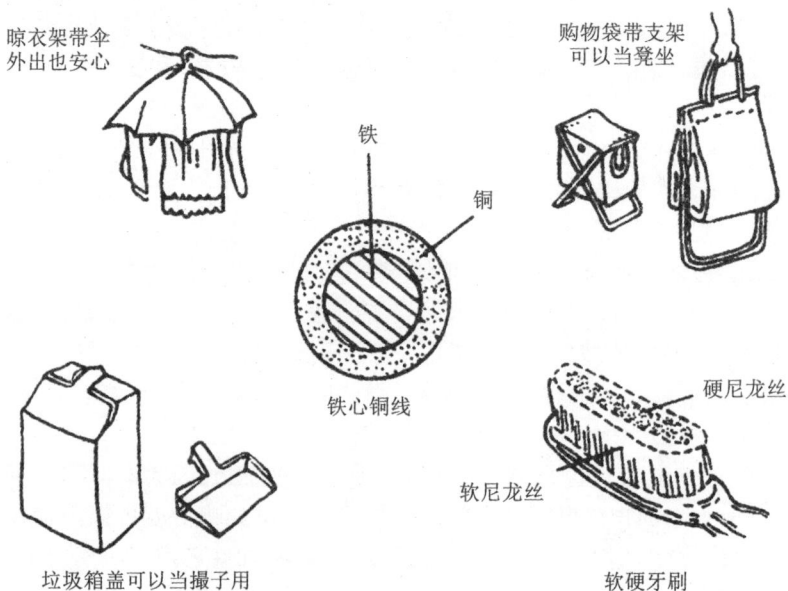

图3-3 几种小的组合发明设计

（二）综合创造原理

综合与组合关系极为密切但并不完全相同。综合不是将研究对象进行简单叠加,而是首先将欲综合的各个事物进行若干分解,然后再根据需要将分解出来的有关部分(因子)进行组合,从而使得综合之物更具有创造性。中西医结合就是一种综合而不宜叫作组合。中西医结合,并不是指把中医和西医简单地叠加在一起,而是经过仔细研究后分别取中、西医中的合理和适用部分(因子)而加以组合。此外,近来一种名为"九州战棋"的新型棋类游戏获得了国家专利。其棋盘划分为东西南北等9个区域,棋子分为总部、卫队、飞机等8类,分别代表中国象棋中的将、士、象等。其实,这种新型棋是在综合了军棋的图形、围棋的布局和象棋的走法后发明出来的。可见,综合是一种在科学分析基础上择优而进行的组合,因此,综合是一种特殊的组合。综合已有的不同学科原理可以创造出新的原理,如综合万有引力理论和狭义相对论,从而形成广义相对论;综合已有的事实材料可以发现新规律,如元素周期律的发现;综合已有的科学方法可以创造出新方法,如由几何学和代数学方法综合产生的解析几何新方法;综合不同的学科也能创造出新学科,如环境心理学、化学物理学、地质创造学等;综合不同产品的优点亦能创造出新产品,如日本松下公司曾综合世界各国多种电视机的400多项技术特长而创造出了名牌产品。与此类似,我国哈电集团近来综合日本三菱公司的超临界燃煤锅炉技术、东芝公司的单筒式除氧器技术和法国阿尔斯通公司的湿法脱硫技术,进而研制成"60万千瓦空冷汽轮机"等20多项新产品。显然,综合可以使人的认识实现从个别到一般的转化,可以使人超越原有的认识水平而站得更高、看得更远、体会得更深刻,从而获得更具有普遍意义的新成果。

有资料表明,在20世纪全世界的重大发明创造中,日本连一项也没有,但它却善于在别国先进技术的基础上搞综合,因而创造出许多世界上第一流的新技术和新产品。

（三）融合创造原理

融合创造原理类似于组合创造原理,即把欲组合的对象进行叠加而使其产生新颖性,其不同之处是在进行组合创造时一般被组合的因子在相关层次上存在较明显分界,而融合创造指的是被组合的因子之间已经互相渗透融合而形成"你中有我、我中有你"的难以或者根本不可能用界限再区分的状态。例如,各类合金钢就是铁与其他相关元素的"融合",融合体的新颖性属性正是通过组成因子相互间的渗透融合才形成的。再如,现在各类交叉学科的诞生就与人们有意无意地融合多门学科密切相关。最近出现的"数字农业",就是在信息技术、生物工程技术、自动监控、农艺和农机技术等一系列高新技术上融合发展起来的现代农业。有了数字农业,农民就可以做到不再"靠天吃饭"。

如果再进行划分,融合创造原理还可以划分为组合融合创造原理和综合融合创造原理。图3-4所示为聚合创造原理的划分关系。

应当指出,在运用聚合创造原理采取各个方面聚合因子的特点时要尽量做到功能互补或功能放大,从而最大限度地满足人们的需要和产生实用性。聚合创造原理总是根据人们的某种需要而被

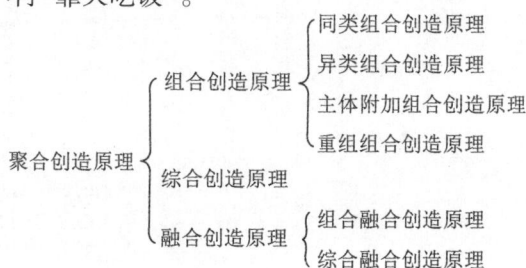

图3-4　聚合创造原理的划分关系

采用的,无法满足人们需要和不能对社会产生某种促进和发展的聚合创造,不应当被列为创造者的目标。

二、还原创造原理

研究表明,任何创造都必定有其创造的起点和创造的原点。所谓创造的原点,是指某一创造发明的根本出发点,它往往体现该创造发明的本质所在;而创造的起点则是指创造发明活动的直接出发点,它一般只反映该创造发明的一些现象所在。因此,就某一个层次或水平而言,其创造的原点只能有一个,因而是唯一的,而创造的起点则可以有很多(如图3-5所示)。创

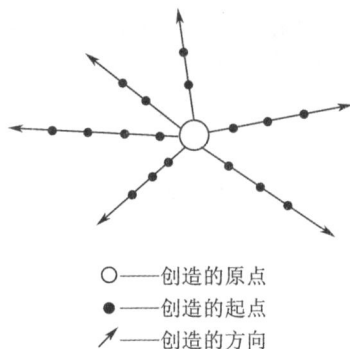

○——创造的原点
●——创造的起点
↗——创造的方向

图3-5　同一层次上创造的原点和起点

造的原点可作为创造的起点进行创造,但创造的起点却不能作为创造的原点使用。从一个事物的任一创造起点按人们的创造方向进行反向追索到其创造原点,就可以原点为中心进行各个方向上的思维发散并寻找其他的创造方向,用新的思想、新的技术在新找的思维方向上重新进行创造——这种先还原到原点、再从原点出发解决创造的问题,或者说是回到根本上去抓住问题的实质,往往能取得较大的成功、产生突出的成果,这即是还原创造原理。

现用锚的发明过程来说明还原创造原理。锚,在古代又叫碇,用绳索缚着石块制成,其功能主要是利用石块的重量固定船只。由于石块的重量有限,在遇到大风浪或水流太急时常常达不到预期的目的。于是人们在"用重物固定船只"这一创造方向上思索,有人在石块上绑上木爪,即木爪石碇,将其插入泥沙中可加大其固定力。后来,人们又使用坚硬的木料制成了木锚,即"木碇",最后才改制成铁锚。千百年来,关于锚的发明创造成果有许许多多,但都是沿着"依靠重物的重量和拉力固定船只"的创造方向即图3-6中所示的F方向上进行的,从F方向上各个创造起点出发创造出的锚,其结构大同小异,创造性并非很强。显然,人们如果再沿着F方向探索发展下去,是很难再制造出适应现代巨型远洋船舶使用的锚的。

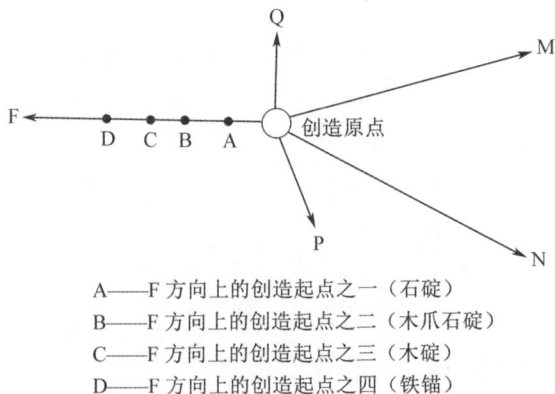

A——F方向上的创造起点之一(石碇)
B——F方向上的创造起点之二(木爪石碇)
C——F方向上的创造起点之三(木碇)
D——F方向上的创造起点之四(铁锚)

图3-6　锚的创造的原点和起点

根据还原创造原理,人们从锚的创造起点 D 开始,沿着 F 的反方向追索,很快便追索到原点上并发现锚的创造原点实质上是"能够将船舶固定在水面上的一切物质、方法和现象",从而理顺了人们的思路:原来,古人依靠重物固定船只仅仅是从创造原点出发的一个方向而已(即图 3 - 6 中的 F 方向)。如果从"能够将船舶固定在水面上的一切物质、方法和现象"(即原点)出发,经过思维的发散,就不难从另外的创造方向上设想出与原先仅靠重量而发明的各种锚的形态结构完全不同的诸如火箭锚、螺旋锚、吸附锚以及冷冻锚等完全新颖的装置。比如,冷冻锚就是一块约 2 m^2 大小的带冷却装置的钢板,将其放入水下通电 1 min 即可冻结在海底上,其联结力可达 2×10^5 N,10 min 后可达 1×10^6 N,起锚时只要供电放热解冻即可。

按照还原创造原理,创造者需要首先从中抽象出问题的关键所在(即追索到创造的原点上,或者叫作回到根本上去抓实质),所以有人也将其称为"抽象原理"。再以火柴为例:火柴盒有大有小,也可有各种不同的形状,火柴棒可长可短,但无论火柴盒和火柴棒如何变化,火柴的主要功能都是(通过摩擦而)发火,这就是火柴的本质所在。于是,把"发火"抽象出来作为原点,就可从摩擦发火进一步引申(发散)为各种可燃性气体发火、电火花打火以及不同的液体燃烧起火等。这样做就容易突破原有关于火柴知识的桎梏,开阔发明者的思路,以至发明出各种类型的打火机。

运用还原创造原理的关键,是善于还原(追索)到事物的本质(即原点)上,从哲学观点上讲就是要先抓住决定事物本质的主要矛盾,然后再进行多个方向上的发散性思考。

三、逆反创造原理

与一般的做法和想法完全相反的做法和想法,常常能够导致新颖性的结果而引发创造。1927 年,德国乌发电影公司在摄制一部关于太空旅行的科幻故事片《月球少女》时,为了加强影片的戏剧性效果,导演弗里兹·朗格在火箭发射时突发奇想将顺数计时发射程序"1,2,3,发射"改为"3,2,1,发射"。这一颠倒的发射程序,既简单准确又可使人思想集中,因而引起了火箭专家的兴趣。这即是具有创造性的"倒计时"的由来。

任何事物都会具有其对立方面的某些属性。人们往往只习惯于识别事物的一方面属性而不会想或不愿想其相反一面的属性,即是说,大多数人习惯于从一个固定的角度或方向思考和处理问题。然而,如果有人有意识地从相反方面思考和处理问题,那么就常常会获得意想不到的结果、产生许多未曾见过的新事物,这即是逆反创造原理。一般创造学关于"12 个一"创造技法中的"反一反"即是这个意思。

逆反创造原理与创造性思维中思维的逆向性密切相关。在实际创造中,逆反创造原理又可进一步区分为原理逆反、属性逆反、方向逆反和大小逆反等多种内容的逆反。

(一)原理逆反

将事物的基本原理,如机械的工作原理、自然现象规律、事物发展变化的顺序等有意识地颠倒过来,往往会产生新的原理、新的方法、新的认识和新的成果。比如电影,其原理一直都是观众不动而电影片的画面在银幕上移动,从而形成了影片的连续动作。若把这一原理反过来,就变成了电影画面不动而观众迅速移动。这似乎太荒唐了,当然也很难实现。然而,有很多的发明创造在刚问世时常常是令人生疏、遭人非议的。电唱机、自行车、电视机等在发明初期都曾让人莫名其妙。德国一位青年摄影师研究了电影的原理逆反并计划在地铁中实行:在与车窗等高处的地铁墙壁上挂出一幅幅连续变化的图画灯箱,当车辆运行时,图画正好以每秒24幅的速度映入乘客眼帘,于是乘客就会看见墙壁上的"活电影"了。该项发明直到2002年才在美国变成现实。过去,人们认为人在楼梯上走是天经地义、不可违背的情理,如果谁要提出"人若不动、楼梯在动"的想法,肯定会被视为天方夜谭,然而,现在自动扶手电梯早就进入了人们的生活。1999年3月28日,科索沃战争中美军一架F-117隐形战机被南联军击落,由此隐形飞机号称天下第一的神话终被打破。此事皆因南联军使用了反传统的维拉雷达:传统雷达靠发出强烈电磁波并产生反射来搜索目标,为此隐形飞机表面涂有能吸收电磁波的涂层、附有专门吸收雷达波的复合材料并用其他方法减少电磁波的反射而使一般雷达失效。然而由捷克雷达专家维拉发明的维拉雷达则反其道而行之,维拉雷达不发射电磁波,它只接收信息。由于隐形飞机上有校正航道的机载雷达不停地使用,所以只要隐形飞机一出现就必然会扰乱空中原有的电磁波状态,从而被维拉雷达捕捉到信息。

图3-7为一般工厂中使用的桥式起重机(即行车)。其原理是在"工"字梁两端安装轮子,使其在固定的轨道上行驶。图3-8则是以色列专家发明的无轨起重机,其原理是把轮子安装在支柱的柄部,轮子转动时就可使光秃秃的起重机在众多轮子上运行。据说这种新型的逆反型起重机与传统的桥式起重机相比可降低20%的成本。

当然,原理逆向之后也不一定都能获得成功。比如,若将水泵的叶轮固定而使壳体旋转,就抽水这一功能来说,至少目前看来是难以实现的。其实,真理都是有一定适用范围的,原理逆反也必然有其一定的适用场合。

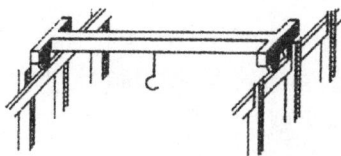

图3-7 传统的桥式起重机　　图3-8 新型的无轨起重机

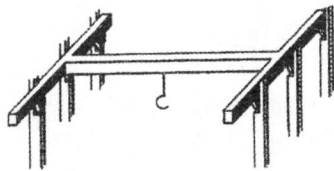

(二)属性逆反

一个事物的属性是丰富多彩的,有许多属性是彼此对立的或者是成对的,比如软与硬、滑与涩、干与湿、直与曲、柔与刚、空心与实心,等等。逆反创造原理的属性逆反,就是有意地用与某一属性相反的属性去尝试取代已有的属性,即逆化已有的属性,从而进行创造活动。1924年,德国青年马谢·布鲁尔产生了用空心材料替代实心材料做家具的思想,并率先用空心钢管制成了名曰"瓦西里"的椅子,在社会上产生轰动并一直风靡至今。从那以后,马谢·布鲁尔又用这一空心取代实心的属性逆反原理完成了包括日内瓦联合国教科文组织大厦在内的许多著名设计,终于成为新型建筑师和产品设计师的杰出代表。与其相类似,1995年福州市一中学生将普通的实心积木全改为空心,并在其中装进适量砂子使其重心便于移动。这种空心积木便可以拼、搭出普通积木所不能组成的异型图案,尤其适合各种动物形态的拼搭,表现出很强的创造性。1998年,我国有一项名为"便携式多功能哑铃"的专利,其中部也是空心的,使用者可以通过一个小口向哑铃内部注水或装砂子以调节其重量。

(三)方向逆反

由完全颠倒已有事物的构成顺序、排列位置或安装方向、操纵方向、旋转方向以及完全颠倒处理问题的方法等而产生新颖结果的创造,都属于逆反创造原理方向逆反的范围。日本鹿儿岛建筑公司发明了与传统盖楼房完全不同的自上而下的盖楼方法:先将顶层楼在地面建好,然后用起重设备托起,留出下面的空间再建一层楼;建好后再托起……直至整幢大楼落成。这种施工方法可使所有的工序均在地面完成,避开了高空作业,不仅可保证生产安全,而且还提高了工作效率。由于方向逆反的结果一般可从事物的外部表现出来,其直观性强,因而方向逆反是发明和革新的一条重要原理。例如,逆反电风扇的叶片安装方向可使电风扇变为"排气扇";在烟盒中上下反装带过滤嘴的香烟,使过滤嘴向下,不但取烟方便而且很卫生;将传统上冷下热式电冰箱逆向创新为"上热下冷",即上为冷藏室、下为冷冻室,不但使用方便而且又可节能省电。2005 年,由昆明一家科技开发公司研发的"带洗面喷头的节水龙头"有上、下两个出水孔。洗脸时水不是向下流,而是设计成向上喷出。这一反向设计不仅使人感到舒适,而且可节约洗脸水 80%。甚至在体育锻炼中的退步走、倒立爬、下山比赛、自行车赛慢等反向性活动,在实际生活中也都很有意义。

（四）大小逆反

对现有的事物或产品,即使是单纯地进行尺寸上的扩大或缩小,其结果亦常常会导致其性能、用途等发生变化或转移,从而实现某种意义上的创造。比如,四川有名的乐山大佛,其名气就出在其尺寸的"大"上。近年来出现的像乒乓球大小的葡萄,其创造性也就在其"大"上。

在 2000 年中国食品精品博览会上展出的一只重达 1 250 g 的"桃王",也因其大而引人注目,很快就被阿拉伯一商人以万元买走。1988 年,美国一家制笔公司为了开拓市场,决定从"大"的方向着手,该公司计划由 1 万人"集体执笔"创作美国最长的小说。当年 10 月,纽约一房地产经营顾问使用该公司提供的价值 200 美元的钢笔写下了第一句:"很久以前,在遥远北方的一座山峰上……"接着,来自纽约、芝加哥、洛杉矶等 9 个城市的 5 000 多人使用同一支笔也各写了一个句子,最后于 1992 年由美国总统布什写下该书的最后一个段落。2005 年,美国加利福尼亚州出现了世界上最长的汽车:长 30.5 m,下面有 26 个车轮。该车为一高级轿车,内装许多豪华设施,诸如带跳板的游泳池、豪华套房等,这一创造性产物引起全世界关注。也是 2005 年,国内最大的挂历在武汉展示,该挂历共 14 个单张,每张面积 24 m²,引起很大轰动。

除了"大"以外,"小"也是发明创造的一种趋向。我国的传统工艺"微雕"和微型书法作品,几乎件件都是在"小"的方向上的创作精品。深圳最先推出的锦绣中华缩微景观,其创意即在于整体尺寸的缩小。电子计算机从问世以来,其外形尺寸若不是经过了逐步缩小的创新,要想很快得到发展恐怕也是不可能的。现在,所谓"袖珍汽车""袖珍飞机"已频频在社会上亮相。1999 年在"中华人民共和国建国 50 周年成就展"的上海馆里展出一架微型直升机,机长 18 mm、高 5 mm、重 100 mg,可在 2 粒花生米大小的机场上垂直起降。此外,在军事武器研制中,小型化、袖珍化也是一个极有前景的发展方向。例如,美国有人已在研究只有一般子弹大小的第四代核武器。随着纳米技术的发展,更为人们向"小"的创造方向进军提供了有利条件。

在创造中实施大小逆反时,可对一事物整体按同一比例扩大或缩小,这样创造出来的新事物与原物是相似的;也可以对不同的部分按不同的比例扩大或缩小,这样创造出来的新事物则是非相似形体。无论相似形体、非相似形体还是局部扩大或缩小的形体,在某些情况下都可能会产生创造性。

总之,事物的发展总是对立统一的,相反也可以相成,这即是逆反创造原理的哲学根据。由此,人们若用逆反创造原理重新认识垃圾这种"废物",就会发现垃圾只是一些放错了地方的"宝贝"。同样,所谓的"庸才",如果在合适的地方就可能成为人才。所以,人们可以利用逆反创造原理来创造许多新颖性创造成果。

四、变性创造原理

变性创造原理,即因"改变属性"而产生创造结果的规律。其实质是通过改变事物已有的属性而导致新颖性的创造。人们知道,一个事物的属性是多种多样的,逆反原理强调的是一事物所具有的成对相反属性的互变,如大与小、上与下、软与硬等。其实,对于事物其他一些非相反属性做若干改变,也会导致新颖性的发生,从而引发创造发明。

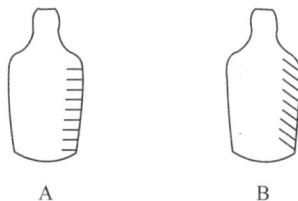

图 3 - 9　两种药水瓶

再比如,图 3 - 9 中 A 为一般使用的药水瓶,其缺点是要每次倒出"一格"容积的服用药水实在难以准确掌握,往往不是倒多了就是倒少了。然而,图中的 B 药水瓶则是把药水瓶刻度的属性做了约 45°倾斜的变化,倒药水时刻度大体呈水平并与液面平行,这就不难实现一次倒药成功。这些例子都是运用了变性创造原理。2005 年日本创造出一种可以弯曲充电的电池;美国创造出一种小型迷你式可折叠自行车,折叠或打开只需 3 秒钟;还有我国山东省寿光市近来培育成的番茄"树"也是改变番茄的属性后创造出来的。

在变性创造原理中,如果所变的属性正好相反,那么实际上它相当于逆反创造原理了。可见,逆反创造原理是一种特殊变性创造原理,由于逆反创造原理具有特别重要的意义,所以本书仍将其作为独立的创造原理单独列出。又如,有人把压力锅的底面由平面改变成凸形,就可以改变烧炖食物的质量,并由此而获得了中国专利(见图 3 - 10)。改变事物的属性,主要包括改变事物的颜色、气味、光泽、结构、材料、形状等。目前问世的彩色大米、彩色小麦、彩色花生、彩色棉花、彩色钢材、香味陶瓷等都是运用变性原理进行创造的产物。香港一位设计师把一般使用的底面呈船形的电熨斗改为正三角形,就完成了一项创造,这种电熨斗不仅造型奇特,而且更加实用,它可熨遍服装的各

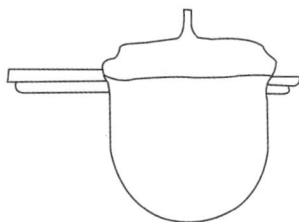

图 3 - 10　凸底形压力锅

个角落。此外,一项防止火车车轮与铁轨接头处产生撞击声的专利,其实也只是略微改变了接轨处的形状而已(见图 3 - 11)。在图 3 - 11 中,A 为现在的接轨形式,车轮经过时必然要发出撞击声;B 为专利接轨形式,试验表明车轮经过时十分平稳,不会发出撞击声。

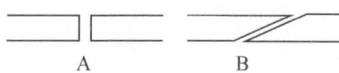

图 3 - 11　铁轨接头处示意图

任何一个事物或产品总具有许许多多属性,只要按一定的程序、按人们的需要改变某些属性,那就不难产生发明创造。根据变性创造原理可以导出许多具体的创造技法,奥斯本的"检核表法"和我国学者总结出的"12 个一"创造技法,很多即源于变性创造原理。

五、移植创造原理

创造学中所指的移植，就是把一个已知对象中的概念、原理、方法、内容或部件等运用或迁移到另一个待研究的对象之中，从而使得研究对象产生新的突破而导致创造。

19世纪末人们对于电影机的研究虽已取得很大进展，但仍有一个关键性问题未能解决，即如何使影片以每秒24幅的速度做动、停、动的间歇运动，即如何使影片在每秒钟时间内经过片门时会动24次、停24次。许多研究者对于这个复杂的问题均束手无策：法国企业主卢米埃尔兄弟在长时间思索以后，一次偶然机会看见缝纫机工作情况便注意观察起来，发现当机针插入布里时布料不动，当针向上提起时布料向前挪动一下，然后又是停、动、停……他们把这种原理移植到电影机中，很快便创造出"活动电影机"。通过普通缝纫机动作的启示而解决了电影机放映中的大难题遂创造出"活动电影机"，这充分体现了移植创造原理的绝妙运用和显著效果。

移植，大多是以类比为前提的。而类比则主要是对于事物属性的类比，所类比的属性越接近待研究事物的本质，移植成功的可能性就越大。因而，在使用移植创造原理时应当做到：①仔细观察和分析已知事物的属性，如卢米埃尔兄弟在解决电影机放映难题之前，就仔细而认真地观察了缝纫机的结构及其动作原理；②找出关键性的属性，比如对于电影机来说，其关键是如何使胶片动、停、动，于是便找出了缝纫机的动、停、动的结构原理；③研究怎样将关键属性应用于欲研究的对象之中。

现在，有人把达尔文进化论中的许多相关概念和进化规律比较完整地移植到了人类创造发明之中，提出了较为系统的发明创造进化规律，如发明创造进化的新陈代谢规律、进化速度的不均衡规律、不可逆规律、环境选择规律等，从而为创造学的发展做出了贡献。在经受2005年"卡特里娜"飓风袭击并惨遭重大损失后，波士顿大学有人根据"风"和"水"的共同属性提出用中国古代大禹治水的思想来减轻飓风灾害对美国的影响，受到美国社会关注。

在运用移植创造原理实施创造中，联想思维的作用是很大的。比如，以纸代木、以塑料代钢材等的发明创造，实际上是一种"材料移植"。从当前科学发展趋势来看，运用材料移植原理实现的发明创造数量很大，被认为是今后发明创造的一个主要方向。

模拟实验的创造性研究则是又一种移植创造。据此，研究者常把自然界难以再生的现象或者把要创造的大工程人为地模拟缩小而移植到实验室内进行研究，并把在实验室研究的成果再移植到待研究的事物环境中去。比如，有关生命起源的模拟实验，就是将史前生命产生的长期过程人为地移植到实验室中而进行研究的。2005年，经国家科技部鉴定验收的清华大学发明的一种凝石技术，就是模拟岩石的长期地质形成过程、利用各种矿渣等废料造出的"人造石"，用以代替水泥。又如，20世纪90年代初美、英、德等八国科学家联合进行了被称为"生物圈二号"的研究，即在一个约有两个足球场大小的封闭地域内进行全生态系统的模拟研究。再如，有人在研究后指出，美国阿波罗11号登月所用的月球轨道指令舱与登月舱分离的登月方法，实际上也是移植了巨轮不能靠岸时而采用驳船靠岸的方法。可以说，从很小的发明到重大的创造，移植原理的运用无所不在。所谓"联想发明法""类比发明法"等创造技法以及20世纪60年代诞生的"仿生学"等许多科学技术，其实质都是源于移植创造原理的。

六、迂回创造原理

创造发明活动并不都是一帆风顺的,在很多情况下人们常常会遇到棘手的难题。这时,创造学一方面鼓励人们开动脑筋、苦苦探索,另一方面又主张灵活运用迂回方法而取得成功。在创造活动中受阻,必要时不妨暂且停止在该问题上的僵持,或转入下一步行动或从事另外的活动,带着未知问题继续前进,或者试着改变一下观点、不在该问题上钻牛角尖,而注意下一个或另一个与该问题有关的另一个侧面,待其他问题解决以后,该难题或许就迎刃而解了。这就是创造中的迂回创造原理。比如,为了开发利用核聚变的能源,需要使氢原子与氢原子剧烈撞击,而要产生这种撞击,一般认为需要靠惊人的压力将氢原子封闭在一个小室之中。这是个非常困难的技术,各国专家为此奋战了近20年,均因费时、费钱而未获成功。出乎意料的是,美国一家小企业依靠迂回创造原理,放弃了对"利用高压封闭小室"的正面进攻,而转向迂回到激光技术上反而得到成功,这是因为激光可以比较容易地使氢原子发生撞击。

迂回创造,有时要处理好"舍"与"取"的关系。为了能"取得",往往需要先"舍弃"。例如有一销售员到一小镇推销鱼缸,问津者寥寥无几。于是,该销售员到花鸟市场以低价批发了500尾小金鱼全部投放到穿镇而过的水渠中。半天后,一条消息传遍小镇:渠中出现了漂亮小金鱼。于是,人们争先恐后地拥到渠边,许多人跳入渠中寻找、捕捉小金鱼。捕到小金鱼的人即兴高采烈地去买鱼缸,那些还没有捕到小金鱼的人于是也去抢购鱼缸,因为他们想既然渠里有金鱼,即便今天未捕到但总有一天会捕到的,买个鱼缸早晚总有用处。就这样,虽然销售员一次次地抬高鱼缸价格,但他带的千余个鱼缸还是被人抢购一空。

人们常说"欲速则不达",其中就包含着迂回创造原理的成分。由于创造活动均具有新颖性特点,因而创造活动经常不被人理解而难以得到支持,使创造活动处于困境。这时,创造者应当善于在困难中迂回,在不能直接达到目的条件下可适当作"战略转移",甚至"战略退却",即为了最终能朝既定目标前进,必要时可往相反方向走一段,以便在迂回中发现并发挥自己的优势,创造有利条件继续前进,从而逐步接近目标而取得创造的成功。

七、完满创造原理

完满创造原理是"完满充分利用创造原理"的简称。在我国企业界广泛开展的"合理化建议"运动中,有不少发明和革新成果都与完满创造原理有关。

人们总是希望能在时间和空间上充分而完满地利用某一事物或产品的一切属性。由此而论,凡是在理论上看来未被充分利用的物品或场合,都可以成为人们创造的目标,这是提出完满创造原理的主要依据。创造学中的缺点列举法、缺点逆用法、希望点列举法、奥斯本"检核表法"中的若干内容,以及"利用率分析法""关键度分析法"等多种创造技法,都可以追溯到完满创造原理。

一般说来,创造发明的最终目标都离不开满足人们的需要或对人类有用处,即是说,人们对于创造发明成果应尽量从中索取最多和最大的用处,即以最少的资源和成本满足人们最大的需求。一般人都承认,对于人们最有用的创造发明才是最好的创造发明,而最好的创造发明则应该是最合理的创造发明,由此而论,最合理的创造发明即应该最大限度地符合完满创造原理。实际上,在现实生活中人们对于大多数创造发明产品的利用率都是非常低的,因此只要对现存事物和产品做充分利用率的分析,一般总能找到未被充分或未被完满利用之处,这些不尽如人意之处就是创造发明的方向,针对这些不足之处进行提高利用率的设计,就能产生创造发明。利用完满创造原理对一事物或产品进行分析,可以从整体和部分两个层次上来进行。

(一)整体完满充分利用分析

整体完满充分利用分析,是指对一个事物或产品的整体利用率进行分析,了解该事物或产品是否在时间上和空间上均被充分利用了。比如,从时间上来说,理想的情况是一个事物或产品最好时时都被利用,虽然实际上难以做到,但只要能再多做一点就可能是一种创造。比如床,床的主要功能是供人睡觉,而人不可能一天24小时都睡觉,一般人只有1/3的时间是在床上度过(即8小时睡眠)的,可见,床的时间利用率实际只有30%左右。即是说,一般情况下人的70%时间是不需要床的——由此人们便发明了一种折叠床,即让它在70%时间做沙发用或不再使用,既节约了空间又充分利用了床(沙发)。此外,像饭桌、酒柜、写字台等物品的时间利用率也很低。针对这种情况,法国一位家具设计师花了8年时间,从整体充分利用空间考虑,设计了一套装饰全新的住宅:只需轻轻按一下电钮,床便会从天花板上徐徐落下,地板上则会冒出茶几,顷刻间厅堂就变成了卧室;如果再按一下电钮,饭桌即刻变为酒柜、双层床又变成了写字台。该项创造性设计无形中使人们的居室面积便扩大了一倍。现在有一些宾馆、饭店,为了提高房屋利用率而把会议厅、餐厅、舞厅等合并为一厅,叫作"多功能厅",也是在不同时间分别使用它们,从而提高了其利用率。据报道,日本从2006年起在一些路口设置"聪明的信号灯",即随时将实际车辆运行的状况通过自动控制器传到信号灯上,这样车多的方向绿灯开放时间会自动延长些,否则就缩短些。结果表明,这种"智能"信号灯最多可使行车时间节省20%。

农贸市场的功能主要是供农产品交换之用,然而有的农贸市场只是上午繁忙,下午和晚上偌大的市场却空空如也、未被利用。进一步分析表明,即使是在上午,该市场也并非所有的空间都被充分利用了。可见,该市场的利用潜力极大。对于物品利用率分析的结果同样表明,人们对许多物品的利用率也不高。例如,冬天的衣服夏天不能穿,甚至连春天和秋天也穿不着;夏天用的风扇冬天不能用,即使是在夏天也并非天天使用,等等。这其中都有许多尚待人们去进行创造的问题。

从表面看来,人们一直是在使用整个的产品或事物,其实人们只是在很少时间内使用该产品或事物的某些属性。由于一个事物或产品的属性是很多的,因此人们在使用它的某一种或某几种属性(有时连其一种属性也未充分利用)时,常常忘了使用其他的属性。完满创造原理可以引导人们对于一产品或事物的整体属性加以系统分析,从时间和空间角度检查已被使用的属性是否利用充分和还有哪些属性可以再被利用。创造学中常见的"列出某某事物尽可能多的用途"的发散性思维练习,即是基于对事物属性全面利用的一种努力。

推而广之,如果全面分析并仔细列出一个单位或一个地区的各种已被利用的属性(优势)和未被利用的属性(劣势),那么就可以引申出改变该单位或地区的最佳方案(如人们常说的"发挥优势""挖掘潜力"等)。

(二)部分完满充分利用分析

墙壁是房屋的一部分,墙壁的作用是什么,其功能被充分利用了吗？正是基于这样一种对于墙壁的充分利用分析,美国太阳能设计协会将可以把太阳能转变成电能的半导体嵌入墙壁中,推出可发电的"窗帘式墙壁",测算后发现其成本比高档大理石的还要低,发出的电亦可满足室内的需要。

一个事物或产品的整体充分利用,是以其各个组成部分的被充分利用为前提的。每一个事物或产品都可以按一定的层次分解为若干部分,因此,人们便可以在分解之后对其各个部分进行完满充分利用分析。只有在其各个部分的利用率大致相当的情况下,才能尽量保证整体被充分利用。也就是说,从理想情况看,一个事物或产品整体的各个部分的利用如消耗、磨损或老化等应该是同步的。比如,鞋子可以分解为鞋底和鞋帮,在使用中鞋底和鞋帮的磨损程度不一样,一般鞋底容易磨损。为此人们可采取提高鞋底质量或能及时更换鞋底,甚至不妨采用降低鞋帮质量的方式以保证鞋子整体的充分利用。此外,2005 年有一种关于衣服的实用新型专利已问世,其特点是衣袖、领口可以拆换。这不仅可减少洗衣次数、延长使用寿命,而且可以根据各人审美需求更换不同颜色和款式的领和袖。

由此可见,利用完满创造原理分析现有各类事物的利用情况,可以更大限度地提高一个人的创造性。一个单位所谓经营管理的好坏,实际上是指该单位经营者是否最大限度地利用了所有可被利用的财力、物力和人力资源,尤其是被人忽视的"废物"资源。其实,根据完满创造原理,一般所称的"废物"其实是未被充分利用的"宝贝"——垃圾可以用来发电;饭店倾倒的地沟油可以改做成生物柴油;德国柏林一家飞船制造厂废弃后,有人想方设法将其改造成一个"热带雨林"景观,等等。据有关资料统计:我国现在每年仅废弃的农作物秸秆、林业弃置物即达 10 亿吨,相当于 1 亿吨燃料汽油。如果就其中任何一项进行开发,其产生的能源价值都相当于再造一个大庆。所以,只有最大程度"变废为宝","循环经济"才能得到发展,"节约型社会"才会更快地形成。

由于所有的产品、制度、规划等都不可能是完满无缺的,都需要人们不断地改变、完善和充实,这就为人们提供了长久的创造空间,即创造是永无止境的。

八、群体创造原理

人类早期的发明创造大多是依靠个人智力完成的,直到 19 世纪末人们才开始关注群体创造的威力。比如,爱迪生在 1881 年个人投资建立了爱迪生研究所,其助手最多时达 100 余人。从 19 世纪末到 20 世纪初,像汽车、飞机这类交叉学科创造产物的出现,使人们更加体会到群体在创造中的力量。20 世纪初,著名物理学家卢瑟福领导的剑桥大学卡文迪许实验室就是一个范例,在那里聚集了一大批各有所长的杰出研究者:英国物理学家、中子发现者查德威克、天文学家达尔文和物理学家狄拉克等,那时卡文迪许实验室的成果辉煌,成为全球科学界闻名的研究中心。到 20 世纪中期,人类社会又出现了全科学以及科学与技术总交叉的产物——人造卫星、宇宙飞船、空间实验室及海底居住实验室等。显然,这类发明创造是任何个人都难以胜任的。现代的各种伟大创造已经离不开群体的力量(尤其是具有不同知识和能力结构人员之间协作的群体力量)。比如,20 世纪 70 年代在奥地利建立的国际应用系统分析研究所,就有来自 28 个国家的研究骨干 150 多人。其中,系统分析专家 10人,工程技术专家 15 人,物理学家 14 人,数学家 16 人,计算机专家 15 人,运筹学专家 11人,经济学专家 31 人,社会学专家 12 人,生态环境专家 14 人,生物学专家 15 人。这个群体在探索国际上棘手的环保、人口、能源、生态、城市等问题方面做出了卓越贡献。

随着科学技术的不断进步,个人在发明创造中如果离开了群体,必将会遇到巨大困难,甚至一事无成。美国数学家、控制论的创始人维纳说得好:"由个人完成重大发明的时代已经一去不复返了。"1942 年,美国动用 15 万人搞了个关于研制原子弹的曼哈顿计划,而到 20

世纪 60 年代的阿波罗登月计划,则动用了 42 万科技人员、2 万家公司和 120 所大学。这些高水平的创造发明都是由庞大的知识群体完成的。此外,人与人在一起形成研究群体,彼此间往往会相互影响、相互激励、相互促进,因而经常在一起商讨和研究问题对于创造发明是很有益的。一个人如果与创造性人才经常在一起,那么他自己就会更富有创造性。利用人才"共生效应"以提高自己的创造能力,正是群体创造原理的具体应用。

但是,群体创造原理并不意味着一个研究课题组越大就越好:恰恰相反,研究表明,课题组最好是控制在尽量小的规模上,这样做有利于发挥课题组每个人的才能,人数过多往往会使一些人处于从属和被动地位而降低其创造效率。苏联学者 Б. А. 米宁研究表明,在一定条件下,科研人员增加到原来的 n 倍,其效果仅增加 $\sqrt{n}$ 倍。可见,这里也有一个最佳群体数量和结构的问题。

九、创新原则

通过各种创造技法的实施,人们的头脑中最终就会形成一个新颖的构思(即成果),这时就应该有意识地进行酝酿、判断和改进,为通向最终的发明成果做出努力。为此,下面一些原则在创造发明中必须加以考虑。

(一)遵守科学原理原则

创新必须遵循科学技术原理,不得有违科学发展规律。因为任何违背科学技术原理的创新都是不能获得成功的。比如,近百年来许多才思卓越的人耗费心思,力图发明一种既不消耗任何能量、又可源源不断对外做功的"永动机"。但无论他们的构思如何巧妙,结果都逃不出失败的命运。其原因在于他们的创新违背了"能量守恒"的科学原理。为了使创新活动取得成功,在进行创新构思时,必须做到以下几点:

1. 对发明创造设想进行科学原理相容性检查

创新的设想在转化为成果之前,应该先进行科学原理相容性检查。如果关于某一创新问题的初步设想,与人们已经发现并获实践检查证明的科学原理不相容,则不会获得最后的创新成果。因此与科学原理是否相容,是检查创新设想有无生命力的根本条件。

2. 对发明创新设想进行技术方法可行性检查

任何事物都不能离开现有条件的制约。在设想变为成果时,还必须进行技术方法可行性检查。如果设想所需要的条件超过现有技术方法可行性范围,则在目前该设想还只能是一种空想。

3. 对创新设想进行功能方案合理性检查

任何创新的新设想,在功能上都有所创新或有所增强。但一项设想的功能体系是否合理,关系到该设想是否具有推广应用的价值。因此,必须对其合理性进行检查。

(二)市场评价原则

为什么有的新产品登上商店柜台却渐渐销声匿迹了呢?创新设想要获得最后的成功,必须经受市场的严峻考验。爱迪生曾说:"我不打算发明任何卖不出去的东西,因为不能卖出去的东西都没有达到成功的顶点。能销售出去就证明了它的实用性,而实用性就是成功。"创新设想经受市场考验,实现商品化和市场化要按市场评价的原则来分析。其评价通常是从市场寿命观、市场定位观、市场特色观、市场容量观、市场价格观和市场风险观六个方面入手,考察创新对象的商品化和市场化的发展前景,而最基本的要点则是考察该创新的使用价值是否大于它的销售价格,也就是要看它的性能、价格是否优良。但在现实中,要估计一种新产品的生产成本和销售价格不难,而要估计一种新发明的使用价值和潜在意义则很难。这需要在市场评价时把握评价事物使用性能最基本的几个方面,然后在此基础上做出结论:

(1)解决问题的迫切程度;

(2)功能结构的优化程度;

(3)使用操作的可靠程度;

(4)维修保养的方便程度;

(5)美化生活的美学程度。

（三）相对较优原则

创新不可盲目追求最优、最佳、最美、最先进。创新产物不可能十全十美。在创新过程中,利用创造原理和方法,获得许多创新设想,它们各有千秋,这时就需要人们按相对较优原则,对设想进行判断选择。

1. 从创新技术先进性上进行比较

可从创新设想或成果的技术先进性上进行分析比较,尤其是应将创新设想同解决同样问题的已有技术手段进行比较,看谁领先和超前。

2. 从创新经济合理性上进行比较选择

经济的合理性也是评价、判断一项创新成果的重要因素,所以对各种设想的可能经济情况要进行比较,看谁合理和节省。

3. 从创新整体效果性上进行比较选择

技术和经济应该相互支持、相互促进,它们的协调统一构成事物的整体效果性。任何创新的设想和成果,其使用价值和创新水平主要是通过它的整体效果体现出来的。因此,对它们的整体效果要进行比较,看谁全面和优秀。

（四）机理简单原则

创新只要效果好,机理越简单越好。在现有科学水平和技术条件下,如不限制实现创新方式和手段的复杂性,所付出的代价可能远远超出合理程度,使得创新的设想或结果毫无使用价值。在科技竞争日趋激烈的今天,结构复杂、功能冗余、使用烦琐已成为技术不成熟的标志。因此,在创新的过程中,要始终贯彻机理简单原则。为使创新的设想或结果更符合机理简单的原则,可进行如下检查:

(1)新事物所依据的原理是否重叠,超出应有范围;

(2)新事物所拥有的结构是否复杂,超出应有程度;

(3)新事物所具备的功能是否冗余,超出应有数量。

（五）构思独特原则

我国古代军事家孙子在其名著《孙子兵法·势篇》中指出:"凡战者,以正合,以奇胜。故善出奇者,无穷如天地,不竭如江河。"所谓"出奇",就是"思维超常"和"构思独特"。创新贵在独特,创新也需要独特。在创新活动中,关于创新对象的构思是否独特,可以从以下几个方面来考察:

(1)创新构思的新颖性;

(2)创新构思的开创性;

（3）创新构思的特色性。

（六）不轻易否定,不简单比较原则

不轻易否定,不简单比较原则是指在分析评判各种产品创新方案时应注意避免轻易否定的倾向。在飞机发明之前,科学界曾从"理论"上进行了否定的论证:过去也曾有权威人士断言,无线电波不可能沿着地球曲面传播,无法成为通信手段。显然,这些结论都是错误的,这些不恰当的否定之所以出现是由于人们运用了错误的"理论",而更多的不应该出现的错误否定,是由于人们的主观武断,给某项发明规定了若干用常规思维分析证明无法达到的技术细节的结果。在避免轻易否定倾向的同时,还要注意不要随意在两个事物之间进行简单比较。不同的创新,包括非常相近的创新,原则上不能以简单的方式比较其优势。不同创新不能简单比较的原则,带来了相关技术在市场上的优势互补,形成了共存共荣的局面。创新的广泛性和普遍性都源于创新具有的相容性。如市场上常见的钢笔、铅笔就互不排斥,即使都是铅笔,也有普通木质的铅笔和金属或塑料杆的自动铅笔之分,它们之间也不存在排斥的问题。总之,我们应在尽量避免盲目地、过高地估计自己的设想的同时,也要注意珍惜别人的创意和构想。简单的否定与批评是容易的,难得的却是闪烁着希望的创新构想。

第三节　创造发明技法

人们最终欣赏的总是创造成果。如前所述,创造成果的取得与一个人的创造性密切相关,而主动利用各类创造原理来指导创造技法的实施,则又是创造性表现的重要内容。然而,如果按照行为创造学中关于创造技法的标准,即一个完善的创造技法必须具有理论性、可思维性、可操作性和排他性,那么现有的同时符合这四条标准的技法就很少了。为此,本书介绍一些尽可能符合上述标准的常见的创造技法,这些创造技法因所包含的创造原理较明显而在实践中容易使用从而有其成功的一面,但也存在若干不够完善之处,因此人们应以创造的态度来对待和学习这些创造技法。

一、智力激励法

智力激励法的原文是 Brain Storming(简称 BS 法),即头脑风暴之意,故也有人译作"头脑风暴法"或"智暴法"。它是由创造学的奠基人、美国学者奥斯本于 1939 年创立的。该方法最初只用于广告的创造设计,后来很快又在技术革新、管理程序以及对社会问题的处理、预测、规划等许多领域得到了广泛应用。智力激励法是能够提出许多创造性设想的有效方法。日本松下公司能在一年内获得 170 万条创造性设想,就是运用了智力激励法。智力激励法的做法大致可分为准备和召开小型会议两步。

（一）准备

因为智力激励法是以召开小型专题讨论会的方式进行的,因此在会前应先确定好所要攻克的目标,并将其事先通知与会者。如果要解决的问题涉及面太广、包含的因素太多,则宜先行分解,把大问题分解为若干小问题,然后逐个对每一小问题分别采用智力激励法。

目标确立以后,还要物色好会议的主持人。对于主持人,除要求他必须熟悉该技法以外,还要求他能够在具体情境中适当启发和引导与会者,并能与其共同、平等地分析和对待问题。

(二)召开小型会议

小型会议的与会者以 5 ~ 10 人为宜,人多了很难使与会者充分发表意见。如果一定需要更多的人参加,则可分别开几个会。会议除主持人外,可另设 1 ~ 2 名记录员(现在可使用录音或摄像技术)。选择与会成员时,应适当考虑其专业知识结构,除保证大多数人熟悉该问题或熟悉与该问题有关的问题以外,还可适当吸取相近专业人员乃至外行参加。这样做,既能保证所提设想的深度,又利于突破专业习惯思路的束缚,可得到独创性较高的设想。

会议时间为半小时到 1 小时。由主持人宣布议题后,即可启发、鼓励大家提出设想。会议进行一般应遵守下列原则:

1. 会议气氛自由奔放——解放思想是会议的精髓

会议提倡随便思考、自由畅谈、任意想象、尽量发挥、互相激励。想法越新奇越好,因为有时看上去很"荒唐"的设想却可能很有价值。所以,与会者要善于从多种角度甚至反常角度考虑问题,要暂时抛开头脑中已有的各种准则规定、条条框框,甚至还可故意做一些违背传统逻辑和一般常识的大胆思考。

2. 严禁批判

在会议上对别人提出的任何想法,都不能批评、不得阻拦。即使自己认为是幼稚的、错误的甚至荒诞离奇的设想,也不宜予以驳斥,同时也不允许自我批判。要真正做到这一点,就要确实在心理上调动每一个与会者的积极性,就要彻底防止出现一些"扼杀语句"和"自我扼杀语句",诸如:"这根本行不通!""你的想法太陈旧了!""道理上也许行,但实际上行吗?""这是不可能的!""这不符合××定律!""我提一个不成熟的看法!""我有一个不一定行得通的想法!"等词句,都不允许在会议上出现。只有这样做,才能保证与会者在充分放松的心境下、在别人所提设想的激励下,集中全部精力、开动脑筋,充分地拓展思路以形成新颖的设想。还应指出,在智力激励法的会议上,也不宜进行肯定判断,如"×××的设想简直棒极了!"等,因为这种恭维的话有时反而会使其他与会者产生一种被冷落感,从而妨碍其创造性的发挥,同时这样做也容易使人产生一种"业已找到圆满答案而不值得再深思下去"的感觉。

3. 以谋求设想数量为主

在智力激励法的实施会议上,鼓励和强调与会者提设想,越多越好,会议以谋取设想数量为主要目标。很多事实表明,高质量的设想往往在后期产生,而且在同一期限内一个能比别人多提出两倍设想的人,其中有实用价值的设想最终可能比别人要高 10 倍。可见,只有设想数量多了,其中好的设想才会更多。

4. 善于用别人的想法开拓自己的思路

召开智力激励法小型会议的主旨是创设一种与会者相互激励的情境,与会者在这种氛围中善于向别人学习、接受启迪,正是"激励"之关键所在。每个与会者均以他人设想激励自己,或补充他人的设想,或将他人的若干设想加以综合后提出自己新的设想等。总之,要充分利用别人的设想诱发自己的创造性思维,使所有的与会者均可相互诱导、相互启发、相互激励,从而促使提出的设想数量在有限的会议时间内尽量增加。

为了保证上述原则的实施,一般还应对智力激励法会议做一些组织上的规定。比如,与会者不论职位高低、不论权威新手、不论资历深浅、不论内行外行等,都应一律平等相待;记录员必须对所有设想都进行记录,不允许有所选择和倾向;一般不允许与会者私下交谈,以免干扰他人的思维活动,等等。

智力激励法会议"严禁批判"的做法只是暂时的。会议结束后,人们总是要对众多设想进行评议、分类和选择,并从中找出最有可能实施的设想。但是,在会议进行之中则必须"严禁批判",只有这样做,才能使人们充分发挥想象力,排除各种因素的干扰,以获得"心理安全"和"心理自由",这样不必担心会被人讥讽为疯子、狂人而框住自己的思路。例如,有一次用智力激励法讨论如何改进饭碗时,很多人都提出了设想。后来,一位平时不干家务的人在他人激励下终于也提出了一种"最好能生产一种不用清洗的碗以免除家务劳动"的设想。后来经过筛选,发现这种"不用清洗"的碗也是一种社会需要,如在缺水地区、旅游途中、野外勘测等环境中就很有意义。通过研究,一种用多层纸压成、每次吃完饭只需撕去一层的"不用洗的碗"便问世了。

智力激励法是一种有助于集思广益的集体思考方法。当一个人独自思考一件事或一个问题时,其思路常被限制在一定范围内而受阻,如果有几个人同时对问题进行思考,各人都以自己的知识经验从各自不同角度认识同一问题,就会有利于互相激励、引出联想,从而产生共振和连锁反应,诱发出更多的设想。该创造技法问世以后,应用比较广泛。有资料表明,美国麻省理工学院为提高工业设计专业学生的创造能力,曾专门开设了智力激励法课程。日本一些大企业也纷纷通过举办训练班大力推广和应用该技法。我国一些工厂运用该技法以后,也收到了若干效果。

在智力激励法的基础上,人们又根据具体情况对其形式做了多种多样的发展,其中最常见的是默写式智力激励法。默写式智力激励法,又称"635"法,是德国人针对其民族习惯与沉思的性格而发展起来的。按照这一方法,每次会议有6人参加,每人首先备有一张卡片,会议要求每人于5分钟内在各自的卡片上写出自己的3个设想(故名"635"法),然后将卡片传给自己的右邻。每人接到左邻的卡片后,在第二个5分钟内参考别人所写的设想后再在其下写出3个设想,然后再次把自己填写的卡片传给右邻……如此多次传递,共传6次,半小时即进行完毕,理论上可产生108个设想。

不论是智力激励法还是其派生出的"635"法,由于在时间安排上均做了限制,可使人在紧张的气氛中处于高度兴奋状态,通过相互激励而扩大、增多创造性设想,因而它是一个重要的也是基本的创造技法。

然而,现在创造学界也有一些人认为智力激励法尚存在不少局限之处。比如,有学者认为,智力激励法对于一些具体的、窄而专的科技问题基本无效,因为在运用该技法时非专家对于这些领域了解太少,所以无法提出什么"设想"来,如非电子学专业的专家就不太可能提出有关可控硅快速放大问题的设想。因此有人认为,智力激励法应当主要用于开发新产品、扩大产品用途和改进广告设计等方面。

从行为创造学角度分析,智力激励法由于以产生众多创造性设想为目的,因而应归入创造性思维方法,而不宜放入创造技法之中。创造技法所产生的结果叫作方案,方案是在设想筛选之后而产生的,因此设想并不等于方案。创造性思维的方法与创造技法是属于不同范畴的两个概念。

二、设问法

设问法,就是通过有关提问的形式去发现事物的症结所在,继而进行发明创造的一类技法。设问法的种类较多,最有代表性的就是奥斯本的"检核表法"。

"检核表法",是针对创造的目标(或需要发明的对象)从多方面用一览表形式列出一系列思考问题,然后逐个加以讨论、分析和判断,从而获得解决问题的方案或设想。一般所说的奥斯本的"检核表法",多是从以下 9 个方面的提问进行检核的:

1. 现有发明成果有无其他更多的用途? 或稍加改变后有无别的用途?

奥斯本认为,创造有两种类型:一种是先确定目标,然后对准目标去寻找方法;另一种是首先发现一种事实,然后想象该事实会有什么作用,即从方法着手引向目的。这一条检核内容是符合后一种创造类型的。比如,电熨斗还有什么用途呢? 人们可以想象它的尽可能多的用途,后来有人发现可以用它烙饼,于是将外形稍加改变就发明了一种新的烙饼器。此外,有人把理发用的电吹风用于烘干被褥,从而发明了一种新型的被褥烘干机。可见,找到一个老事物的新用途,实在不亚于发明一个新产品。

总之,这一设问要求人们对现有物品的固定功能进行怀疑或遐想,只要破除"功能固定"论,就有可能产生新的创造。

2. 过去有无类似的东西? 有什么东西可供模仿? 能否在现有发明中引入其他创造性设想?

这个提问有助于使某一发明向广度和深度发展,以形成系列发明产品。如从普通火柴到磁性火柴、保险火柴等,都是引入了其他领域的发明才形成的袖珍取火手段的系列产品。泌尿科医生引入微爆破技术消除肾结石,也是借用了其他领域的发明。山西一位建筑工人借用能够烧穿钢板的电弧机烧穿水泥板,打洞又快又好,后经改进终于发明了水泥电弧切割机。

3. 现有发明能否改变形状、颜色、声音、味道或制造方法?

从这些方面提出问题,往往会产生意想不到的发明创造。例如,将蜡烛的形状变为球形,放在玻璃杯中点火非常好看;将音箱做成 12 面体足球形状一问世就很受欢迎;2004 年南京一农民开发出方形、心形等特殊形状的西瓜,价格提高了 2~4 倍;一位制镜商将平面镜的形状改变成多种曲面,制成了哈哈镜;最近在英国又出现了蓝色茄子、黑色土豆、红色香蕉等蔬菜水果,虽然仅仅是颜色的改变,也都产生了创造发明效应从而受到消费者青睐。

4. 现有东西能否扩大使用范围、增加功能、延长寿命? 能否添加部件、增加长度和提高强度?

奥斯本指出,在自我发问的技巧中,研究"再多些"和"再少些"这类有关联的成分,可诱发大量构思和设想。比如,在牙膏中掺入某些药物,可使牙膏增加治疗口腔疾病的功效;上海近来出现的公交"巨无霸"客车身长 18 m,可载客 180 人;河南有人在碗上增加自动播放器,发明的"叮当唱歌碗"亦深受孩子欢迎。

5. 能否将现有的东西缩小体积、减少质量? 能否省略一些部件? 能否进一步细分?

目前,许多产品都出现了由大变小、由重变轻的趋势,其结构也在不减少功能的基础上力求简化,出现了许多小型、微型机器。

如袖珍收录机、微型计算机、折叠伞等,都是以缩小体积为目标进行发明的产物;有的造纸厂把大捆的手纸改为小包装,有些药店尝试把药品拆零出售,这些"缩小"也打开了产品销路;用微型吸尘器做成的黑板擦也是一种缩小创造。1992 年 10 月 18 日,著名小提琴家史兹克斯在维也纳公开演奏并引起轰动的、由瑞士提琴制造家史奈得精心制作的袖珍小提琴,其长度只有 3.3 cm;我国王军制作的二胡也只有 4.7 cm 长,为世界上最小的二胡。随着纳米技术的发展,超小型产品亦成为创造的重要方向,我国有关人员研制出的纳米电缆,其直径只有头发丝的 4%。

6. 能否用其他产品、材料或生产工艺、加工方法替代原有的产品或发明?

当前世界上某些资源相当紧缺或是其成本昂贵而不易得到,于是人们不得不寻找其他的代用品,这也是一种创造发明。如人造大理石、人造丝等都是很好的例子;此外,还有用汽车中的液压传动代替齿轮、用充氩气办法代替电灯泡中抽真空等。通过取代和替换途径,可为想象提供广阔的探索领域。

7. 能否将现有的发明更换一下型号或更换一下顺序?

重新安排、更换位置通常也会带来许多创造性设想。例如,飞机诞生的初期,螺旋桨均装在头部,后来装到了顶部遂发明了直升机;原来的汽车喇叭按钮多装在方向盘的轴心上,每次按喇叭总要把手向上移动到轴心处,既不方便又容易失手肇事,后来有人把喇叭按钮改装在方向盘的下半圆周上,只要手指轻按一下该半圆上的任何一处,喇叭就响起来;另外,工作时间上的重新调整、城镇建设的合理布局等也都有可能导致更好的创新结果。

8. 能否将现有的产品、发明或工艺方法颠倒一下?

上下颠倒、内外颠倒、正反颠倒等都可能产生新的效果。例如,大炮一般都是向上发射的,反过来发射行不行呢? 苏联发明的“大炮打桩机”,就是用 165 mm 口径的大炮向地下发射“炮弹”(即钢桩),每炮可入地 2.5 m,极大地提高了打桩的工作效率。

9. 可否将几种发明或产品组合在一起?

组合通常被认为是创造的动力源泉。如将几种部件组合在一起变成组合机床,把几种金属组合在一起变成性能不同的合金,把几种材料组合成复合材料等。

使用奥斯本检核表法解决一个技术问题,通常可从几个提问中同时受到启发,经过综合后往往可形成最佳方案。

一般创造学认为,奥斯本的检核表法几乎适用于所有类型和场合的创造活动,因此享有“创造技法之母”的盛名。正因为它是“母”,奥斯本的检核表法就不宜再屈称为创造技法而应该上升到创造原理高度,从它所包含的 9 个方面内容考察,其中大多数均属于创造原理范畴,并且都可以归入前一节所讲到的有关创造原理之中。正因为如此,有人才根据奥斯本检核表创造技法的原理,结合一些具体情况制定了各种各样的“检核表”,如美国通用汽车公司就编制出了该公司自己使用的“检核表”。

三、联想组合法

联想组合法的思维基础是联想思维,它所依据的原理主要是组合创造原理。联想组合法又可简称为组合法。即使是一个最简单的组合创造,如铅笔和橡皮的组合,最初也是离不开两者之间的(相近)联想的。

联想组合可划分为自由联想组合和强制联想组合两大类。由于发明创造大多是针对某一目标、为解决某一问题而进行的创造活动,因而与此相关的强制联想组合在一般发明创造中显得更为重要。为此,本书只介绍强制联想组合法。强制联想组合发明法大致有如下几种具体方法。

（一）查阅产品样本法

查阅产品样本法，是将两个或两个以上的、一般情况下被认为彼此并无关联的产品（或想法）强行联系组合在一起从而产生新颖性方案的方法。

按照查阅产品样本法，人们可以翻阅某厂家的产品目录或其他印刷品，随意地将某些项目、某些产品或某些题目逐一挑选出来，并用同样的方法将另一产品目录或印刷品中的某些项目、产品或题目逐个挑选出来，再依次将二者分别进行一一对应的强行组合，以产生出独创性的结果。这时，由于思维随着两件事物的"联系"而产生，跳跃比较大，因此容易克服经验的束缚而启发人的灵感。比如，深受用户欢迎的保温杯就是将暖水瓶的保温胆与杯子强制联想组合而设计成功的。

在进行强制联想组合时，思想一定要解放，对于强制组合法的"新产品"要从创造性角度认真加以分析，不能被表面看来"不可能组合在一起"的框框所限制。比如，酒和西瓜看上去并无什么关联，它们的组合初看似乎也是不可能的，但若进行强制组合再仔细思考就可能有所突破，美国一园艺师从这一联想组合出发，就培养出了香味可口的酒味西瓜。为了通过强制联想组合而寻找新的创造目标，加拿大发明家曾将印有几百个产品、项目、题目的小塑料条装进一个特制的容器内，按一下旋钮后容器中的字条被搅拌起来，停下时容器的小窗口上可显示出四五个小条上的字。将这些随机出现在小条上的内容进行强制联想组合，也许就会产生一些新的创造念头。

（二）二元坐标组合法

二元坐标组合法也是一种强制联想组合发明法。它与查阅产品样本法的不同之处在于应将要组合的对象先列成坐标体系，然后再进行一一对应的强制组合，因而具有系统性和不遗漏性。使用二元坐标组合法的具体步骤如下（以对日历的创造为例）：

第一步，列出有关创造发明目标的元素，如对"日历"这个对象进行进一步创造发明。

第二步，任意列出联想组合的元素，其范围可以尽量宽一些。比如，可列出玻璃、扇、气、梯、滑行、日历、清凉、照明、瓶、手摇、管、车、纸、流动、座、三角、笔筒、杯 18 个组合元素，其中日历是要发明的目标元素，其他都是任意所列元素且词性不加限定。

第三步，把上述 18 个元素分为相等的两部分，分别排成纵、横行列，然后用组合线强制沟通所有的元素并编制成组合图形，如图 3 - 12 所示。

第四步，进行联想组合和判断，并将判断的结果按图示标记符号标记在图的组合交点处。在结果判断时，要互换两元素的位置，例如，"车"和"手摇"能构成"手摇车"和"车手摇"，后者是无意义的结果，而前者则是已有的发明。

第五步，从图中找出有意义的结果。比如，在本例中有意义的结果是照明日历（带光源的日历或夜光日历）、日历扇、日历管、三角日历等（其中的三角日历近来已被申请了中国专利）。此外，这种方法还能产生大量与目标元素不太相关的其他发明创造的构思，如三角笔筒、玻璃座、纸瓶、照明车等。

第六步，对有意义的结果进行可行性分析。

由于不同的人列出的联想组合元素可能不会相同，如果把若干人所编的这种图表依次互换、取长补短，就可以利用群体创造原理而发挥集体智慧，这种方法又叫作集体应用二元坐标组合法。

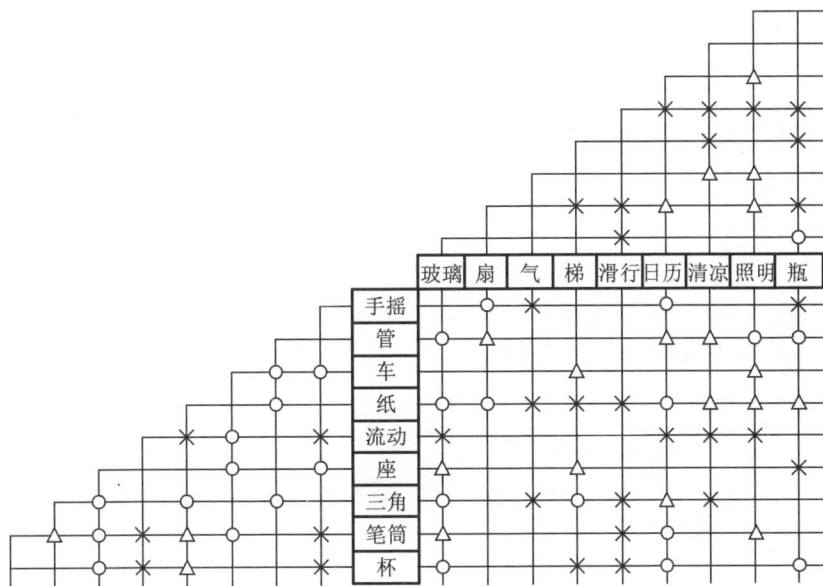

图例：×——无意义；○——已有；△——有意义；空白——暂不能确定

图 3 - 12　二元坐标组合法图解

（三）焦点组合法

焦点组合法过去叫焦点联想法，是联想组合法中最突出的一种创造技法。查阅产品样本法所选择出来的创造目标是随意的、无定向的，而人们的发明创造目标大多都是预先确定的，比如，要发明一种新型的打火机，就不能随便地翻阅毫不相关的样品目录。

二元坐标组合法虽然包含创造目标的因素在内，但产生的结果对于创造目标来说仍不够集中，大量结果虽然可能富有创意，却与已有的目标并不相关。因此，对于创造目标不太明确、不太专一的创造发明而言，前两种方法是很有作用的，而对于已有明确而专一创造目标的发明创造来说，焦点组合法则显得更为优越。

在焦点组合法中，组合的一方是可任意联想的，而组合的另一方则是预先指定的欲创造对象，即所谓的"焦点"。焦点组合法要求创造者紧紧围绕"焦点"进行强制联想，因此该技法自始至终都紧扣创造的主题。现以生产椅子为例介绍运用焦点组合法的步骤。

第一步，确定焦点物（即创造发明的具体目标），如要发明新型椅子，则以椅子作为强制联想的"焦点"。

第二步，另外任选一个物品作为参照物进行联想，联想时该参照物可起一个触发物的作用，例如，可以选取"灯泡"。

第三步，用发散性思维分析灯泡并将其结果分别与椅子进行强制联想组合。例如：玻璃灯泡——玻璃做的椅子；球形灯泡——球形椅子；螺口灯泡——螺旋式插入转椅；电灯泡——电动椅；遥控灯——遥控椅；透明的灯泡——透明质料的座椅；发光的灯泡——椅背上带灯可供看书的椅子等。

第四步，对于上一步思维发散的结果再次进行联想发散，并将结果再次与椅子进行强制组合。例如，以选取最后一个"发光"设想为例，其联想之一为：发光——亮——白天——云彩：云彩一样色彩美丽的椅子；云彩之形——云形的椅子；云彩会变色——变色的椅子；

浮云——坐上后有悬浮感的椅子等。又如,从第二个"球形"进行联想,则有:球形——圆形——辐射对称———花:像花一样的椅子;花有玫瑰花、百合花——类似于玫瑰花、百合花的玫瑰椅、百合椅;花有茎和叶——把椅腿设计成类似花的茎部和叶部形状;花有香味———能散发香味的椅子等。

第五步,从上述众多方案中选出有商业价值的设想予以试制。焦点组合法的另一种演变形式是成对特性列举法。它与焦点组合法的区别是,在对任选触发物进行发散性思维的分析以后,还要对焦点物进行发散性分解,然后再把每一个发散性的结果依次与触发物的发散性结果按二元坐标法进行强制联想组合,最后选择出目标方案。图 3 – 13 是以香蕉为触发物、以钢笔为焦点物(发明物)进行的成对特性列举法图解。

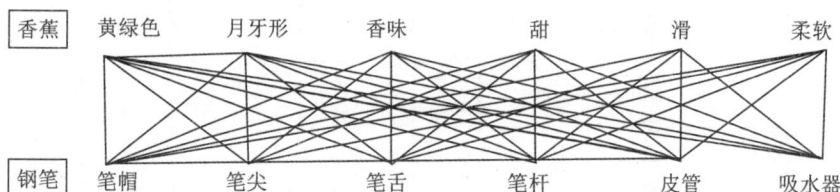

图 3 – 13　成对特性列举法图解

从上图人们可得到诸如月牙形(香蕉形)笔杆、香味笔杆、柔软笔帽、香蕉形笔尖等许多种可能的发明目标。

联想组合创造技法依托于创造性思维的联想思维形式,但它并不停留在思维的结果——设想上,而是进了一步,即对设想做出初步判断,所以它应该是一种创造技法而并不只是简单的一种思维方法。

案 例

旅游擦镜布

日本某眼镜公司的擦镜布滞销,他们考虑到密如蛛网的地铁交通路线,于是将经折叠极易损坏的纸地图加到擦镜布上。这样一来,擦镜布功能倍增,既能擦镜片,又能当交通地图用,又是乘地铁的纪念品。后来,又将各个旅游景点的导游图也印上擦镜布。结果,千姿百态的旅游擦镜布转入旺销且经久不衰。

组合鞋店

鞋帮、鞋底、鞋跟都分着卖,顾客可以随便购买任何一种鞋零件,店员当场按照顾客的意愿制作完成富有个性的鞋。这是上海一位年轻商人,为了吸引消费者所开的一家"组合式鞋店"。货架上陈列着 16 种鞋跟、18 种鞋底,鞋面的颜色以黑、白为主,搭配的颜色有八十多种,款式有一百余种。顾客可以自己挑选最喜欢的各个部分,然后交给鞋店聘用的专业师傅进行组合。前店后坊,只需要等几十分钟,一双称心如意、独一无二的新鞋便可以到手,此举引来络绎不绝的顾客。

四、类比法

类比法，是指用待发明的创造对象与某一具有共同属性的已知事物进行对照类比，以便从中获得启示而进行创造发明。它所依据的是移植创造原理。比如，德国物理学家欧姆（G. S. Ohm）在研究电流流动时，将电与热进行类比，把通过导体的电势比作温度、把电流总量比作一定热量，运用傅里叶热传导理论的基本思想再引入电阻概念进行研究，终于在世界上首先提出了著名的欧姆定律。

由此可见，类比发明法需要借助于原有的知识，但又不能受原有知识的过分束缚。这一方法要求人们通过创造性联想思维把两个不同的事物联系起来，把陌生的对象与熟悉的对象联系起来，把未知的东西与已知的东西联系起来，异中求同、同中求异，从而设想出新的事物。由于世界上所有事物之间都存在着某种程度上的相似性，因而类比方法不仅可用于同类事物之间，也可用于不同发展阶段的不同事物之间。所以说，世界上一切事物之间都存在应用类比方法的可能性。

类比发明法的实施大致有以下三个步骤：

第一步，选择类比对象。类比对象的选择应以发明创造目标为中心。可以先分析所创造的目标物应该具有什么样的属性特别是关键性属性，然后再以此为线索去寻找有关的类比对象；亦可先粗略分析已知事物的属性，看其中有哪些属性与所创造的目标物相似，从而择定其为类比的对象。但无论怎样，类比对象都应该是创造者所熟悉的事物。这一步中，联想思维特别是相似联想思维很重要，要善于应用联想把表面上毫不相关的事物联系起来。

第二步，将两者进行分析、比较，从中找出关键性共同属性。

第三步，在第一、二步基础上进行类比联想、推理、并得出结论。

古埃及人曾经用不断转动的链条运送水桶以灌溉农田，1783年英国人埃文斯运用类比法将该方法用于磨坊以传送谷粒。这一类比发明成果虽然十分简单，但是在长达几千年的时间里却一直没被人发现。加拿大人通过与机关枪的类比，发明了能连续扫射播种树种的"种树枪"（其子弹由塑料制成，内装树的种子和肥土）。

类比发明法来自移植创造原理。类比发明法是在两个特定的事物之间进行的，它既不同于从特殊到一般的归纳方法，也不同于从一般到特殊的演绎方法。根据类比的对象和方式，类比法还可以进一步区分为拟人类比、直接类比、反向类比、象征类比、因果类比、对称类比、综合类比等。类比法的例子如图3-14、3-15、3-16所示。

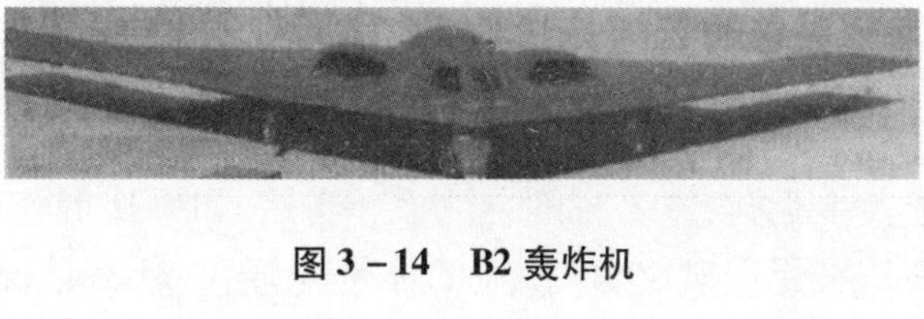

图3-14　B2轰炸机

图3-15　国家体育场

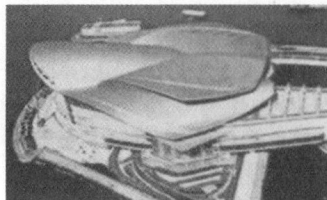

图3-16　香港会展中心

五、列举法

列举法,是以列举的方式把问题展开,用强制性的分析寻找创造发明的目标和途径。列举法的主要作用是帮助人们克服感知不足和因思想被束缚而引起的障碍,迫使人们带着一种新奇感将事物的细节统统列举出来,迫使人们时时处处去想某一熟悉事物的各种缺陷,迫使人们尽量想到所要达到的具体目的和指标。这样做,比较容易捕捉到所需要的目标,从而进行发明创造。

(一)属性列举法

属性列举法,一般称为特性列举法,是由美国创造学家克劳福德研究总结出来的一种创造技法。运用该技法时先要对创造发明对象的主要属性进行详细分析(即将属性逐一列出),之后再探讨能否进行改革或创造。一般说来,要着手解决或革新的问题越小越容易获得成功。

运用克劳福德属性列举法的一般步骤如下:

第一步,选择一个比较明确的创造发明对象,其对象宜小不宜大,如果较大则应将其分解成若干小一些的对象。对象选定以后,首先要列举出发明或创造对象的属性,一般包括三个方面。名词属性:性质、材料、整体、部分、制造方法等;形容词属性:颜色、形状、大小等;动词属性:有关机能和作用的性质,特别是那些使事物具有存在意义的功能。例如,要改革一只烧水用的水壶,人们可按照属性列举法将水壶的属性分别列出:

名词属性——整体:水壶;部分:壶嘴、壶柄、壶盖、壶身、壶底。

形容词属性——颜色:黄色、白色、灰色;体重:轻、重;形状:方、圆、椭圆;大小:高低等;气孔;材料:铝、铁皮、铜皮、搪瓷等;制造方法:冲压、焊接。

动词属性——装水、烧水、倒水、保温等。

第二步,从各个属性出发,通过提问诱发出用于革新的新方案。比如,通过名词属性可提出:壶嘴是否太长?壶柄能否改用塑胶?壶盖能否用冲压法以免焊接的麻烦?怎样使焊接处更牢固?除上述材料以外是否还有更廉价的材料?水开后冒出的蒸汽烫手,气孔能否移到别处?有一种鸣笛壶就是通过这一思路改革成功的,这种壶的气孔改设在壶嘴,水烧开后会自动鸣笛,而壶盖上无孔,提壶时不会烫手。当然,如果从形容词属性上下功夫也可能有所创新,如怎样使造型更美观,怎样使壶的体重变轻,在什么情况下、多大型号的壶烧水最合适等。如果在动词属性上多想主意,如怎样倒水更方便,怎样烧水节省能源等,同样也可产生受市场欢迎的新产品方案。

（二）缺点列举法

这是一般创造学中使用最广的创造技法。

人们常常有一种惰性，对于看惯、用惯了的东西往往很难发现其缺点，也很少主动找它的缺点，因而无形中便"凑合""将就"着维持现状，甚至用"理所当然""本该如此"等观点对待它，从而使人安于现状、丧失了创造欲望和机会。缺点列举法，是指积极地寻找并抓住、有时甚至需要去挖掘（因为有许多缺点是极不明显的）各种事物的不方便、不得劲、不美观、不实用、不省料、不轻巧、不便宜、不安全、不省力等各种缺点、问题或不足之处，从而确定创造发明目标的一种创造技法。

运用缺点列举法没有严格程序，一般可按下列步骤进行：

第一步，确定某一改革、革新的对象。

第二步，尽量列举这一对象事物的缺点和不足（可用智力激励法，也可进行广泛的调查研究、对比分析或征求意见）。

第三步，将众多的缺点加以归类整理。

第四步，针对每一缺点进行分析、改进，或采用缺点逆用法发明出新的产品。

例如，对一双普通的长筒雨靴，可以列出如下一些缺点：

材料方面：鞋面弯折处易开裂，鞋后跟易磨损……

外观方面：颜色单调，式样千篇一律……

功能方面：春寒有雨时穿上冻脚，夏天有雨时穿上闷脚，潮气重容易患脚气，走路不跟脚、袜子容易掉下来……

只要针对上述某一缺点着手进行改进，就可能创造出更好的新产品。比如，日本有一个叫荒井的人，针对雨靴"夏天穿闷脚、易患脚气"这一缺点在制造方法上加以改进，制成了前后有透气孔的雨靴；还有一个叫野口文雄的人，针对雨靴"脚后跟容易磨损"这一缺点研究出了一种浇模时在脚后跟部位埋进一种鞋钉的新式雨靴，大大提高了雨靴耐磨损性能。现在市场上的各种颜色的雨靴，即是克服"颜色单调"这一缺点后的创新产品。

缺点列举法简单易行且容易收到效果，很受大中小学生和工厂企业生产一线工作人员的欢迎。据了解，我国在工厂企业中普及创造学最容易出成果的创造技法就是缺点列举法。

行为创造学认为，缺点列举法的操作步骤并不很明确，从某种意义上讲人们表面上使用的是缺点列举法，而实际运用的却是完满创造原理。正如下面要介绍的缺点逆用法一样，缺点逆用法实际上只是同时运用了完满创造原理和逆反创造原理而已。

所谓缺点逆用法，就是针对对象事物中已经发现的缺点不是采用改掉缺点的做法，而是从反面考虑如何利用这些缺点从而做到"变害为利"。例如，日本某纤维公司有一次织错了布，布上的绒毛单向倾斜，因而布卖不出去。这时，有人提出："布的绒毛只向一方倾斜，如果用它来做成刷子不是能刷去衣服上的灰尘吗？"该公司马上派人将其装到刷子把上进行试验，效果很好，连衣服纹理深处的灰尘都能刷净。于是，公司将其定名为"礼节刷子"投入市场，很快便成了畅销品（如图3－17（a））。后来购买这种"礼节刷子"的人又针对其缺点做了改进：只能单方向使用很不方便，如果能使刷子面旋转、改变一下方向就更好了，于是制成了反方向也能用的刷子，它在市场上同样也很畅销（图3－17（b））。之后，又有人再次运用缺点列举法指出：一次一次地旋转太费事。于是把刷子做成了"V"字形，分别在两面装上绒毛方向相反的布，不仅可不必费事旋转而且可降低成本，这种刷子又是一举成功、颇受顾客的青睐(图3－17(c))。

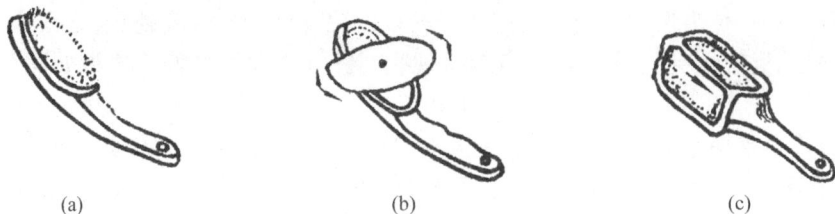

图3－17　各种礼节刷子示意图

又如,我国某陶瓷厂因配方下料有误而使其生产的一批陶瓷产品表面釉彩裂开,尽管该产品本身质量并不差,但仍难以销售。这时有人献计道:这些开裂的釉彩看上去形若蟹爪、竹叶、波纹或天上的浮云,各有气势、变化万千,能否作为专门的工艺品投放市场呢? 结果,不但产品销售十分兴旺,而且无意中还开发出了名为"裂纹釉"的新产品。

(三)希望点列举法

缺点列举法可以直接从社会需要的功能、审美、经济、实用等角度出发研究对象的缺点,提出切实有效的改进方案,因而简便易行,常会取得很好的效果。然而,缺点列举法大多是围绕原来事物的缺陷加以改进,通常不触动原来事物的本质和总体,因而它属于被动型创造方法,一般只适用于对老产品的改造或用于不成熟的新设想、新发明,从而使其趋于完善。希望点列举法,则是通过列举希望新的事物具有的属性以寻找新的发明目标的一种创造方法。由于希望点列举法是从人们的意愿出发提出各种希望设想,所以很少或完全不受已有物品的束缚,这便为人们使用该方法提供了广阔的创造思维空间。

希望点列举法的实施步骤是:激发人们的希望(可用智力激励法形成一批希望点)——收集人们的希望——仔细研究人们的希望——创造新产品以满足人们的希望。例如,一家制笔公司用希望点列举法产生了一批改革钢笔的希望点:希望钢笔出水顺利;希望绝对不漏墨水;希望一支笔可写出两种以上颜色的字;希望不污染纸面;希望书写流利;希望笔画可粗可细;希望小型化;希望笔尖不开裂;希望不用吸墨水;希望省去笔套;希望落地时不损坏笔尖;等等。这家制笔公司后来从"希望省去笔套"希望点出发,研制出一种像圆珠笔一样可以伸缩的钢笔,省去了笔套,打入了市场。又如,株洲车辆厂某车间学习创造学以后,想利用希望点列举发明法改造出钢水箱,遂召开了希望点列举会议,对新型的水箱总结出如下希望点:不会因骤冷骤热产生裂纹而漏水;能够经受钢水的冲刷而不损坏;寿命要长;维修方便;制造简单易行。之后,车间针对这批希望点寻找资料、进行研究,最终采用整体铸造、钢管埋入的方法制成了新型的电炉出钢口水箱,从而达到了希望的目标。

现在市场上许多新产品都是针对人们的"希望"研制出来的:人们希望把伞放进提包,于是发明了折叠伞;人们希望夜间开门找钥匙方便,于是发明了带电珠的钥匙圈;人们希望洗衣服不需要费力拧干,于是发明了甩干机;人们希望能不费力地将重物搬上楼,于是发明了能爬楼梯的小车;2005年市场上流行一种擦地拖鞋,即在拖鞋底附加一层既松软防滑又能清洁地板的化纤材料,这是为人们希望能轻松一点擦地而发明的产品。

希望人人皆有,但要提出创造性强且又科学可行的希望却不容易。链式传动自行车诞生于 1884 年,其实早在 1495 年达·芬奇就"希望"发明一种靠人力通过链条驱动的自行机械并设计出了有关图纸,然而在当时是无法实现的。这说明,希望总是产生在现实之前的,希望是对现状的不满、冲击和挑战,满足于现状是难以产生希望的。

案例

"拍立得"相机的诞生

美国拍立得公司经理埃德蒙·兰德,有一次给他的爱女拍照,小姑娘不耐烦地问"爸爸,我什么时候才能看到照片?"这句话触动了兰德,引起了他的深思:是啊,为什么照完相需要几个小时甚至几天才能看到照片呢?如果照相机也像电视机等产品一样,通上电,一按开关就能产生效果,那将会进一步扩大市场。兰德决心生产一种一两分钟之内就能看到照片的新型相机。目标确立后,兰德夜以继日地工作,不到半年时间,就研制出了瞬时显像照相机,取名为"拍立得"相机,它能在 60 秒内洗出照片,所以又称"60 秒相机"。这种相机投入市场后,受到了人们的热烈欢迎。使"拍立得"公司的销售额从 1984 年的 150 万美元猛涨到 195 年的 6 500 万美元,10 年中增长 40 多倍。

狮王牌牙刷

日本狮王牙刷公司的职员加藤信三,每天一大清早起床,他感觉睡眠不足,头晕目眩。一刷牙,牙龈就出血,这在以前也曾有过好几次。他想了许多种解决牙龈出血的方法:牙刷改为较柔软的毛;使用前先把牙刷泡在热水里,让它变得柔软一些;多用一些牙膏;慢慢刷牙。但这些方法均不管用。后来,加藤信三又想:牙刷毛的顶端是不是像针一样尖呢?他用放大镜观察一番,发现与他的估计居然相反,毛的顶端是四角形的。

于是,加藤进一步动脑筋了:如果把毛的顶端磨成圆形,那么用起来一定不会再出血了吧。于是,他就把新创意向公司提出来,公司欣然采用。改善后的狮王牌牙刷销路极佳,而且经久不衰。

六、形态分析法

形态分析法由美国科学家兹维基(F. Zwieky)创建。这种方法是先把需要解决的问题分解成若干个彼此独立的因素,然后用网络图解方式进行排列组合,以产生解决问题的系统方案或发明的设想。例如,在设计一种新型包装时,如果只考虑包装材料和形状这两个因素,那么由于每个因素至少有 4 个要素(即至少可有 4 种不同的材料和 4 种不同形状可供选择),采用图解方式进行排列组合后至少可得出 16 种方案(图 3-18);如果再加上一个色彩因素(暂时亦先考虑 4 种色彩要素),那就可得出 64 种不同的组合方案(图 3-19)。

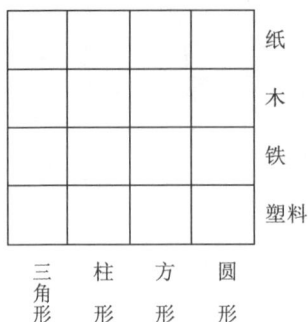

图 3 – 18　16 种组合方案图解　　　　图 3 – 19　64 种组合方案图解

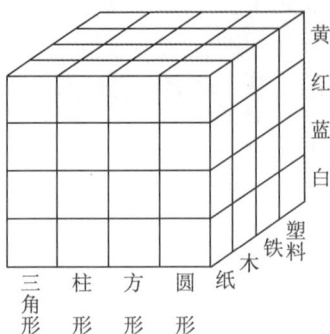

形态分析法采用图解方式可使其在所设立的各个因素内不遗漏地形成所有结果,因而能产生大量的设想,其中包括各种创造性、实用性很强的设想。要做到这一点,需要先在因素选择上下功夫。一般说来,在分析和选择因素时应考虑如下几点:一是各个因素应彼此独立、互相排斥;二是要与创造发明的目标有直接关联;三是要尽可能周全,形态分析法的实施通常有以下五个步骤,下面以开发一种新的运输系统为例加以说明:

第一步,详述需要解决的问题。如需要将物品从某一位置搬运到另一位置,采用何种运输工具为好等。

第二步,针对需要解决的问题列举出独立因素。在该例中,至少可分析得出三个因素:装载形式、输送方式和动力来源。

第三步,运用思维发散性尽可能多地列举出各个独立因素所包含的若干要素和实施途径。例如,装载形式可有车辆式、输送带式、容器式、吊包式等;输送方式可有水、油、空气、轨道、滚轴、滑面、管道等;动力来源可有压缩空气、蒸汽、电动机、电磁力、电瓶、内燃机、原子能等。

第四步,将各个要素组合成多种设计结果。仿照图 3 – 19 所示方法,对于上述要素可获得 320 个组合结果(图 3 – 20)。比如,采用容器装载、轨道运输、压缩空气作动力;采用吊包装载、滑面运输、电磁力作动力;采用容器装载、水运方式、内燃机作动力等。

第五步,根据发明目标,从上述众多结果中选择最佳方案。

运用形态分析法,人们可以避免先入为主的影响,也可以避免单凭头脑思索而挂一漏万之不足。

与形态分析法相类似的另一种创造技法是系统构思法。系统构思法是一种立体的、动态的、系统的创造方法,对新产品的开发有重要作用。下面以"瓷杯"革新为例,简要介绍一下该方法的构思过程。

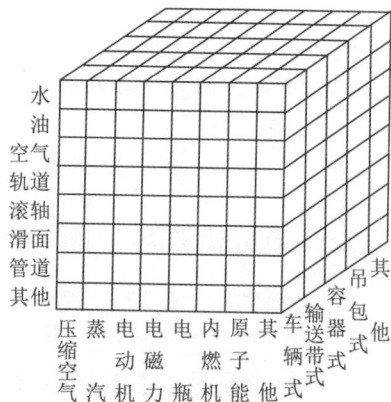

图 3 – 20　320 种组合方案图解

第一,如图 3 – 21 所示,把瓷杯分解为功能、材料、形态结构三因素,并用三维坐标系表示。然后,对每一因素进行分解,将所得诸要素(即信息因子)标注在相应的坐标轴上。

第二,把各坐标轴上的要素再分解为更小的信息因子,如将 x 轴上的杯盖(x_2)细分,可得到图 3-22 所示的信息标。在分解过程中,应当充分发挥思维发散的作用,要特别重视信息因子的深度和广度。

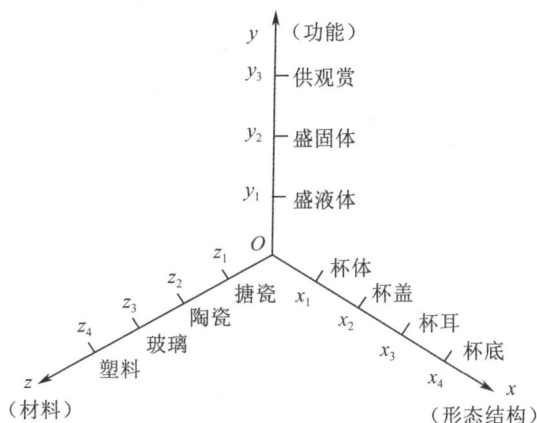

图 3-21　瓷杯的分解图　　　　　　图 3-22　瓷杯杯盖分解图

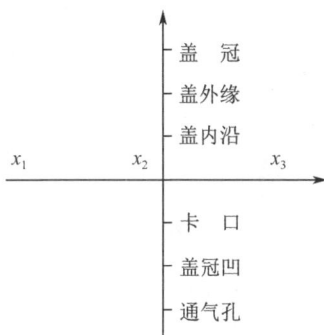

第三,进行"交合"联想。为了进行系统构思,首先可将上述三维坐标空间作为"母本信息场",然后引进多种学科或多种材料信息标作为"父本"进行信息动态交合,从而像"魔球"一样展现出无穷无尽的新构想。例如,引入"温度计"进行信息交合,就可设想在杯上加个温度计,使人随时了解杯中液体的温度。然而,温度计放在什么位置好呢?这时可将温度计与"形态结构"要素进行交合,考虑是放在杯体上还是杯盖上,从而产生多种结构方案。其次,亦可将三维坐标系 x、y、z 轴上的诸要素彼此间分别进行结合,这样也可很快得到多种不同的创造设想。由此可见,系统构思法实际上是一种创造性思维方法而并非严格意义上的创造技法。

七、系统提问法

系统提问法,是一种以系统发问为先导的创造技法,共创立始终遵循人们在认识世界中的"从已知到未知""从旧有到新颖""从已知的具体到抽象的一般、再到未知的具体"等一般认识规律。

系统提问法的具体操作步骤如下:

第一步,仔细观察待创造的物品(产品),并按主要属性做好记录。比如,对于一只现有的(已知的)公文包可做如下观察:棕色,呈长方形,40 cm 长,由人造革制成,包口上有拉链,包的表面印有熊猫图案等。同时,要将这些已知的、具体的属性在一张纸的左侧按顺序记录为一竖列(表 3-1)。

表3-1 系统提问技法前四步操作顺序图解

具体属性(已知)(第一步)	上升的抽象属性(第二步)	抽象属性概念的外延列举(未知)(第三步)	发问(第四步)
①棕色	颜色	红色、蓝色、绿色、黄色、黑色、白色、灰色、橙色……	①对第一列已知具体属性问为什么,如"为什么是棕色?"②对第三列未知具体属性问为什么不,如"为什么不是黑色?"
②长方形	形状	正方形、圆形、半圆形、梯形、三角形、月牙形、扇形、动物形状……	
③40 cm 长	大小	30 cm、25 cm、20 cm、45 cm、50 cm、70 cm、80 cm……	
④人造革	材料	牛皮、猪皮、纸、化纤布、麻布、塑料、玻璃、金属、陶瓷……	
⑤表面印有熊猫	表面图案	动物图案:虎、鸟、鱼……;植物图案:花、草、树……;人物图案:山水风景……	
⋮	⋮	⋮	

　　第二步,脱离原物,把对原物观察到的已知的、具体的属性分别上升到一般的属性,并在同一张纸稍右处相应地排为一竖列对应书写。比如,棕色可上升为"颜色";长方形可上升为"形状";40 cm 长可上升为"大小";人造革可上升为"材料"等。

　　第三步,按照一般属性概念的外延范围列出一系列具体属性(即脱离原来具体事物的未知的具体属性),如"颜色"的外延,可列出红色、蓝色、绿色、黄色、黑色、白色、灰色、橙色等;"形状"的外延,可列出正方形、圆形、半圆形、梯形、三角形、月牙形、扇形、动物形状等;"大小"的外延,可列出 30 cm、25 cm、20 cm、45 cm、50 cm、70 cm、80 cm 等;"材料"的外延,可列出牛皮、猪皮、纸、化纤布、麻布、塑料、玻璃、金属、陶瓷……同时,也要把这些结果写在上面纸的相对应的右侧。

　　第四步,对第一、三列中所写出的每一个具体的已知和未知属性进行发问。发问的模式分别是"为什么是"和"为什么不"。发问的理论根据如下:"肯定"和"否定"之间是矛盾关系,其外延之和穷尽了任何一个属概念的外延。如,"棕色"与"非棕色"外延之和即等于所有的颜色。因而,用"为什么是"和"为什么不"发问,从理论上说可保持其事物的完整性。比如,该文件包为什么是棕色?为什么不能不是棕色?即为什么不能是红色?为什么不能是白色?为什么不能是蓝色等。每发问一句,都要尽量找出理由来回答,这样就可由此引发其中的思维活动,找出一系列的肯定的和否定的属性及其理由,从而不难挑选出自认为最理想或最有意义的属性答案作为创造的目标,并在其下方做一记号,如画一道线。

　　第五步,只是将上一步中有意义的答案挑出,并进行彼此间(排列)组合,从而得出众多的组合方案。比如,上例中就可以有"黄色月牙形 20 cm 长的小型牛皮印花包""黑色梯形 45 cm 长的塑料包"等方案可作为参考的创造目标。

　　系统提问创造技法的实施过程,体现了人们由已知到未知、由特殊到一般再到特殊的认识世界的规律,具有明显的理论性、排他性、可思维性和可操作性,实践效果很好。很多大学生都可在极短时间内按系统提问法提出数十甚至上百个方案,由于每个方案都是经过判断的,所以这些方案完全不同于简单的创造性设想,这样所提出的方案中好的方案当然占的比例很大。由此,该创造技法在高层次人员中很受欢迎。

第 四 章

专 利

案例

灵感之"门",通向缤纷世界——"双轴式推拉门"

　　学生董航在家过大二寒假,在打开冰箱门拿饮料的时候头脑里闪现出一个想法:"这门如果能够左右双开多方便啊!"有了思路后,他琢磨起来,把"双开门"的草图画了又画,心里一直研究这件事,经过多次努力,终于设计出"双轴式推拉门"的图稿,并且申请获得了国家实用新型专利。"双轴式推拉门"这项专利由香港国际评估事务所评估,国内转让价值达两千多万人民币,还获得了第七届香港国际专利发明博览会专利发明金奖。董航因此拿到了香港特别行政区高级工程师证书。连云港亚金集团引进双开门项目,聘用这个"十分有潜力的"大学生当经理,从此,"双轴式推拉门",最后成为一种技术、一项产业,也成就了董航辉煌灿烂的人生!

案例

小发明大作为——一种带卫生护套的筷子

　　大学三年级的温世明发现,人们日常用的筷子,要么是一次性筷子,实在太浪费了;要么就是重复使用的,卫生难以保证。于是,他仔细调查研究发现,给筷子"戴"个帽子是十分可行的,这样筷子不是一次性的了,筷子帽变成一次性的,这样,既减少一次性筷子的浪费,节省大量的木材,又有益于环保,又减少禁止一次性筷子的使用带来的肝炎和各种传染病传染的概率。温世明获得了该项技术的国家专利证书。

　　近年来大学生创造发明专利比比皆是,这些实例中告诉我们:大学生从事发明创造,缺的不是知识,而是运用知识的能力与智慧,只要我们善于在生活中"捕捉小想法",并且努力去"实践小想法",学会观察,勤于实践,努力创造,发明将变成一件很容易的事情。

　　随着科技的进步、社会的发展,我国科技发展迅猛,科技创新成果层出不穷。为了保护科技创新成果,"专利"这个词越来越多地进入人们的视野。专利在推动技术进步,鼓励自主创新中扮演重要的角色。加强专利保护,是激励创新的重要保障。专利是指专利权,是国务院专利行政部门依据《专利法》授予有权提出专利申请的申请人在一定期限内的禁止他人未经允许而实施其专利的权力。专利权不是自动产生的,需要有权申请专利的主体向国家知识产权局专利局提出专利申请,经审查,认为符合《专利法》及《实施细则》规定的才能被授予专利权。专利通常有三个特征:

(1)时间性,专利权只在法定期限内有效,期限届满后专利权不再存在,它所保护的发明创造就成为社会共同的财富;

(2)地域性,专利权只在授权的国家范围内有效,对其他国家没有任何法律约束力;

(3)独占性,也称为排他性,被授予专利的人享有独占权,未经专利权人许可,他人不得实施。

专利的好处众多:专利可以保护技术。将自己的独有的技术申请为专利,广而告之,垄断此项技术,别人未经许可不得使用,即使别人无意中使用了此项技术,也需要支付高额的成本。专利可以提高研发水平,通过专利文件,及时发现之前的专利文献和技术成果,再在前人的基础上进行研发和改进,将会避免做"无用功",研发水平也必会大幅度提高。大学生积极参与创造发明和专利申请的活动,对大学生毕业后就业和创业都将会有极大的帮助,在大学期间经历过发明创造和专利申请的大学生在毕业一段时间后,有些人将会因为自己已经具备创新能力而在就业岗位上得到更快的晋升,或者在创业方面捕捉到更多机会;还有一些人将进入专利申请或专利管理部门或企业工作,在我国知识产权的保护和发展中继续做出贡献。

第一节 发明创造

发明创造是指运用科学知识和科学技术制造出先进、新颖或独特的具有社会意义的事物及方法。人们利用自然界存在的或者隐含的人类未知原理的科学方法,通过探索、研究、发现、表达、记录或信息交流等手段,表述成为口语、书面信息、涂鸦图案或科学技术理论等,或制作成为可以供生存、生活、生产、交流或信息交换的实物产品,都可称之为发明创造。

一、可以授予专利权的发明创造

我国专利法保护的发明创造包括发明、实用新型、外观设计三种。

(一)发明

发明是指对产品、方法或者其改进所提出的新的技术方案。发明必须是一种技术方案,是发明人将自然规律在特定技术领域进行结合的结果,而不是自然规律本身。同时,发明通常是自然科学领域的智力成果。文学、艺术和社会科学领域的成果不能构成专利意义上的发明。发明专利的保护客体是产品、方法、改进产品或方法的技术方案。产品是指生产制造出来的物品。这种产品是自然界所没有的,是人利用自然规律作用于特定事物的结果,例如机器、仪器、装置、零件、材料、组合物、化合物等;也包括不同物品相互配合构成的物品系统,例如地面发射装置、太空卫星、地面接收装置组成的卫星通信系统等。方法指产品制造方法和操作方法。前者如产品制造工艺、加工方法等,后者如测试方法、产品使用方法等。改进产品或者方法的技术方案是对已有的产品发明或方法发明做出实质性的革新的技术方案。在现实中,绝大多数专利申请是对现有产品或者现有方法的局部改进,涉及全新产品或者全新方法的极少。

(二)实用新型

实用新型是指对产品的形状、结构或者其结合所提出的适用与实用的新的技术方案。实用新型专利权的保护客体只能是产品。实用新型专利只保护部分产品发明,而不保护发明方法。产品的形状是指产品所具有、可以从外部观察到的、确定的空间形状。对产品形状所提出的技术方案可以是对产品的三维形态的空间外形所提出的技术方案,也可以是对产品的二维形态所提出的技术方案。无确定形态的产品,如气态、液态、粉末状、颗粒状的物质或材料,其形状不能作为实用新型产品的状态特性。产品的构造是指产品的各个组成部分的安排、组织和相互关系。它可以是机械构造,也可以是线路构造。机械构造是指构成产品的零部件的相对位置关系、连接关系和必要的机械配合关系等;线路构造是指构成产品的元器件之间的确定的连接关系。物质的分子结构、组分、金相结构等不属于实用新型专利给予保护的产品的构造。产品表面的文字、符号、图表或者其结合的新方案,以及产品的形状以及表面的图案、色彩或者其结合的新方案,没有解决技术问题的,亦不属于实用新型专利保护的客体。

(三)外观设计

外观设计又称为工业产品外观设计,是指对产品的形状、图案或者其他结合以及色彩与形状、图案相结合做出的富有美感并实际于工业上应用的新设计。外观设计必须以产品为载体。不能重复生产的手工艺品、农产品、畜产品、自然物不能作为外观设计的载体。形状是指对产品造型的设计,也就是指产品外部的点、线、面的移动、变化、组合而呈现的外表轮廓,即对产品的结构、外形等同时进行设计、制造的结果;图案是指由任何条纹、文字、符号、色块的排列或组合而在产品的表面构成的图形。图案可以通过绘图或其他能够体现设计者的图案设计构思的手段制作。产品的图案应当是固定、可见的,而不应是时有时无的或者需要特定的条件下才能看见的;色彩是指用产品上的颜色或者颜色的组合,制造该产品所用材料的本色不属于外观设计的色彩。不授予外观设计专利权的情形:取决于特定的地理条件、不能重复再现的固定建筑物、桥梁等,如包括特定山水在内的山水别墅;因其包含气体、液体及粉末等无固定形状的物质而导致其形状、图案、色彩不固定的产品;纯属美术、书法、摄影范畴的作品;以著名建筑物(如天安门)以及领袖肖像等为内容的外观设计不能被授予专利权;以中国国旗、国徽作为图案内容的外观设计,不能被授予专利权。

二、不授予专利权的发明创造

下列几种情况的发明创造,不能被授予专利权。

(一)违反法律、社会公德或妨碍公共利益的发明创造

用于赌博的设备或工具、吸毒的器具、伪造货币的设备、带有暴力凶杀或者伤害民族感情的外观设计等,由于有违反社会公德甚至违反法律,都不能授予专利权。对于发明创造本身的目的并没有违反法律或社会公德,但是由于被滥用而违反法律或社会公德的,不在此列中。例如,用于医疗的各种毒药、麻醉剂、镇静剂、兴奋剂和用于娱乐的棋牌等。

（二）科学发现

科学发现是指对自然界中客观存在的现象、变化过程及其特性和规律的揭示；科学理论对自然界认识的总结，是更为广义的发现，它们都属于人们认识的延伸。这些被认识的物质、现象、过程、特性和规律不是用于改造客观世界的技术方案，不是专利意义上的发明创造，因此不能被授予专利权。

（三）智力活动的规则和方法

智力活动是指人的思维运动，它源于人的思维，经过推理、分析和判断产生抽象的结果，或者必须经过人的思维运动作为媒介才能间接地作用于自然产生结果。它仅是指导人们对信息进行思维、识别、判断和记忆的规则和方法，由于其没有采用技术手段或者利用自然法则，也未解决技术问题和生产技术效果，因而不构成技术方案。例如，交通行车规则、各种语言的语法、速算法或口诀、心理测验方法、各种游戏或娱乐的规则和方法、乐谱、食谱、棋谱、计算机程序等。

（四）疾病的诊断和治疗方法

将疾病的诊断和治疗方法排除在专利保护范围之列，是出于人道主义的考虑和社会伦理的原因。医生在诊断和治疗过程中应当有选择各种方法和手段的自由，治疗是以有生命的人或者动物为直接实施对象，进行识别、确定或者消除病因、病灶的过程，例如诊脉法、心理疗法、按摩、为预防疾病而实施的各种免疫方法、以治疗为目的的整容或减肥等。药品或医疗器械可以申请专利。

（五）动物和植物品种

动植物是有生命的物体，是自然生长的，不是人类创造的结果。所以，其品种难以用专利保护。但是随着现代生物技术的发展，人工合成或培育的动植物层出不穷，不能因为它们是生物而否定其发明创造，因此对于动植物品种的生产的方法可以授予专利权。这里所说的生产方法是指非生物学方法，不包括主要生物学的方法。如果人为的技术对一项生产方法所要达到的目的或者效果起到了控制或者决定的作用，那么这种方法不属于"主要生物学的方法"。

（六）用原子核变换方法获得的物质

这些物质主要是一些放射性同位素，因其与大规模毁灭性武器的制造、生产密切相关，不宜被垄断和专有，所以不能授予专利权。但是，同位素的用途、为实现变换而使用的各种仪器设备以及为增加粒子能量而设计的各种方法等，都可以得到专利权的保护。

（七）对平面印刷品的图案、色彩或者二者的结合做出的主要起标识作用的设计

外观设计保护的是产品的外形特征，这种外形特征不能脱离具体产品，起标识作用的平面设计的主要作用是向消费者披露相关的制造者或服务者，与具体产品无关，属于商标法保护范畴，所以不能授予专利权。

（八）无法用工业方法生产和复制的产品

美术作品、工艺品、农产品、畜产品、渔业产品、自然物品以及利用或结合自然物构成的作品等，如果不能通过工业方法进行批量生产，则都不能授予专利权。

第二节　授予专利权的基本条件

发明创造要取得专利权,必须满足形式条件和实质性条件。形式条件是指申请专利的发明创造,应当以专利法以及实施细则规定的格式,书面记载在专利申请文件上,并依照法定程序履行各种必要的手续。实质性条件也称为专利性条件,是指申请专利的发明创造自身必须具备的属性要求,是对发明创造授权的本质依据。通常所说的授权条件多指实质性条件。

一、发明和实用新型专利的授予条件

我国专利法规定,授予专利权的发明和实用新型应当具备新颖性、创造性和实用性。

(一)新颖性

我国专利法所说的发明和实用新型的新颖性是指:

(1)在申请日期以前没有同样的发明创造在国内外刊物上公开发表过;

(2)没有国内外公开使用过或者以其他方式为公众所知;

(3)在申请日以前没有同样的发明或者实用新型由他人向专利局提出过申请并记载于申请日以前公布的专利申请文件中。

申请专利的发明或者实用新型满足新颖性的标准,必须不同于现有技术,同时还不得出现抵触申请。

现有技术是在申请日以前已经公开的技术。技术公开有三种方式:一是出版物公开,即通过出版物在国内外公开披露技术信息;二是使用公开,即在国内外通过使用或实施方式公开技术内容;三是其他方式的公开,即以出版物和使用以外的方式公开,主要指口头式公开,如通过口头交谈、讲课、作报告、讨论发言、在广播电台或电视台播放等方式,使公众了解有关技术内容。

抵触申请是指一项申请专利的发明或者实用新型在申请日以前,已有同样的发明或者实用新型由他人向专利局提出申请,并记载在该发明或实用新型申请日以后公布的专利申请文件中。先申请被称为后申请的抵触申请。

专利申请的发明创造在申请日以前六个月内,有以下情形之一的,不丧失新颖性:

一是在中国政府主办或承认的国际展览会上首次展出的;

二是在规定的学术会议或技术会议上首次发表的;

三是他人未经申请同意而泄露内容的。

(二)创造性

创造性是指与申请日以前现有技术相比,该发明有突出的实质性特点和显著的进步,该实用新型有实质特点和进步。对任何发明或实用新型申请,必须与申请日前已有的技术相比,在技术方案的构成上有实质性的差别,必须是经过创造性思维活动的结果,不能是现有技术通过简单的分析、归纳、推理就能够自然获得的结果。发明的创造性比实用新型的创造性要求更高。创造性的判断以所属领域普通技术人员的知识和判断能力为准。一项发明创造具备了新颖性,不一定就有创造性。因为创造性侧重判断的是技术水平的问题,而且判断创造性所确定的已有技术范围要比判断新颖性所确定的已有技术范围要窄一些。

（三）实用性

实用性是指发明或者实用新型能够制造或者实用，并且能够产生积极效果。它有两层含义：第一：该技术能够在产业中制造或者利用。产业包括了工业、农业、林业、水产品、畜牧业、交通运输业以及服务业等行业。产业中的制造和利用是指具有可实施性及再现性。在专利法中，并不要求其发明或者实用新型在申请专利之前已经经过生产实践，而是分析和推断该技术在工农业以及其他行业的生产中可以实现。第二，必须能够产生积极的效果，即同现有的技术相比，申请专利的发明或实用新型能够产生更好的经济效益或社会效益，如能提高产品数量、改善产品的质量、增加产品功能、节约能源或资源、防止环境污染等。

二、外观设计专利的授权条件

（一）新颖性

授予专利权的外观设计，应当同申请日以前在国内外出版物上公开发表过或者国内公开使用过的外观设计不相同和不相近似。外观设计必须依附于特定的产品，因而"不相同"不仅指形状、图案、色彩或其组合本身不相同，而且指采用设计方案的产品也不相同。"不相近似"要求申请专利的外观设计不能是对现有外观设计的形状、图案、色彩或其组合的简单模仿或者微小改变。相近似的外观设计包括几下几种情况：形状、图案、色彩近似，产品相同；形状、图案、色彩相同，产品近似；形状、图案、色彩近似，产品也近似。

（二）实用性

授予专利权的外观设计必须适于工业应用。这要求外观设计本身以及作为载体的产品能够以工业的方法重复再现，即能够在工业上批量生产。

（三）富有美感

授予专利权的外观设计必须富有美感。美感是指外观设计能给人视觉感知上的愉悦感受，与产品功能是否先进没有必然联系。富有美感的外观设计在扩大产品销路方面具有重要作用。

（四）不得与他人先取得的合法权利相冲突

这里的在先权利是指在申请日或者优先权日之前取得的商标权、著作权、企业名称权、肖像权和知名商品特有包装装潢使用权等。

第三节　专利申请的原则和要求

一、专利申请的原则

（一）形式法定原则

申请专利的各种手续，都应当以书面形式或电子文件形式办理。以口头、电话、实物等形式办理的各种手续，或者以电报、传真、胶片等直接或间接生产印刷、打字或手写文件的通信手段办理的各种手续，均视为未提出，不产生法律效力。

申请人以书面形式提出专利申请并被受理的,在审批程序中应当以书面形式提交相关文件。除另外规定外,申请人以电子文件形式提交的相关文件被视为未提交。申请人以电子文件形式提出专利申请并被受理的,在审批程序中应当通过电子专利申请系统以电子文件形式提交相关文件,另有规定的除外。不符合规定的,该文件视为未提交。如果申请人在申请时提交的申请文件公开不充分,即使在申请时已经提交了发明的实物,也不能以此为理由来克服公开不充分的缺陷。其中实物形式的例外是涉及生物材料样品的申请。生物材料样品的性状不但要在专利申请说明书中进行描述,而且还要在指定或认可的保藏单位保藏生物材料样品实体本身。

(二)单一性原则

一件专利申请的内容应当限于一项发明、一项使用新型或者一项外观设计,不允许将两项不同的发明或者使用新型放在一件专利申请中,也不允许将一种产品的两项外观设计或者两种以上产品的外观设计放在一项外观设计专利产品中提出。

这种规定,首先有利于国家知识产权局对专利申请进行分类和审查;其次方便公众对专利文献进行检索和查阅;最后给专利权人签订转让许可合同提供便利,自然也方便申请人公平合理地承担申请费用。然而,当两项以上的发明或者实用新型属于一个总的发明构思下几项技术有关联的不同实施方案时,硬要把这样的不同方案分开,反而会给审查、检索带来不便。所以,我国专利法通常允许这样的几项发明或实用新型进行合案申请。

所谓属于一个总的发明构思的两项以上的发明和实用新型是指它们应当在技术上相互关联,包含一个或多个相同或相近的特定技术特征,其中的特定技术是指每一项发明或实用新型作为整体,对现有技术做出贡献的技术特征。同样,同一产品的两项以上的相似外观设计,或者属于同一类别并且成套出售或者使用产品的两项以上外观设计,可以作为一件申请提出(简称“合案申请”)。同一产品的其他外观设计应当与简要说明中指定的基本外观设计相似,一件外观设计专利申请中的相似外观设计不得超过10项。成套产品是指由两件以上(含两件)属于同一大类、各自独立的产品组成,各产品的设计构思相同,其中每一件产品具有独立的使用价值,而各件产品组合在一起又能体现出其组合使用价值的产品。

判断专利申请的单一性,有时是比较复杂的问题,所以申请人在提出申请以后,当审查员提出与本人发现申请不具备单一性时,可以修改申请,使其符合单一性。而原申请中包含的其他发明、实用新型或外观设计的申请,一般称作分案申请。

专利申请的单一性要求虽然不是授予专利权的实质性条件,但是当审查员经审查认为申请不符合单一性,要求申请人修改时,如果申请人拒绝修改,照样可能导致申请被驳回。专利申请是否具备单一性,发明和实用新型的申请是由权利要求书的内容决定的,外观设计的申请是由图片或照片决定的。只要权利要求书或者图片、照片中仅包含一项发明、实用新型或者一项外观设计,就认为申请具备单一性。专利申请的单一性要求只针对专利申请环节,一旦专利申请被授权以后,就不能再因为该专利缺乏单一性而请求宣告该专利权无效。

(三)先申请原则

两个或者两个以上的申请人分别就同样的发明创造申请专利的,专利权授给最先申请的人。这个先后顺序通常以申请日为准,因此申请日有十分重要的法律意义,其重要性表现在以下三个方面:

①申请日确定了提交申请时间的先后。

②申请日是确定现有技术或现有设计的时间点。现有技术是指申请日以前在国内外为公众所知的技术。现有设计是指申请日以前为国内外公众所知的设计。现有技术的状况直接决定该专利申请是否能被授予专利权。

③申请日是审查程序中许多法定期限的起算点。向专利局受理处或者代办处窗口直接递交的专利申请,以收到日为申请日;通过邮局邮寄递交到专利局受理处或者代办处的专利申请,以信封上的寄出邮戳日为申请日,寄出邮戳日不清晰导致无法辨认的,以专利局受理处或者代办处收到日为申请日;通过速递公司递交到专利局受理处或者代办处的专利申请,以收到日为申请日。邮寄或者递交到专利局非受理部门或者个人的专利申请,其邮寄日或递交日不具有确定申请日的效力,如果该专利申请被转送到专利局受理处或者代办处,以受理处或者代办处实际收到日为申请日。

（四）优先权（日）原则

专利申请人就其发明创造自第一次提出专利申请后,在法定期限内,又就相同主题的发明创造提出专利申请的,以其第一次申请的日期为其申请日,这种权利称为优先权,此处所谓的法定期限,就是优先权期限。优先权可分为外国优先权和本国优先权。

①外国优先权。根据《巴黎公约》的规定,在申请专利或者商标等工业产权时,各缔约国要相互承认对方国家国民的优先权。我国《专利法》第二十九条第一款规定,申请人自发明或实用新型在外国第一次提出专利申请之日起12个月内,或者自外观设计第一次提出专利申请之日起6个月内,又在中国就相同主题提出专利申请的,依照该外国同中国签订的协议或者共同参加的国际条约,或者依照相互承认优先权的原则,可以享有优先权。

②本国优先权。我国《专利法》第二十九条第二款规定,申请人自发明或实用新型在中国第一次提出专利申请之日起12个月内,又向国务院专利行政部门就相同主题提出专利申请的,可以享有优先权,这种在国内的申请优先权即本国优先权。本国优先权不适用外观设计的专利申请。同时《专利法》第三十条规定,申请人要求优先权的,应当在申请的时候提出书面声明,并且在三个月内提交第一次提出的专利申请文件的副本;未提出书面声明或者逾期未提交专利申请文件副本的,视为未要求优先权。

二、专利申请的要求

（一）申请文件的基本组成

申请发明专利的,申请文件应当包括发明专利请求书、说明书(必要时应当有附图)、权利要求书、摘要及其附图。申请实用新型专利的,申请文件应当包括实用新型专利请求书、说明书、说明书附图、权利要求书、摘要及其附图。涉及氨基酸或者核苷酸序列的发明专利申请,说明书中应包括该序列表,并把该序列表单独编写页码,同时还应提交符合国家知识产权局规定的该序列表的光盘或软盘。申请外观设计专利的,申请文件应当包括外观设计专利请求书、图片或者照片、简要说明。图片或者照片应当清楚地显示要求专利保护的产品的外观设计。申请人请求保护色彩的,应当提交彩色图片或者照片。外观设计的简要说明应当写明外观设计产品的名称、用途、设计要点,并指定一幅最能表明设计要点的图片或者照片。省略视图或者请求保护色彩的,应当在简要说明中写明。对于同一产品的多项相似设计提出一件外观设计专利申请的,应当在简要说明中指定其中一项作为基本设计。

（二）申请文件的纸张要求

申请文件使用的纸张应当柔韧、结实、耐久、光滑、无光、白色。其质量应当与 80 克胶版纸相当或者更高。纸面不得有无用的文字、记号、框、线等。各种文件一律采用 A4 尺寸（297 mm×210 mm）的纸张。

申请文件的纸张应当单面、纵向使用。文字应当自左向右横向书写，不得分栏。纸张左边和上边应各留 25 mm 空白，右边和下边应当各留 15 mm 空白。申请文件各部分的第一页必须使用国家知识产权局统一制定的表格。这些表格可以向国家知识产权局受理处、各地的专利代办处索取或直接在国家知识产权局网站上下载。

（三）申请文件的文字要求

申请文件各部分一律使用中文，"中文"是指汉字。汉字应当以国家公布的简化字为准。外国人名、地名和科技术语如没有统一中文译名时，可按照一般惯例译成中文，并在译文后的括号内注明原文。申请人提供的附件或证明是外文的，应当附上中文译文。

申请文件包括请求书在内，都应当用宋体、仿宋体或楷体打字或印刷，字迹呈黑色，字高应当为 3.5～4.5 mm，行距应当为 2.5～3.5 mm。申请文件不允许涂改。如确有必要增删更改时，应当在提出申请以后，通过补正手续办理。对申请文件的文字补正和修改，不得超出原说明书和权利要求书记载的范围。

申请文件中有附图的，应当使用包括计算机在内的制图和黑色墨水绘制，线条应当均匀清晰、足够深，以能够满足扫描和复印的要求为准，且不得涂改。

第四节　专利申请文件的准备

办理专利申请必须以书面形式或电子文件形式向国家知识产权局提出申请。专利申请文件包括请求书、说明书附图和摘要，或者是请求书、图片（照片）、简要说明等文件。下面简要介绍三种专利申请文件。

一、发明专利申请文件

发明专利申请文件应当包括发明专利请求书、说明书摘要（必要时应当提交摘要附图）、权利要求书、说明书（必要时应当提交明书附图）。依赖遗传资源完成的发明创造申请专利的，申请文件应当包括遗传资源来源披露登记表；涉及氨基酸或者核苷酸序列的发明专利申请，申请文件应当包括相应序列表；对于进入中国国家阶段的国际申请的专利申请文件，申请文件应当包括以中文提交进入中国国家阶段的书面声明。

（1）发明专利请求书。"请求书"是由专利局印制的统一表格。

（2）权利要求书的撰写很重要。发明或者实用新型专利权的"保护范围"以其权利要求的内容为准。

（3）说明书摘要。说明书摘要是说明书记载内容的概述，不具有法律效力。摘要的内容不属于发明或者实用新型原始记载的内容，不能作为以后修改说明书或者权利要求书的根据，也不能用来解释专利权的保护范围。

（4）"应当"的意思等同于"必须"。

（5）遗传资源来源披露登记表。依赖遗传资源完成的发明创造申请专利的，申请人应当在请求书中对遗传资源的来源予以说明,并填写遗传资源来源披露登记表,写明该遗传资源的直接来源和原始来源。申请人无法说明原始来源的,应当陈述理由。

(6)氨基酸或者核苷酸序列表。涉及氨基酸或者核苷酸序列的发明专利申请,说明书中应包括该序列表,并把序列表单独编写页码。同时还应提交符合国家知识产权局规定的计算机可读形式的副本,例如光盘。

(7)文件份数。申请人提交的专利申请文件应当一式两份,原本和副本各一份。其中发明或者实用新型专利申请的请求书、说明书、说明书附图、权利要求书、说明书摘要、摘要附图应当提交一式两份。外观设计专利申请的请求书、图片或者照片、简要说明应当提交一式两份,并应当注明其中的原本。申请人未注明原本的,专利局指定一份作为原本。两份文件的内容不同时,以原本为准。

二、实用新型专利申请文件

实用新型专利申请文件应当包括实用新型专利请求书、说明书摘要以及摘要附图、权利要求书、说明书、说明书附图(必须包含说明书附图)。文件份数同发明专利申请文件份数相同。

三、外观设计专利申请文件

外观设计专利申请文件应当包括外观设计专利请求书、图片或者照片、对该外观设计的简要说明。

外观设计专利权的保护范围以表示在图片或者照片中的该产品的外观设计为准,图片或者照片应当清楚地显示要求专利保护的产品的外观设计,申请人请求保护色彩的,应当提交彩色图片或者照片。简要说明用于解释图片或者照片所表示的该产品的外观设计。外观设计的简要说明应当写明外观设计产品的名称、用途、外观设计的设计要点,并指定一幅最能表明设计要点的图片或者照片。省略视图或者请求保护色彩的,应当在简要说明中写明。文件份数亦与发明专利文件相同。

四、提交申请时文件排列顺序

发明或者实用新型专利申请文件各部分应按请求书、说明书摘要、摘要附图、权利要求书、说明书、(说明书附图)和其他文件顺序排列。

外观设计专利申请文件各部分应按请求书、图片或者照片、简要说明顺序排列。

申请文件各部分应当用阿拉伯数字分别顺序编号。

第五节　专利申请文件的填写

一、请求书

请求书应当写明申请的专利名称,发明人或设计人的姓名,申请人姓名或者名称、地址以及其他事项。发明专利请求书有 26 个栏目,实用新型专利有 22 个栏目,外观设计专利请求书有 21 个栏目。下面以发明专利请求书为例,说明各个栏目的填写要求和注意事项,其中也包括实用新型专利请求书和外观设计请求书的内容。

发明专利请求书

请按照"注意事项"正确填写本表各栏				此框内容由国家知识产权局填写
⑦ 发明 名称				① 申请号　　　　　（发明）
				② 分案 提交日
⑧ 发明 人				③ 申请日
				④ 费减审批
				⑤ 向外申请审批
⑨ 第一发明人国籍　　　　居民身份证件号码				⑥ 挂号号码
⑩ 申 请 人	申 请 人 (1)	姓名或名称		电话
		居民身份证件号码或组织机构代码		电子邮箱
		国籍或注册国家（地区）　　　　　经常居所地或营业所所在地		
		邮政编码	详细地址	
	申 请 人 (2)	姓名或名称		电话
		居民身份证件号码或组织机构代码		
		国籍或注册国家（地区）　　　　　经常居所地或营业所所在地		
		邮政编码	详细地址	
	申 请 人 (3)	姓名或名称		电话
		居民身份证件号码或组织机构代码		
		国籍或注册国家（地区）　　　　　经常居所地或营业所所在地		
		邮政编码	详细地址	
⑪ 联 系 人	姓名	电话		电子邮箱
	邮政编码	详细地址		
⑫代表人为非第一署名申请人时声明　　　　特声明第____署名申请人为代表人				
⑬ 专利 代理 机构	名称		机构代码	
	代理人 (1)	姓　名	代理人 (2)	姓　名
		执业证号		执业证号
		电　话		电　话
⑭ 分案 申请	原申请号	针对的分案申请号		原申请日　年　月　日

发明专利请求书

<table>
<tr>
<td rowspan="2">⑮
生物
材料
样品</td>
<td colspan="2">保藏单位</td>
<td colspan="2">地址</td>
</tr>
<tr>
<td colspan="2">保藏日期　年　月　日</td>
<td>保藏编号</td>
<td>分类命名</td>
</tr>
<tr>
<td>⑯
序列
表</td>
<td colspan="3">□本专利申请涉及核苷酸或氨基酸序列表</td>
<td>⑰
遗传
资源</td>
<td>□本专利申请涉及的发明创造是依赖于遗
传资源完成的</td>
</tr>
<tr>
<td rowspan="2">⑱
要
求
优
先
权
声
明</td>
<td>原受理机构
名称</td>
<td>在先申请日</td>
<td>在先申请号</td>
<td>⑲
不
丧
失
新
颖
性
宽
限
期
声
明</td>
<td>□已在中国政府主办或承认的国
际展览会上首次展出

□已在规定的学术会议或技术会
议上首次发表

□他人未经申请人同意而泄露其
内容</td>
</tr>
<tr>
<td></td>
<td></td>
<td></td>
<td>⑳
保密
请求</td>
<td>□本专利申请可能涉及国家重大
利益,请求按保密申请处理
□已提交保密证明材料</td>
</tr>
<tr>
<td colspan="4">㉑□声明本申请人时同样的发明创造在申请本发明专利的
同日申请了实用新型专利</td>
<td>㉒
提前
公布</td>
<td>□请求早日公布该专利申请</td>
</tr>
<tr>
<td colspan="3">㉓申请文件清单
1. 请求书　　　　　　　　　份　　页
2. 说明书摘要　　　　　　　份　　页
3. 摘要附图　　　　　　　　份　　页
4. 权利要求书　　　　　　　份　　页
5. 说明书　　　　　　　　　份　　页
6. 说明书附图　　　　　　　份　　页
7. 核苷酸或氨基酸序列表　　份　　页
8. 计算机可读形式的序列表　份

　权利要求的项数　　项</td>
<td colspan="3">㉔附加文件清单
□费用减缓请求书　　　　　　份　共　　页
□费用减缓请求证明　　　　　份　共　　页
□实质审查请求书　　　　　　份　共　　页
□实质审查参考资料　　　　　份　共　　页
□优先权转让证明　　　　　　份　共　　页
□保密证明材料　　　　　　　份　共　　页
□专利代理委托书　　　　　　份　共　　页
　总委托书(编号_____)
□在先申请文明副本　　　　　份
□在先申请文件副本首页译文　份
□向外国申请专利保密审查请求书　份　共　　页
□其他证明文件(名称_____)　份　共　　页
□</td>
</tr>
<tr>
<td colspan="3">㉕全体申请人或专利代理机构签字或者盖章

　　　　　　　　年　　月　　日</td>
<td colspan="3">㉖国家知识产权局审核意见

　　　　　　　　年　　月　　日</td>
</tr>
</table>

（1）免填栏目

第①、②、③、④、⑤、⑥、㉖栏由国家知识产权局填写。

（2）第⑦栏：发明名称（或实用新型名称、使用外观设计的产品名称）

发明或实用新型名称应当清楚、简明地表达发明创造的主题，一般不得超过25个字。对于外观设计的名称，则应当具体、明确反映该产品所属的类别，一般不得超过20个字。

请求书中的发明创造名称应当与说明书以及其他各种申请文件中的发明创造名称一致。

（3）第⑧栏：发明人或者设计人

发明人或者设计人必须是自然人。可以是一个人，也可以是多个人，但不能是单位或"××研究室"之类的组织机构。发明人或者设计人不受国籍、性别、年龄、职业或居住地的限制，只要对发明创造做出实质性贡献的人均可成为发明人、设计人。发明权不能继承、转让，发明人、设计人死亡的，仍应注明原发明人姓名，但是可以注明死亡。

发明人、设计人姓名由申请人代为填写，但应将填写情况通知发明人、设计人。在有多个发明人或设计人的情况下，如果排列次序有先后的，应当用阿拉伯数字注明顺序，否则国家知识产权局将按先左后右、再自上而下的次序排列。

发明人或设计人因特殊原因，要求不公布姓名的，应当在本栏填写"本人请求不公布姓名"。如果发明人或设计人中有人愿意公布姓名，有人不愿意时，将愿意公布姓名的填入本栏，在其后填上"其他人请求不公布姓名"。发明人、设计人请求不公布姓名的，应当由本人书面提出，说明理由，并由发明人本人签字或盖章。请求被批准以后，发明人或设计人姓名在专利公报、说明书单行本和专利证书上均不公布其姓名，并且发明人、设计人以后不得再要求重新公布其姓名。

（4）第⑨栏：第一发明人或设计人国籍和居民身份证件号码

该栏应根据实际情况如实填写。

（5）第⑩栏：申请人

申请人可以是自然人，也可以是单位。如果是单位，该单位应当是法人或者是可以独立承担民事责任的组织。申请人是单位的，应当写明其正式的全称，并与公章中的单位名称一致。

申请人如果是自然人（可以是多个人），应当写明申请人的真实姓名，不能用笔名或者化名，也不能含有学位、头衔等不属于姓名的成分。申请人的地址应当写明省、市以及邮件可以迅速送达的详细地址（包括邮政编码）。经常居所或营业所在我国境外的申请人，其地址可以只写国家和州。台湾、香港、澳门的申请人地址可分别写明为：中国台湾、中国香港或中国澳门。

申请人的国籍和注册国家或地区，可以用国家或地区全称，也可以用简称，如：中华人民共和国或中国的表述均可。

为了便于国家知识产权局联系到申请人，可以填写申请人电话、电子邮箱。

（6）第⑪栏：联系人

申请人是单位且未委托专利代理机构的，应当填写联系人。联系人是代表该单位接收国家知识产权局所发信函的收件人。申请人是个人且需由他人代收专利局所发信函的，也可以填写联系人。填写联系人的，还需要同时填写联系人的通信地址、邮政编码和电话号码等便于联系的信息。

（7）第⑫栏:代表人

申请人有两个或两个以上且未委托专利代理机构的,如果在本栏内没有声明,则国家知识产权局视第一署名申请人为代表人。如果指定第一申请人之外的其他申请人为代表人,应当在该栏中声明。

除直接涉及共有权利的手续外,代表人可以代表全体申请人办理在国家知识产权局的其他手续。直接涉及共有权利的手续包括:提出专利申请,转让专利申请权、优先权或者专利权,撤回专利申请,撤回优先权要求,放弃专利权等。直接涉及共有权利的手续应当由全体权利人签字或者盖章。

（8）第⑬栏:专利代理机构

申请人申请专利时,办理申请手续有两种方式:一是自己办理;二是委托专利代理机构办理。只有委托专利代理机构办理的,才需要填写本栏目。

在中国内地没有经常居所或者营业所的外国申请人以及中国台湾、中国香港、中国澳门地区的申请人向国家知识产权局提出专利申请和办理其他专利事务,或者作为第一署名申请人与中国内地的申请人共同申请专利和办理其他专利事务时,应当委托依法设立的专利代理机构办理。

（9）第⑭栏:分案申请

当专利申请不符合单一性要求时,申请人除应当对该申请进行修改使其符合单一性要求外,还可以将申请中包含的其他发明、实用新型或者外观设计重新提出一件或多件分案申请。分案申请享有原申请(第一次提出的申请)的申请日,如果原申请有优先权要求的,分案申请可以保留原申请的优先权日。申请人提出分案申请的应在请求书的该栏中予以声明。

分案申请不得改变原申请的类别。原申请是发明专利的,分案申请也应当是发明专利。实用新型或者外观设计的专利申请也一样。分案申请改变类别的,国家知识产权局不予受理。

分案申请的申请人应当与原申请的申请人相同;不相同的,应当提交有关申请人变更的证明材料。分案申请的发明人也应当是原申请的发明人或者是其中的部分成员。

（10）第⑮栏:生物材料保藏

本栏目只有发明专利请求书才有。当发明涉及生物材料样品并且需要对生物材料样品进行保藏时,才需要填写本栏目。

生物样品材料的保藏日期应当在提出专利申请之前,最迟在申请日(有优先权的,指优先权日),因为它被看作是专利申请的一部分。

保藏单位应是国家知识产权局认可的生物材料样品国际保藏单位。申请人在该栏目中应当准确地填写国际保藏单位的名称,以便国家知识产权局核对。

保藏编号:申请人在上述单位保藏生物材料以后,可以获得保藏编号。申请人如果因为提交菌种保藏的手续是在申请日办理的,因而无法将保藏编号填入请求书中时,可以在请求书上先填上保藏单位和保藏日期,然后在4个月之内以书面补正形式提交保藏编号。

涉及生物样品并需要保藏的专利申请,除需要在请求书中填明保藏单位、地址、日期、编号和分类命名以外,还要在4个月之内提交保藏单位的保藏证明和生物材料存活证明。

（11）第⑯栏:序列表

发明专利申请涉及核苷酸或氨基酸序列表的,应当填写此栏,填写时只需打钩选择该栏中的复选框即可。

（12）第⑰栏：遗传资源

发明专利申请涉及的发明创造是依赖于遗传资源完成的，应当填写此栏，填写时只需打钩选择该栏中的复选框即可。

（13）第⑱栏：要求优先权声明

优先权有两种，一种是外国优先权，另一种是本国优先权。这两种优先权都不是自动产生的，必须在申请的同时提出声明，并办理规定手续，经国家知识产权局审查后才能享有。

要求优先权的申请人应当在本栏写明作为优先权基础的在先申请的受理国或受理局；写明由在先申请的受理局确定的在先申请的申请日；写明受理局给予的在先申请的申请号。

（14）第⑲栏：不丧失新颖性宽限期声明

我国专利法规定，在某些特殊情况下，申请人在申请日（享有优先权的，指优先权日）之前6个月内公开自己的发明创造，不损害自己提出的专利申请的新颖性。这些特殊情况包括：①申请前已在中国政府主办或者承认的国际展览会上首次展出；②申请前已在规定的学术会议或技术会议上首次发表；③申请前他人未经申请人同意而泄露其内容。

有以上情况的应当在对应的复选框中打钩表示声明，不允许申请后补交声明。提出声明后，应在自申请日起2个月内，提交由展览会、学术会议或技术会议的组织单位出具的该发明创造展出和发表的日期及内容的证明。

（15）第⑳栏：保密请求

本栏只有发明和实用新型专利请求书才有。按照规定，发明和实用新型专利申请涉及国防方面的国家秘密需要保密的，应当向国防专利机构提出申请。如果申请人认为该申请的技术内容可能涉及除国家利益以外的其他国家重大利益而不宜公开的，可以在本栏打钩，要求保密审查。是否予以保密由国家知识产权局经审查后决定。确定保密的，由国家知识产权局按照保密专利申请处理，并且通知申请人。保密专利申请以及批准的保密专利在解密以前不向社会公开，也不得向国外申请专利。保密专利的转让和实施除须经专利权人同意以外，还必须经决定保密的部门批准。

（16）第㉑栏：同日申请发明专利申请和实用新型专利申请的声明

申请人同日对同样的发明创造既申请发明专利又申请实用新型专利的，应当填写此栏。未作说明的，依照《专利法》关于同样的发明创造只能授予一项专利权的规定处理，即无法通过放弃先获得的且尚未终止的实用新型专利权来获得该发明的专利权。提出声明时只需在专利请求书的该栏中打钩选择复选框即可。

（17）第㉒栏：请求早日公布该专利申请

申请人要求提前公布的，应当填写此栏。若填写此栏，不需要再单独提交发明专利请求提前公布声明表格。

（18）第㉓、㉔栏：文件清单

文件清单由申请人填写，国家知识产权局负责核对，以证实申请文件的完整性。

申请人应当在文件清单上填写每一种文件的份数和页数，清单上未列出的，可以补写在后面。国家知识产权局将申请文件核实情况打印在"受理通知书"上。

（19）第㉕栏：全体申请人或代理机构签章

签章是文件产生法律效力的基本条件。

申请人是个人的,应当由申请人亲自签字或盖章;申请人是单位的,应当加盖公章。多个申请人的,应当由全体申请人分别签字或盖章。

二、说明书

(一)说明书的基本要求

(1)说明书应当对发明或者实用新型作出清楚、完整的说明,以所属技术领域的技术人员能够据此实施该发明创造为准。也就是说,说明书应当满足充分公开发明或者实用新型的要求。

(2)说明书中要保持用词一致性。要使用该技术领域通用的名词和术语,不要使用行话,但以其特定意义作为定义使用的,不在此限。

(3)说明书应当使用国家法定计量单位,包括国际单位制计量单位和国家选定的其他计量单位。必要时可以在括号内同时标注本领域通用的其他计量单位。

(4)说明书中可以有化学式、数学式,但不能有插图,说明书的附图应当附在说明书后面。

(5)在说明书的题目或正文中,不能使用商业性宣传用语和不确切的语言;不允许使用人名、地点等命名的名称;不能出现商标、产品广告和服务标志等;不允许存在对他人或他人的发明创造加以诽谤或者有意诋毁的内容。

(6)涉及外文技术文献或无统一译名的技术名词时要在译文后注明原文。

(二)说明书的组成部分和顺序

发明或者实用新型专利申请说明书应当写明发明或实用新型的名称,该名称应当与请求书中的名称一致。说明书应当包括以下组成部分:技术领域、背景技术、发明或者实用新型内容、附图说明。专利申请人按照上述规定和顺序撰写说明书,并应在说明书每一部分前面写明标题。

1. 发明或使用新型的名称

(1)必须与请求书中的名称一致,字数一般不超过 25 个字,最多 40 个字(如化学领域);

(2)应当清楚、简要、全面地反映要求保护的主题和类型;

(3)应当采用所属技术领域通用的技术用语,不能采用自造词;

(4)不得使用人名、地名、商标、型号、商品名称、商业性宣传用语;

(5)写在说明书首页正文的上方居中的位置。发明名称与说明书正文之间应当空一行。

2. 技术领域

这是正文的一部分,首先应写明小标题"技术领域",再用一句话说明要保护的技术方案所属的技术或直接应用的技术领域,而不能写成上位或者相邻的技术领域,也不能写成发明或使用新型本身。

例如,一项有关挖掘机悬臂的发明,其改进之处是将背景技术中的长方形悬臂截面改为椭圆形截面。它所属技术领域可以写成"本发明涉及一种挖掘机,特别设计一种挖掘机悬臂"(具体的技术领域),而不适合写成"本发明涉及一种建筑机械"(上位的技术领域),也不宜写成"本发明设计挖掘机悬臂的椭圆形截面"(发明本身)。

3. 技术背景

发明或者实用新型说明书的背景技术部分应当写明对发明或者实用新型的理解、检索、审查有用的背景技术,并且尽可能引证反映这些技术背景的文件。通常对技术背景的描述应包括以下三方面内容:

(1)最接近的现有技术文件。尤其要引证包含发明或者实用新型权利要求书中的独立权利要求前序部分技术特征的现有技术文件,即引证与发明或者使用新型专利申请最接近的现有技术文件。

(2)引证文件。说明书中引证的文件可以是专利文件,也可以是非专利文件,例如期刊、手册和书籍等。引证专利文件的,至少要写明专利文件的国别、公开号,最好包括公开日期;引证非专利文件的,至少要写明这些文件的标题和详细出处。

(3)客观地指出技术背景中存在的问题和缺点。在说明书背景技术部分中,还要客观地指出背景技术中存在的问题和缺点,但是仅限于涉及由发明或者实用新型的技术方案所解决的问题和缺点。在可能的情况下,说明存在这种问题和缺点的原因以及解决这些问题时曾经遇到的困难。

4. 发明或者实用新型内容

本部分应当清楚、客观地写明以下三个方面内容:

(1)要解决的技术问题。发明或者实用新型所要解决的技术问题,是指发明或者实用新型要解决的现有技术中存在的问题。发明或者实用新型所要解决的技术问题应当按照下列要求撰写:现有技术中存在的缺陷和不足;用正面的、尽可能简洁的语言客观而有根据地反映发明或者实用新型要解决的技术问题,也可以进一步说明其技术效果。

一件专利申请的说明书可以列出发明或者实用新型所要解决的一个或者多个技术问题,但是同时应当在说明书中描述解决这些技术问题的技术方案。当一件申请包含多项发明或者实用新型时,说明书中列出的多个要解决的技术问题应当都与一个总的发明构思相关。

(2)技术方案。一件发明或者实用新型专利申请的核心是其在说明书中记载的技术方案。在技术方案这一部分,至少应反映包含全部必要技术特征的独立权利要求的技术方案,还可以给出包含其他附加技术特征的进一步改进的技术方案。

说明书中记载的这些技术方案应当与权利要求所限定的相应技术方案的表述相一致。一般情况下,说明书技术方案部分首先应当写明独立权利要求的技术方案,其用语应当与独立权利要求的用语相应或者相同,以发明或者实用新型必要技术特征总和的形式阐明其实质,说明必要技术特征总和与发明或者实用新型效果之间的关系。然后,可以通过对该发明或者实用新型的附加技术特征的描述,反映对其作进一步改进的从属权利要求的技术方案。

如果一件申请中有几项发明或者几项实用新型,应当说明每项发明或者实用新型的技术方案。

(3)有益效果。有益效果是指由构成发明或者实用新型的技术特征直接带来的,或者是由所述的技术特征必然产生的技术效果。有益效果是确定发明是否具有"显著的进步",实用新型是否具有"进步"的重要依据。说明:创造性是指与现有技术相比,该发明具有突出的实质性特点和"显著的进步",该实用新型具有实质性特点和"进步"。

有益效果的撰写方式:有益效果可以通过对发明或者实用新型结构特点的分析和理论

说明相结合,或者通过列出实验数据的方式予以说明;或者采用上述方式的组合。无论采用哪种方式,都不得只断言发明或者实用新型具有有益的效果,都应当与现有技术进行比较,指出发明或者实用新型与现有技术的区别。

通常有益效果可以由产率、质量、精度和效率的提高,能耗、原材料、工序的节省,加工、操作、控制、使用的简便,环境污染的治理或者根治,以及有用性能的出现等方面反映出来。

机械、电气领域中的发明或者实用新型的有益效果,在某些情况下,可以结合发明或者实用新型的结构特征和作用方式进行说明。但是,化学领域中的发明,在大多数情况下,不适于用这种方式说明发明的有益效果,而是借助于实验数据来说明。

对于目前尚无可取的测量方法而不得不依赖于人的感官判断的,例如气味、味道等,可以采用统计方法表示的实验结果来说明有益效时,在引用实验数据说明有益效果时,应当给出必要的实验条件和方法。

5. 附图说明

附图是说明书的组成一部分,附图是用来补充说明说明书中的文字部分的,目的在于使人能够直观、形象地理解发明或实用新型的每个技术特征和整个技术方案。发明说明书根据内容需要可有附图,也可以没有附图,实用新型说明书必须有附图。附图和说明书中对附图的说明要图文相符。文中提出附图,而实际却没有提交或少交附图的,将可能影响申请日的确认。附图的形式可以是基本视图、斜视图、剖视图,也可以是示意图或流程图。只要能完整地表达说明书内容即可。有关附图的具体要求如下。

(1)附图用纸规格与说明书一致,并应采用国家知识产权局统一制定的格式。

(2)附图的大小及清晰度,应当保证在该图缩小到2/3时,仍能清楚地分辨出图中的各个细节,以能够满足复印、扫描的要求为准。几幅附图可以绘制在一张纸上。一幅总体图可以绘制在几张纸上,但应当保证每一张纸上的图都是独立的,而且当全部图纸组合起来构成一幅完整总体图时又不互相影响其清晰度。

(3)附图应当使用包括计算机在内的制图工具或黑色墨水笔绘制。线条应当均匀、清晰、足够深,满足复印和扫描的要求。不得着色和涂改,不得使用工程蓝图。

(4)同一附图应当采用相同比例绘制。发明创造的关键部位,或者为了表明与现有技术的差别,可以绘制局部放大图和剖视图等,以便使这些关键部位得以清楚显示。

(5)图形应当尽量垂直布置,如要横向布置时,图的上部应当位于图纸的左边。

(6)具有多幅附图的,应当连续编号,标明"图1""图2"等,并按照顺序排列。如有几张图纸的,应当在图纸的下部边缘正中单独标明页码。

(7)为了标明图中的不同组成部分,可以用阿拉伯数字作出标记。附图中作出的标记应当与说明书中的标记一一对应。申请文件各部分中表示同一组成部分的标记应当一致。发明或实用新型说明书文字部分未提及的附图标记不得在附图中出现,附图中未出现的附图标记不得在说明书文字部分中提及。

(8)附图中除必需的词语外,不得含有其他注释。附图中的词语应当使用中文,必要时可以在其后的括号里注明原文。流程图、框图也属于附图,应当在其框内给出必要的文字和符号。一般不得使用照片作为附图,但特殊情况下,例如,显示金相结构、组织细胞或者电泳图谱时,可以使用照片贴在图纸上作为附图。物件的尺寸一般不必在附图中标出,但该尺寸的大小涉及发明本身的,需在说明书中对该尺寸的大小作专门的阐述。

三、说明书摘要

摘要是发明专利或实用新型专利说明书内容的简要概括。编写或公布摘要的主要目的是方便公众对专利文献进行检索，方便专业人员及时了解本行业的技术概括情况。摘要内容不属于发明或者实用新型原始记载的内容，不能作为以后修改说明书或者权利要求书的根据，也不能用来解释专利权的保护范围。摘要仅是一种技术信息，不具有法律效力。摘要应当满足以下要求：

（1）摘要应当写明发明或者实用新型的名称和所属技术领域，并清楚地反映所要解决的技术问题、解决该问题的技术方案的要点及主要用途，其中以技术方案为主；摘要可以包含最能说明发明的化学式。

（2）有附图的专利申请，应当提供或者由审查员指定一幅最能反映该发明或者实用新型技术方案的主要技术特征的附图作为摘要附图，该摘要附图应当是说明书附图中的一幅。

（3）摘要附图的大小及清晰度应当保证在该图缩小到 4 cm × 6 cm 时，仍能清楚地分辨出图中的各个细节。

（4）摘要文字部分（包括标点符号）不得超过 300 个字，并且不得使用商业性宣传用语。

（5）摘要文字部分出现的附图标记应当加括号。

四、权利要求书的填写

权利要求书是以说明书为依据，清楚、简要地限定要求专利保护的范围。权利要求书应当记载发明或者实用新型的技术特征。它包含一项或多项权利要求，是判定他人是否侵权的根据，有直接的法律效力。

（一）基本要求

（1）权利要求书中使用的技术术语应与说明书中的一致。权利要求书中可以有化学式、数学式，但不能有插图。除非绝对必要，不得引用说明书和附图，即不得用"如说明书中所述的……"或"如图 3 所示的……"的方式撰写权利要求。

（2）权利要求书应当以说明书为依据，其权利要求应当得到说明书的支持，以技术特征来清楚、简要地限定请求保护的范围，其限定的保护范围应当与说明书中公开的内容相适应。其中的技术特征可以引用说明书附图中相应的附图标记，这些附图标记应当置于方形或圆形的括号中，如"……电阻［1］与比较器［12］的输出端［16］相连接……"。

（3）权利要求分两种：独自记载或反映发明或实用新型的基本技术方案，记载实现发明目的必不可少的技术特征的权利要求称为独立权利要求；引用独立权利要求或者别的权利要求，并用附加的技术特征对它们作进一步限定的权利要求称为从属权利要求。

（4）一项发明或者实用新型应当只有一项独立权利要求。属于一个总的发明构思、符合合案申请要求的几项发明或实用新型可以在一件发明或者实用新型专利申请中提出。这时，权利要求书中可以有两项以上的独立权利要求。

（5）每一个独立权利要求可以有若干个从属权利要求。有多项权利要求的应当用阿拉伯数字顺序编号。编号时独立权利要求应当排在前面，从属权利要求紧随其后。

（6）一项权利要求要用一句话表达，中间可以有逗号、顿号、分号，但不能有句号，以强调其不可分割的整体性和独立性。

（二）撰写方法

从撰写的形式上，权利要求可分为独立权利要求和从属权利要求。

1. 独立权利要求撰写的规定

发明或者实用新型的独立要求应当包括前序部分和特征部分，按照下列规定撰写：

（1）前序部分。写明要求保护的发明或者实用新型技术方案的主题名称和发明或实用新型主题与最接近的现有技术共有的必要技术特征。

独立权利要求的前序部分中，除写明要求保护的发明或者实用新型技术方案的主题名称外，仅需写明那些与发明或实用新型技术方案密切相关的、共有的必要技术特征。例如，一项涉及照相机的发明，该发明的实质在于照相机布帘式快门的改进，其权利要求的前序部分只要写出"一种照相机，包括布帘式快门……"就可以了，不需要将其他共有特征，例如透镜和取景窗等照相机零部件都写在前序部分中。

（2）特征部分。使用"其特征是……"或者类似的用语，写明发明或者实用新型区别于最接近的现有技术的技术特征，这些特征和前序部分写明的特征合在一起，限定发明或者实用新型要求保护的范围。

独立权利要求的特征部分，应当记载发明或者实用新型的必要技术特征中与最接近的现有技术不同的区别技术特征，这些区别技术特征与前序部分中的技术特征一起，构成发明或者实用新型的全部必要技术特征，限定独立权利要求的保护范围。

发明或者实用新型的性质不适于用上述方式撰写的，独立权利要求也可以不分前序部分和特征部分。

2. 从属权利要求的撰写规定

发明或者实用新型的从属权利要求应当包括引用部分和限定部分，按照下列规定撰写：

（1）引用部分。写明引用的权利要求的编号及其主题名称。例如，一项从属权利要求的引用部分应当写成："根据权利要求1所述的金属纤维拉拔装置……"

（2）限定部分。写明发明或者实用新型附加的技术特征。

①从属权利要求只能引用在前的权利要求；

②直接或间接从属于某一项独立权利要求的所有从属权利要求都应当写在该独立权利要求之后，另一项独立权利要求之前。

多项从属权利要求的撰写规定：多项从属权利要求是指引用两项以上权利要求的从属权利要求，多项从属权利要求只能以"择一"方式引用在前的权利要求。例如，某申请的权利要求为：

1. 一种A装置……。

2. 根据权利要求1所属的A装置……。

3. 根据权利要求1或2所述的A装置……。

其中权利要求3为多项从属权利要求。此时权利要求3只能采用"根据权利要求1或权利要求2……"这样择一方式引用，而不能采用"根据权利要求1和权利要求2……"的表达方式。且在后的多项从属权利要求不得引用在前的多项从属权利要求。

五、外观设计图片或照片

申请外观设计专利的，要对每件外观设计产品提出不同侧面或者状态的图片或照片，以便清楚、完整地显示请求保护的对象。一般情况下应有六面视图(主视图、仰视图、左视图、右视图、俯视图、后视图),必要时还应有剖视图、剖面图、使用状态参考图和立体图。图片、照片要符合下列要求。

1. 图片

(1)图片的大小不得小于 3 cm×8 cm,也不得大于 15 cm×22 cm。图片的清晰度应保证当图片缩小到 2/3 时,仍能清楚地分辨图中的各个细节。

(2)图片可以使用包括计算机在内的制图工具和黑色墨水笔绘制,但不得使用铅笔、蜡笔、圆珠笔绘制。图形线条要均匀、连续、清晰,满足复印或扫描的要求。

(3)图形应当垂直布置,并按设计的尺寸比例绘制。横向布置时,图形上部应当位于图纸左边。

(4)图片应当参照我国技术制图和机械制图国家标准中有关正投影关系、线条宽度以及剖切标记的规定绘制,并以粗细均匀的实线表达外观设计的形状。不得以阴影线、指示线、虚线、中心线、尺寸线、点画线等线条表达外观设计的形状。可以用两条平行的双点画线或自然断裂线表示细长物品的省略部分。图面上可以用指示线表示剖切位置和方向、放大部位、透明部位等,但不得有不必要的线条或标记。图形中不允许有文字、商标、服务标志、质量标志以及近代人物的肖像。文字经艺术化处理可以视为图案。

(5)几幅视图最好画在一页图纸上,若画不下,也可以画在几张纸上。有多张图纸时应当顺序编上页码。各向视图和其他各种类型的图,都应当按投影关系绘制,并注明视图名称。

(6)组合式产品,应当绘制组合状态下的六面视图,以及每一单件的立体图;可以折叠的产品,不但要绘制六面视图,同时还要绘制使用状态的立体参考图;内部结构较复杂的产品,绘制剖视图时,可以将内部结构省略,只给出请求保护部分的图形;圆柱形或回转形产品,为了表示图案的连续,应绘制图案的展开图。

(7)请求保护色彩的外观设计专利申请,提交的彩色图片应当用广告色绘制。色彩和纹样复杂的产品,如地毯等的色彩与纹样,要使用彩色照片。

(8)当产品形状较为复杂时,除画出视图外,还应当提交反映产品立体形状的照片。

2. 照片

(1)照片应当图像清晰、反差适中,要完整、清楚地反映所申请的外观设计。

(2)照片中的产品通常应当避免包含内装物或者衬托物,但对于必须依靠内装物或者衬托物才能清楚地显示产品的外观设计的,则允许保留内装物或者衬托物。背景应当根据产品阴暗关系,处理成白色或灰黑色。彩色照片中的背衬应与产品成对比色调,以便分清产品轮廓。

(3)照片不得折叠,并应当按照视图关系将其粘贴在外观设计图片或照片的表格上,图的左侧和顶部最少留 25 mm 空白,右侧和底部留 15 mm 空白。

3. 外观设计简要说明

外观设计专利权的保护范围以表示在图片或者照片中的该产品的外观设计为准,简要说明可以用于解释图片或者照片所表示的该产品的外观设计。简要说明是提交外观设计专利申请时必要的文件,如果未提交简要说明,专利局将不予受理。简要说明不得有商业性宣传用语,也不能用来说明产品的性能和内部结构。简要说明应当包括下列内容:

(1)外观设计产品的名称。

(2)外观设计产品的用途。写明有助于确定产品类别的用途,对于具有多种用途的产品,应当写明所述产品的多种用途。

(3)外观设计的设计要点。设计要点是指与现有设计相区别的产品的形状、图案及其结合,或者色彩与形状、图案的结合,或者部位。对设计要点的描述应当简明扼要。

(4)指定一幅最能表明设计要点的图片或者照片。指定的图片或者照片用于出版专利公报。

第六节　专利申请文件的提交

一、专利申请文件的提交

(一)纸件申请

纸件申请除另有规定外相关文件应当以纸件形式提交。申请人以纸件形式提出专利申请并被受理的,在审批程序中应当以纸件形式提交相关文件,除另有规定(例如涉及核苷酸/氨基酸的专利申请需要提交序列表的计算机可读形式副本,外观设计专利申请必要时可以提交外观设计模型)外,申请人以电子文件形式提交的相关文件视为未提交。以口头、电话、实物等非书面形式办理各种手续的,或者以电报、电传、传真、电子邮件等通信手段办理各种手续的,均视为未提交,不产生法律效力。

(1)面交或邮寄。申请人申请专利或办理其他手续的,可以将申请文件当面递交或者通过邮局邮寄给国家知识产权局专利局受理部门或代办处。

(2)邮寄。向国务院专利行政部门邮寄有关申请或者专利权的文件,应当使用挂号信函,不得使用包裹,不得直接从国外,或者从中国香港、中国澳门或台湾地区向国家知识产权局邮寄文件。

(3)谁应当委托专利代理机构办理专利申请和其他专利事务

①在中国内地没有经常居所或者营业所的外国人、外国企业或者外国其他组织在中国申请专利和办理其他专利事务,或者作为第一署名申请人与中国内地的申请人共同申请专利和办理其他专利事务的,应当委托专利代理机构办理。

②在中国内地没有经常居所或者营业所的香港、澳门或者台湾地区的申请人向专利局提出专利申请和办理其他专利事务,或者作为第一署名申请人与中国内地的申请人共同申请专利和办理其他专利事务的,应当委托专利代理机构办理。

(二)电子申请

电子申请是指以互联网为传输媒介将专利申请文件以符合规定的电子文件形式向专利局提出专利申请。申请人以电子文件形式提出专利申请并被受理的,在审批程序中应当通过电子专利申请系统以电子文件形式提交相关文件,另有规定的除外。不符合规定的,该文件视为未提交。

(三)专利申请文件的要求

(1)一般要求

①一份文件不得涉及两件以上专利申请(或专利),一页纸上不得包含两种以上文件(例如一页纸不得同时包含说明书和权利要求书)。

②中文简化字。专利申请文件以及其他文件,除由外国政府部门出具的或者在外国形成的证明或者证据材料外,应当使用中文简化字。

专利申请文件是外文的,应当翻译成中文。其中外文科技术语应当按照规定译成中文,并采用规范用语。外文科技术语没有统一中文译法的,可按照一般惯例译成中文,并在译文后的括号内注明原文。

当事人在提交外文证明文件、证据材料时(例如优先权证明文本、转让证明等),应当同时附具中文题录译文,审查员认为必要时,可以要求当事人在规定的期限内提交全文中文译文或者摘要中文译文;期满未提交译文的,视为未提交该文件。

③国家法定计量单位。计量单位应当使用国家法定计量单位,包括国际单位制计量单位和国家选定的其他计量单位,必要时可以在括号内同时标注本领域公知的其他计量单位。

(2)标准表格

一张表格只能用于一件专利申请。

①标准表格。办理专利申请(或专利)手续时应当使用专利局制定的标准表格。标准表格由专利局按照一定的格式和样式统一制定、修订和公布。

办理专利申请(或专利)手续时以非标准表格提交的文件,审查员会发出补正通知书或者针对该手续发出视为未提出通知书。

②非标准表格。申请人在答复补正通知书或者审查意见通知书时,提交的补正书或者意见陈述书为非标准格式的,只要写明申请号,表明是对申请文件的补正,并且签字或者盖章符合规定的,可视为文件格式符合要求。

(3)纸张规格

①质量高的白色 A4 纸。各种文件使用的纸张质量应当与 80 克胶版纸相当或者更高。

②页边距。申请文件的顶部(有标题的,从标题上沿至页边)应当留有 25 mm 空白,左侧应当留有 25 mm 空白,右侧应当留有 15 mm 空白,底部从页码下沿至页边应当留有 15 mm 空白。

(4)书写规则

①打字或印刷。请求书、权利要求书、说明书、说明书摘要、说明书附图和摘要附图中文字部分以及简要说明应当打字或者印刷。上述文件中的数学式和化学式可以按照制图方式手工书写。申请文件不许涂改,如确有必要增删更改时,应当提出申请以后,通过补正手续办理。对申请文件的文字补正和修改,不得超出原说明书和权利要求书记载的范围。

其他文件除另有规定外,可以手工书写,但字体应当工整,不得涂改。

②字体及规格。各种文件应当使用宋体、仿宋体或者楷体。

字高应当为 3.5~4.5 mm,行距应当为 2.5~3.5 mm。

③书写方式。各种文件除另有规定外,应当单面、纵向使用,自左至右横向书写,不得分栏书写。

④书写内容。同一内容在不同栏目或不同文件中应当填写一致。

⑤字体颜色。字体颜色应当为黑色,字迹应当清晰、牢固、不易擦、不褪色,以能够满足复印、扫描的要求为准。

⑥编写页码。各种文件应当分别用阿拉伯数字顺序编写页码,页码应当置于每页下部页边的上沿,并左右居中。

（5）证明文件

各种证明文件应当由有关主管部门出具或者由当事人签署；应当提供原件；证明文件是复印件的，应当经公证或者由主管部门加盖公章予以确认（原件在专利局备案确认的除外）。

（6）文件份数

①一式两份。申请人提交的专利申请文件应当一式两份，原本和副本各一份，并应当注明其中的原本。申请人未注明原本的，专利局指定一份作为原本。

两份文件的内容不同时，以原本为准。

②一式一份。除《实施细则》和《审查指南》另有规定以及申请文件的替换页外，向专利局提交的其他文件（如专利代理委托书、实质审查请求书、著录项目变更申报书、转让合同等）为一份。

③其他份数。文件需要转送其他有关方的，专利局可以根据需要在通知书中规定文件的份数。

（7）签字或者盖章

向专利局提交的专利申请文件或者其他文件，应当按照规定签字或者盖章。

未委托专利代理机构的申请，应当由申请人（或专利权人）、其他利害关系人或者其代表人签字或者盖章；办理直接涉及共有权利的手续，应当由全体权利人签字或者盖章；委托了专利代理机构的，应当由专利代理机构盖章，必要时还应当由申请人（或专利权人）、其他利害关系人或者其代表人签字或者盖章。

（8）样品、样本或模型

国家知识产权局专利局在受理专利申请时不接收样品、样本或模型，在后续的审查程序中，申请人应审查员要求提交样品、样本或模型时，如果在国家知识产权局专利局受理窗口当面提交，则应当出示"审查意见通知书"；如果是邮寄，则应当在邮件上写明"提交样品、样本或模型"类似字样。

样品或者模型的体积不得超过 30 cm×30 cm×30 cm，重量不得超过 15 kg。易腐、易损或者危险品不得作为样品或者模型提交。

二、专利信息的利用

（一）专利文献

专利文献应当包括专利说明书、专利公报、发明与专利的分类资料以及查找专利文献的各种索引和工具书等。一般所说的专利文献，多是指专利说明书。专利文献的主要特性有如下七个方面。

①寓技术、法律和经济情报于一体。每一种专利文献都记载着解决某种技术课题的新方案，同时它又是宣布发明所有权和权利要求的文件。专利文献可为想采用这项发明的人们提供洽谈购买专利许可证的对象和地址，也能供人们根据授予专利权的不同国家和地理分布分析产品和技术的销售情况、潜在市场等情报，并进而为该项发明的经济价值评价提供有关信息。这是专利文献优于其他科技文献的最主要的一点。

②反映新技术快。申请人往往在发明试验一获得（或接近）成功的时候就申请专利，从而使专利文献对于新技术的报道往往先于其他文献。许多有价值的发明，如雷达、电视机、气垫船等，都是在专利文献上公布好几年以后才见诸其他文献。

③技术内容广泛,知识覆盖面大。专利文献对于应用科学范围的技术内容几乎无所不包,从现代尖端技术(如原子能发电设备)到简易的日常生活用品(如拉链、足球、纽扣等),都能在专利文献中找到有关信息。

④内容描述详尽。专利说明书一般对于发明技术(目的、用途、特点、背景、效果和采用的原理、方法等)都有明确阐述,往往还有各种附图和各种公式及表格,其详尽程度亦非一般科技文献所能比。

⑤系统地收录了技术发展的全过程。国外很多企业为了在竞争中取得优势,对于产品或工艺在发展过程中的每个方面和有关环节,即使是极小的一步改进,都要谋求专利的保护。现在,在我国大力提倡自主创新的形势下,许多企业也逐步向这方面靠拢,开始采用"专利战"保护并促进自身的快速发展。所以,普查检索一项技术的全部发明说明书,通过分析某一家企业所取得的专利,就可能对其研制设计项目、产品技术水平以及经营规模和动向有所了解。由于发明说明书均要对该项发明课题的背景情况和现有技术予以简述和比较,所以专利文献可以向人们提供关于某课题方面的系统知识。

⑥重复量大。在世界各国每年公布的约100万件的专利中,实际上只反映30万~35万件新的发明。大约有2/3二的专利文献是重复的。内容重复的相同专利,虽然给收藏和管理增加了负担,但从文献利用角度看,这种重复公布常为读者选择语种和国别提供多种机会,并能弥补外语能力不高和馆藏不全的种种缺陷。同时,通过分析重复的数量,也有助于评价一项发明的重要性。

⑦难懂。几百年来,专利说明书已演变成一种用词十分严谨的法律性文件。其文字烦琐、语句晦涩,即使对于发明主题比较熟悉的专业技术人员,在阅读专利文献时也难以像阅读一般科技文献那样轻松。专利文献的这一缺陷是专业人员利用专利文献的一个障碍。

综上所述,专利文献是一个巨大的知识宝库,但它也有一定的局限性。如专利法规定,一项发明应为一件专利申请,即一件专利说明书只叙述一项发明,如果需要对某产品做全面了解,即想了解产品的全部设计、生产和测试,就必须把各个有关环节的专利说明书检索查阅一遍,人们很难企望毕其功于一役、会查寻出一篇包罗各方面技术在内的专利来。

另外,西方世界的一些大企业为了竞争的需要,他们一方面充分利用专利文献收集竞争对手的技术情报,另一方面又竭力避免自己企业内部机密的公开,为此他们有时还会故意抛出一些虚假专利,使竞争对手摸不清自己的底细。这也给专利文献的检索查阅制造了不少困难和某些混乱。

(二)利用专利文献进行创造发明

专利文献是人类进行创造发明的一个巨大知识宝库,善于并有效地利用这些文献资料对于发明创造来说是极为重要的,所以也有人将其作为一种独立的发明创造技法而广泛采用。

(1)通过调查检索专利进行创造发明

由于专利文献的内容广泛、知识覆盖面大、反映新技术快,同时往往又系统收录了某项技术发展的全过程,因此通过对专利的检索和调查,可使创造者掌握动态、选择目标、寻求启示,从而进行必要的创造活动。例如,1970年德国公布了世界上第一件电子表专利,次年又出现了液晶显示器专利。日本人在全面调查、检索有关的专利资料以后做出了判断———将会出现一个电子表时代,于是利用该专利大力研制电子表,并于1975年抢先投放市场。结果,在世界上掀起了巨大的电子表冲击波,甚至震动了被称为"钟表王国"的瑞士。中国乐凯胶片公司也十分注重收集国内外各种感光材料方面的专利资料,并对其进行剖析、研究,然后找出自己产品与这些专利间的差距,再设法减小其中的差距,从而创造出自己的专利产品。

利用专利进行创造活动,一般是按创造者确定的发明对象从专利文献中寻找有关资料作为借鉴参考,并在其基础上进行更先进的创造发明。当然,也有直接在检索专利文献中找出符合自己需要的发明对象并进行创造研究的。

（2）综合专利进行创造发明

综合就是创造。在实际创造发明中,有时单凭一两篇专利文献是很难解决问题的,这时,往往可采用综合专利文献的方法进行创造发明。

比如,日本发明家丰田佐吉发明蒸汽机驱动的织布机,就是采用综合专利方法实现的。丰田佐吉开始研究时,其目标并不是一下子就明确为是针对织布机的。他为了寻找有利于自己企业发展的技术,开始系统地对专利文献进行检索和调查。当丰田佐吉和他的助手审阅了有关纺织的所有发明并对每个发明都做了简短评语以后,才确立了发明自动织布机的目标,从而研制出优良的动力自动织布机。

在我国,有关粮食科研部门开展的"新型米蛋白发泡粉"课题研究,也是在综合专利的基础上进行的。研究人员首先系统地查阅了近30年来国外有关的专利文献,并把有关内容逐一摘录登入卡片,再将资料卡片分类、排列和组合。对专利文献全面综合研究之后发现,发泡剂的生产工艺几乎都是采用碱发工艺,而另一种酶发工艺的效率低、成本高,很少被采用。用何种更先进的方法和工艺取代它呢？如何在综合别人工艺长处的基础上进行创造呢？研究人员又进一步收集和研究各国最新的有关研究成果以及生产工艺、设备、方法等方面的情报资料,最后终于研究成功了"新型米蛋白发泡粉",并获得了国家创造发明奖。

（3）寻找专利空隙进行创造发明

有资料表明,迄今为止在已公布的我国专利中,具有推广实用价值的专利约占10% ~ 15%（其他国家则更低）。那么,这些专利乃至未被推广应用的专利是否还有可利用的价值呢？毋庸置疑,答案是肯定的。在已公布的浩瀚的专利文献中,人们不仅能找到许多成功发明的脉络,也可找到许多失败技术的脉络,还可找到许多潜在的、经过进一步努力即有望成功的技术的脉络。对于这些脉络思想的系统研究和缜密思考,人们就可以找到其成功或失败的原因以及现有专利未能实用化之关键所在。

美国人 C. F. 卡尔森发明的干印术就是一例。卡尔森毕业于加利福尼亚大学物理系,工作期间他看到复写文件需要花费大量繁重劳动,于是决心发明一种新的复制方法。最初的几次试验均告失败,在以后的三四年中,他利用大部分业余时间到纽约图书馆专门调查专利文献。他发现以前虽然也有人研究过复制,但都是采用化学方法而未想到采用光电效应。于是,他利用专利文献存在的这一知识空白提出了将光导电性和静电学原理相结合的新系统——干式照相技术,终于获得了静电复印技术的基础专利。

总之,人们利用专利文献,一方面可以从中受到很大启发而激发自己的创意,另一方面又可寻找有关课题并进行创造性构思,因此在发明创造过程中应当充分重视和认真对待现有的专利文献。应当着重指出,当今的社会是信息化社会,现代化的科学技术手段为创造者进行创造发明提供了前所未有的获取有用知识信息的机会和途径,因此充分利用人类社会创造的一切文明成果、科学利用专利（法）来进行发明创造不仅便捷可行,而且对于推动我国科技进步、发展生产力、增强综合国力和提高人民生活水平也具有重要的现实意义。

第七节　三种申请文件的样例

一、发明专利申请文件的样例

发明专利申请文件包括说明书、说明书附图(可不写)、权利要求书、摘要以及摘要附图这五种文档。

下面以方法类主题的技术方案为例,分别给出各个文档的样例。

(一)说明书

(1)说明书格式

所属技术领域

本发明涉及一种×××××方法,属于×××××技术领域,尤其是涉及一种×××××方法。

[这里,前面的"本发明涉及一种×××××"是待申请的技术方案的较上位的主题名称,后面的"尤其是涉及一种×××××"一般是具体到待申请的技术方案的技术主题全称。再次强调:发明专利申请涉及的技术主题既能够涉及装置,也能够涉及方法。]

背景技术

目前,×××××。

[这里就是指出目前现有问题,引证文献资料。可以指出当前的不足或有待改进之处或者发明创造中有什么更有利的东西等,为了方便专利审查专家们更方便地审核专利,引经据典的要注明出处。]

发明内容

为了克服××××的不足,本发明×××××。(要解决的技术问题)

本发明解决其技术问题所采用的技术方案是:×××××。

[这里需要严格按照示例文档中的要求来写,比如:

①技术方案应当清楚、完整地说明发明的形状、构造特征,说明技术方案是如何解决技术问题的,必要时应说明技术方案所依据的科学原理。

②撰写技术方案时,机械产品应描述必要零部件及其整体结构关系;涉及电路的产品,应描述电路的连接关系;机电结合的产品还应写明电路与机械部分的结合关系;涉及分布参数的申请时,应写明元器件的相互位置关系;涉及集成电路时,应清楚公开集成电路的型号、功能等。

③技术方案不能仅描述原理、动作及各零部件的名称、功能或用途。]

本发明的有益效果是,×××××。

[写出你的发明和现有技术相比所具有的优点及积极效果]

具体实施方式

在图1中×××××。图2中,×××××。……

[具体实施方式部分给出优选的具体实施例。具体实施方式应当对照附图对发明的形状、构造进行说明,实施方式应与技术方案相一致,并且应当对权利要求的技术特征给予详细说明,以支持权利要求。附图中的标号应写在相应的零部件名称之后,使所属技术领域

的技术人员能够理解和实现,必要时说明其动作过程或者操作步骤。如果有多个实施例,每个实施例都必须与本发明所要解决的技术问题及其有益效果相一致。]

（2）"说明书"撰写样例

说　明　书

光催化降解水中有机氯类农药的方法

技术领域　本发明涉及一种降解农药的方法,尤其是光催化降解水溶液中有机氯类农药的方法,属于催化技术领域。

背景技术　众所周知,化学农药在粮食、蔬菜、水果、茶叶和中药材等农产品的生产中发挥着极其重要的作用,但是农药的使用也同时带来了许多不良后果。例如:农药在生产和使用过程中产生的废水会对生态环境造成严重破坏,残留在农产品中的农药严重威胁着人们的身体健康。有机氯类农药,如六六六和滴滴涕等,对病虫害具有广谱和高效的灭杀作用,在早年被大规模使用,由于其化学性质稳定,降解速度缓慢,耐热耐酸,容易残留,可通过动植物体内的蓄积和食物链的作用进入人体,在生物链中累积污染可达20～30年,造成对人体健康的极大危害。我国已于1983年禁止使用此类农药,但是目前在许多农产品中仍然能检测出有机氯类农药。

建立一种能快速转化有机氯类农药的方法,不仅有利于保护环境,而用能有效处理许多农产品的水提物,为提高我们的生活水平提供保障。目前常见的有机氯类农药的降解方法都或多或少存在一些缺陷:（1）利用微生物降解选择性比较高,但菌种的培养非常麻烦,在降解时菌种对温度的要求十分严格,只有在其最佳的温度下才有较高的降解率,大规模利用比较困难;（2）利用臭氧氧化降解具有广谱性,但也同时会破坏有效成分,因此比较适合工业废水处理,另外降解所需时间比较长,而且臭氧的制造费用比较高。（3）利用机械球磨脱氯适合固体粉末物质,通常是在氩气氛围中将CaO和含药物料混合在一起,在钢罐中球磨,经过十多个小时后,可基本脱除物料中的含氯农药,此方法耗时长,费用昂贵,适用面窄;（4）利用光催化降解技术前景广阔,这种方法利用光催化剂在紫外光作用下产生的具有氧化-还原能力的电子-空穴对对目标物进行有效分解,文献中大多利用纳米TiO_2的水悬浮液来催化降解水溶液中的农药,存在的主要问题有两个,一是催化材料很难回收利用甚至由此产生二次污染,二是单一纳米材料的降解选择性不高。

发明内容　本发明的目的是克服以往技术的不足,提供一种高选择、高效率的光催化降解水中有机氯类农药的方法。用这种方法处理含有机氯类农药的水溶液,具有降解速度快、不破坏有效成分、无二次污染、催化剂可反复使用和操作方便等特点。

本发明所述的光催化降解水中有机氯类农药的方法是以镍钛复合氧化物为催化剂,将其固载于具有多孔结构的陶瓷薄片上作为载体催化剂,将此载体催化剂置于盛有待处理的水溶液的光催化反应器中,开启搅拌器,在紫外光照射下,1小时内即可将水溶液中的有机氯类农药分解。载体催化剂的制备方法为:将纳米镍钛复合氧化物粉体经超声处

理后分散于去离子水中形成悬浮母液,将经硅烷化处理过的多孔陶瓷薄片浸入悬浮母液中静置,然后将陶瓷薄片直接烘干和煅烧,冷却后即得载体催化剂。

本发明的最佳载体催化剂的制备方法为:将粒径 20 ~ 80 nm 的镍钛复合氧化物粉体经超声处理后分散于 30 ~ 40 ℃ 的去离子水中形成悬浮母液,将经硅烷化处理过的孔径为 100 ~ 200 Å 的多孔陶瓷薄片浸入此悬浮母液中恒温静置 2 ~ 4 小时,然后将陶瓷薄片取出在 100 ~ 120 ℃ 温度下烘烤 1 ~ 2 小时,再在 400 ~ 600 ℃ 温度下焙烧 2 ~ 5 小时,冷却后即得。

本发明具有如下显著特点:

(1)载体催化剂便宜易得,化学性质稳定,耐酸、耐碱、耐热,寿命长,可以反复使用,不会造成二次污染;

(2)对有机氯类农药降解速度快、选择性好,一般在紫外光照射 1 小时内即可去除水溶液中有机氯类农药 90% 以上,而其他有效成分则几乎没有变化;

(3)本发明方法既可用于处理各种含有机氯类农药的工业废水,也可用于降解粮食、水果、茶叶或中草药等农产品水提物中的有机氯类残留农药。可降解的有机氯类农药包括六六六(BHC)、滴滴涕(DDT)、七氯(HC)、六氯代苯(HCB)、艾氏剂(ALD)、五氯硝基苯(PCNB)、氯丹(CD)等。

具体实施方式　以下所述实施例详细说明了本发明。

实施例 1

将 5 g 平均粒径 30 nm 的镍钛复合氧化物粉体经超声处理后分散于 120 mL. 30 ℃ 的去离子水中形成悬浮母液,将经硅烷化处理过的孔径为 100 Å 的多孔陶瓷薄片(200 mm×100 mm)浸入此悬浮母液中恒温静置 2 小时,然后将陶瓷薄片取出在 110℃ 的烘箱中烘烤 1 小时,再在 400 ℃ 的马福炉中焙烧 5 小时,自然冷却后即得载体催化剂,将此载体催化剂置于光催化反应器中,并将含有六六六的水溶液注入其中,开启搅拌器,在紫外光照射下,45 分钟可使水溶液中的六六六降解 90% 。

实施例 2

将 5 g 平均粒径 40 nm 的镍钛复合氧化物粉体经超声处理后分散于 120 mL 35 ℃ 的去离子水中形成悬浮母液,将经硅烷化处理过的孔径为 150 Å 的多孔陶瓷薄片(200 mm×100 mm)浸入此悬浮母液中恒温静置 3 小时,然后将陶瓷薄片取出在 110 ℃ 的烘箱中烘烤 1.5 小时,再在 500 ℃ 的马福炉中焙烧 4 小时,自然冷却后即得载体催化剂。将此载体催化剂置于光催化反应器中,并将含有滴滴涕的水溶液注入其中,开启搅拌器,在紫外光照射下,50 分钟可使水溶液中的滴滴涕降解 90% 。

实施例 3

将 5 g 平均粒径 50 nm 的镍钛复合氧化物粉体经超声处理后分散于 120 mL 40 ℃ 的去离子水中形成悬浮母液,将经硅烷化处理过的孔径为 200 Å 的多孔陶瓷薄片(200 mm

×100 mm)浸入此悬浮母液中恒温静置 4 小时,然后将陶瓷薄片取出在 110 ℃的烘箱中烘烤 2 小时,再在 550 ℃的马福炉中焙烧 3 小时,自然冷却后即得载体催化剂。将此载体催化剂置于光催化反应器中,并将含有七氯的水溶液注入其中,开启搅拌器,在紫外光照射下,45 分钟可使水溶液中的七氯降解 90%。

实施例 4

将 5 g 平均粒径 60 nm 的镍钛复合氧化物粉体经超声处理后分散于 120 mL 30 ℃的去离子水中形成悬浮母液,将经硅烷化处理过的孔径为 100 Å 的多孔陶瓷薄片(200 mm×100 mm)浸入此悬浮母液中恒温静置 2 小时,然后将陶瓷薄片取出在 110 ℃的烘箱中烘烤 1 小时,再在 600 ℃的马福炉中焙烧 2 小时,自然冷却后即得载体催化剂。将此载体催化剂置于光催化反应器中,并将含有六氯代苯的水溶液注入其中,开启搅拌器,在紫外光照射下,50 分钟可使水溶液中的六氯代苯降解 90%。

实施例 5

将 5 g 平均粒径 70 nm 的镍钛复合氧化物粉体经超声处理后分散于 120 mL. 40 ℃的去离子水中形成悬浮母液,将经硅烷化处理过的孔径为 200 Å 的多孔陶瓷薄片(200 mm×100 mm)浸入此悬浮母液中恒温静置 3 小时,然后将陶瓷薄片取出在 110℃的烘箱中烘烤 2 小时,再在 500 ℃的马福炉中焙烧 4 小时,自然冷却后即得载体催化剂。将此载体催化剂置于光催化反应器中,并将含有五氯硝基苯的水溶液注入其中,开启搅拌器,在紫外光照射下,50 分钟可使水溶液中的五氯硝基苯降解 90%。

100002

2010. 2

（二）权利要求书

（1）权利要求书格式

一种××××方法，包括：×××××（在此描述该方法包括的流程或步骤）。

根据权利要求 1 所述的××××装置，其特征在于，×××××（在此对权利要求 1 中已经出现的术语做进一步限定）。

根据权利要求 1 或 2 所述的××××装置，其特征在于，×××××（在此对权利要求 1 或权利要求 2 中已经出现的术语做进一步限定）。

［每个权利要求仅在结尾处使用句号表示该权利要求的表述到此结束，不在该权利要求未结束时使用额外的句号。］

（2）权利要求书样例

权利要求书

1. 一种光催化降解水中有机氯类农药的方法，其特征是以载有镍钛复合氧化物的多孔陶瓷薄片为载体催化剂，将其置于待处理的水溶液中，在紫外光照射下，可将水中的有机氯类农药迅速分解；载体催化剂的制备方法为：将镍钛复合氧化物粉体经超声处理后分散于 30~40 ℃的去离子水中形成悬浮母液，将经硅烷化处理过的多孔陶瓷薄片浸入此悬浮母液中恒温静置 2~4 小时，然后将陶瓷薄片取出在 100~120 ℃温度下烘烤 1~2 小时，再在 400~600℃温度下焙烧 2~5 小时，冷却后取得。

2. 根据权利要求 1 所述的光催化降解水中有机氯类农药的方法，其特征是所述的镍钛复合氧化物粉体的粒径为 20~80 nm。

3. 根据权利要求 1 所述的光催化降解水中有机氯类农药的方法，其特征是所述的多孔陶瓷薄片的孔径为 100~200 Å。

4. 根据权利要求 1 所述的光催化降解水中有机氯类农药的方法，其特征是所述的有机氯类农药包括六六六、滴滴涕、七氯、六氯代苯、艾氏剂、五氯硝基苯和氯丹。

100001

2010.2

（三）说明书摘要

（1）说明书摘要格式

为了××××（在此描述发明目的），本发明提供了一种××××方法，包括：××
×××（在此描述该方法包括的流程或步骤）。本发明提供的方法能够××××（在此提
供关于技术效果的描述）。

［应当注意：摘要一般不超过300个字，且如果使用附图标记则附图标记应当用"（ ）"括
起来。］

（2）说明书摘要样例

说明书摘要

　　本发明涉及一种光催化降解水中有机氯类农药的方法，其特征是以载有镍钛复合氧
化物的多孔陶瓷薄片为载体催化剂，将此载体催化剂置于待处理的水溶液中，在紫外光
照射下，可将水中的有机氯类农药迅速分解。载体催化剂的制备方法为：将纳米镍钛复
合氧化物粉体经超声处理后分散于去离子水中形成悬浮母液，将经硅烷化处理过的多孔
陶瓷薄片浸入悬浮母液中静置，然后将陶瓷薄片直接烘干和煅烧，冷却后即得载体催化
剂。本发明方法可用于处理含有机氯类农药的各种废水，也可用于降解食品或中草药水
提物中的有机氯类残留农药。

100004
2010.2

（四）说明书附图

［依照《专利法》及其《实施细则》以及《专利审查指南》的规定绘制，注意不应使用非纯黑或白背景的图形或图片。］

（五）说明书摘要附图

［应注意：当需要附图并在《说明书附图》文档中绘制了至少一幅图片时，必须选择《说明书附图》中的一幅作为摘要附图。］

二、实用新型专利申请文件的样例

实用新型专利申请文件包括"说明书""说明书附图""权利要求书""摘要"以及"摘要附图"这五个文档。

（一）实用新型专利申请书填写要求

（1）说明书

所属技术领域

本实用新型涉及一种×××××装置，属于×××××技术领域，尤其是涉及一种×××××装置。

［这里，前面的"本实用新型涉及一种×××××"是待申请的技术方案的较上位的主题名称，后面的"尤其是涉及一种×××××"一般是具体到待申请的技术方案的技术主题全称。再次强调：实用新型专利申请涉及的技术主题只能涉及装置，不能涉及方法。］

背景技术

目前，×××××。

［这里指出目前现有问题，引证文献资料。可以指出当前的不足或有待改进之处或者实用新型创造中有什么更有利的东西等，为了方便专利审查专家们更方便地审核你的专利，引经据典的要注明出处。］

实用新型内容

为了克服×××××的不足，本实用新型×××××。（要解决的技术问题）

本实用新型解决其技术问题所采用的技术方案是：×××××。

［这里需要严格按照示例文档中的要求来写，比如：

①技术方案应当清楚、完整地说明实用新型的形状、构造特征、说明技术方案是如何解决技术问题的，必要时应说明技术方案所依据的科学原理。

②撰写技术方案时，机械产品应描述必要零部件及其整体结构关系；涉及电路的产品，应描述电路的连接关系；机电结合的产品还应写明电路与机械部分的结合关系；涉及分布参数的申请时，应写明元器件的相互位置关系；涉及集成电路时，应清楚公开集成电路的型号、功能等。

③技术方案不能仅描述原理、动作及各零部件的名称、功能或用途。］

本实用新型的有益效果是，×××××。

［写出实用新型和现有技术相比所具有的优点及积极效果。］

附图说明

下面结合附图和实施例对本实用新型做进一步说明。

图1是本实用新型的×××××原理图。

图2是×××××构造图。

图3是×××××图。

……

图中：

1. ×××××2. ×××××3. ×××××4. ×××××

5. ×××××6. ×××××7. ×××××8. ×××××

……

[附图说明:应写明各附图的图名和图号,对各幅附图作简略说明,必要时可将附图中标号所示零部件名称列出。也就是说,上面的"图中:1. ×××××2. ×××××3. ×××××……"这部分内容是可以省略的。]

具体实施方式

在图1中,×××××。图2中,×××××。……

[具体实施方式部分给出优选的具体实施例。具体实施方式应当对照附图对实用新型的形状、构造进行说明,实施方式应与技术方案相一致,并且应当对权利要求的技术特征给予详细说明,以支持权利要求。附图中的标号应写在相应的零部件名称之后,使所属技术领域的技术人员能够理解和实现,必要时说明其动作过程或者操作步骤。如果有多个实施例,每个实施例都必须与本实用新型所要解决的技术问题及其有益效果相一致。]

(2)说明书附图

[依照《专利法》及其《实施细则》以及《专利审查指南》的规定绘制,注意不应使用非纯黑或白背景的图形或图片]

(3)权利要求书

1. 一种××××装置,包括:×××××(在此描述该装置包括的流程或步骤)。

2. 根据权利要求1所述的××××装置,其特征在于,×××××(在此对权利要求1中已经出现的术语做进一步限定)。

3. 根据权利要求1或2所述的××××装置,其特征在于,×××××(在此对权利要求1或权利要求2中已经出现的术语做进一步限定)。

[每个权利要求仅在结尾处使用句号表示该权利要求的表述到此结束,不在该权利要求未结束时使用额外的句号]

(4)说明书摘要

为了×××××(在此描述实用新型目的),本实用新型提供了一种×××××装置,包括:×××××(在此描述该装置包括的流程或步骤)。本实用新型提供的装置能够××××(在此提供关于技术效果的描述)。

[应当注意:摘要一般不超过300个字,且如果使用附图标记则附图标记应当用"( )"括起来。]

(5)摘要附图

[应注意:当需要附图并在《说明书附图》文档中绘制了至少一幅图片时,必须选择《说明书附图》中的一幅作为摘要附图。]

（二）实用新型专利申请书撰写样例

（1）说明书

说　明　书

一种二氧化氯发生装置

技术领域

本实用新型涉及一种二氧化氯发生装置,特别是能间歇生产不同浓度二氧化氯消毒溶液的发生装置,属于环境保护技术领域。

背景技术

二氧化氯具有灭菌、防腐、保鲜、除臭等多种功能,是国际上公认的性能优良的第四代消毒剂。众所周知,早期的水体消毒处理一直采用液氯,而其处理产物中的三氯甲烷(致癌物)对人体危害极大,1983 年美国国家环保局提出饮用水中三氯甲烷含量不能超过 0.01 mg/L,并推荐二氧化氯作为控制水中三氯甲烷量适宜的技术之一,从而使其在饮用水中得到了广泛的应用。此后发现,二氧化氯应用在其他领域也有许多显著的优势,如:在纸浆漂白中,二氧化氯对纸浆纤维的破坏极少,从而使成品纸的强度大增;在工业循环冷却水处理中,二氧化氯具有高效杀菌、灭藻,并对设备器壁上生物泥垢有优良的剥离清洗效果;在工业污水处理中,二氧化氯对硫醇、酚类、氰化物、仲胺和有机硫化物有良好的处理效果;在水产养殖业,二氧化氯能大幅度减少水中的致病微生物。

二氧化氯制备技术可分为电解法和化学法两大类。电解法以氯化钠或氯酸钠为电解原料,在特定电解槽中,通过电极反应制备包含二氧化氯在内的混合气体;电解法由于产品中有大量氯气存在,二氧化氯浓度低,且耗电量大,所以在许多领域已逐渐被淘汰。化学法以氯酸钠或亚氯酸钠为主要原料,在特制的反应器中,适当温度和压力下,通过氧化－还原反应制备二氧化氯;化学法可以得到较高纯度的二氧化氯且可以实现大规模生产,但是由于二氧化氯具有强的氧化性、浓的刺激气味、稳定性差和容易爆炸等特点,使其在生产、包装、运输和使用过程中都面临着许多难题。因此,目前比较流行的做法是使用现场发生的小型设备;现有的化学法二氧化氯发生器大多采用单一模式连续运行的控制方式,不能适应分散使用、间歇运行、精确调节浓度等使用要求。

本实用新型的目的是克服以往技术的不足,提供一种成本低、操作灵活、浓度可调、可间歇运行、安全方便的纯二氧化氯溶液发生装置。

发明内容

为实现上述目的,本实用新型依据亚氯酸盐与酸在适当条件下作用生成二氧化氯的原理设计了一种纯二氧化氯溶液发生装置。这种发生装置主要由原料储存罐、反应室、水泵、文丘里管、电磁阀、控制器、连接管路和控制线路构成。两个原料储存罐内分别设有液位传感器,反应室内设有加热装置,两个原料储存罐分别由连接管路接于反应室的入口,原料储存罐与反应室之间分别设有电磁阀,反应室出口与文丘里管的抽气口连接,水泵与文丘里管的入口由连接管路相接,文丘里管的出口连接二氧化氯溶液输出管。此外,控制器通过控制线路调整和反馈水泵、原料储存罐、反应室和电磁阀的状态。

100002

2010.2

说　明　书（续）

使用时，依据需要制备二氧化氯溶液的浓度要求，控制器可以自动调整水泵出水流量、随时检测原料储存罐内原料溶液的液位高度并据此调整电磁阀的流量大小、自动控制反应温度。发生装置停止使用前，会先关闭电磁阀和反应室内的加热装置，待二氧化氯抽净后再关闭水泵。只要两个原料储存罐内存有原料可随时开启使用。

按照本实用新型设计的二氧化氯发生装置，具有以下明显特点：

1. 该装置可间歇使用，不受时间、空间限制；

2. 可以直接产生不用经过调配即可达到使用浓度的高纯二氧化氯溶液；

3. 二氧化氯溶液浓度可以方便地由控制器在 15～300 mg/L 之间任意调节；

4. 采用文丘里管负压装置将二氧化氯气体加入水体制成溶液，生产过程安全可靠，不存在爆炸的顾虑；

5. 结构简单、易于维护、成本低廉、使用方便。

附图说明

图 1 为二氧化氯发生装置的结构示意图。

图中各组件为：1 文丘里管、2 二氧化氯溶液出口、3 原料储存罐、4 电磁阀、5 反应室、6 电磁阀、7 原料储存罐、8 水泵、9 控制器。

具体实施方式

参见附图，本实用新型由两个分别存放亚氯酸盐溶液和盐酸溶液的原料储存罐 3 和 7、反应室 5、水泵 8、文丘里管 1、两个电磁阀 4 和 6、控制器 9 和连接管路构成。两个原料储存罐 3 和 7 内分别设有液位传感器，随时向控制器 9 反馈液位高度，再由控制器 9 根据液位信息分别调整原料储存罐 3 和 7 与反应室 5 之间的电磁阀 4 和 6 的开度大小，反应室 5 内的加热装置由控制器 9 根据反应要求调控，水泵 8 的流量由控制器 9 根据产生二氧化氯的量和所需浓度要求自动调整，二氧化氯溶液出口 2 流出的即为所需浓度的二氧化氯溶液。

使用本实用新型设备时，在两个原料储存罐 3 和 7 内分别加入适量亚氯酸盐溶液和盐酸溶液，水泵 8 连接水源，控制器 9 接通电源。将需要制备的二氧化氯溶液的浓度和产量信息输入控制器 9，控制器 9 可以自动调整水泵 8 的出水流量、根据两个原料储存罐 3 和 7 内原料溶液的液位高度动态调整两个电磁阀 4 和 6 的开度大小、自动控制反应室 5 的温度。水泵 8 的出水口由连接管路与文丘里管 1 的入水口相连，水快速流经文丘里管 1 时在其抽气口处产生负压，反应室 5 内产生的二氧化氯气体被文丘里管 1 抽气口的负压抽出并与水混合，此时，二氧化氯溶液出口 2 流出的即为所设定浓度的二氧化氯溶液。当达到产量要求时，控制器 9 会先关闭电磁阀 4、6 和反应室 5 内的加热装置，待二氧化氯抽净后再关闭水泵 8，以确保安全。再次使用时，首先检查原料存量，满足要求后，分别开启水泵、加热装置和电磁阀。

100002
2010.2

（2）说明书附图

说明书附图

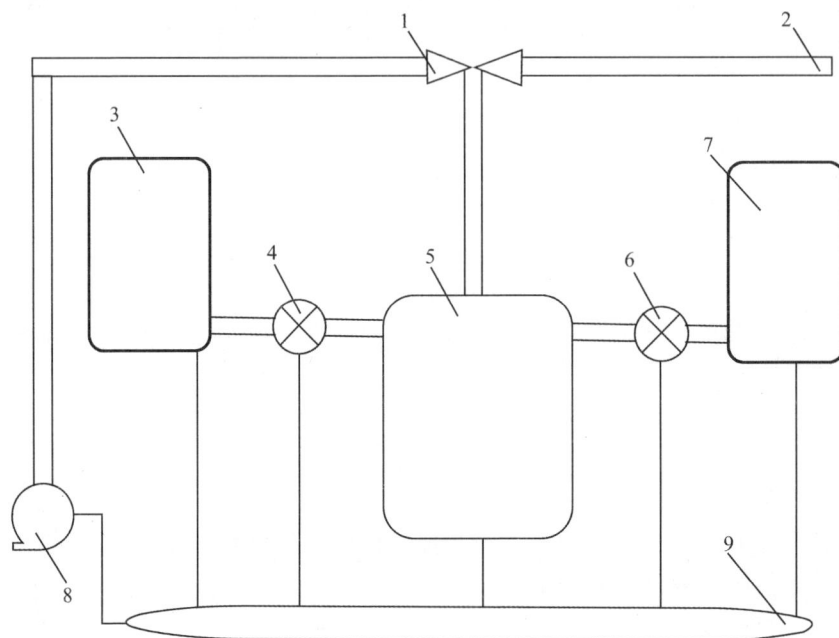

图 1

（3）权利要求书

权利要求书

---

1. 一种能间歇生产不同浓度消毒溶液的二氧化氯发生装置,其特征在于:所述的二氧化氯发生装置在同一水平高度设有两个原料储存罐 3 和 7,并分别通过电磁阀 4 和 6 与较低水平高度的反应室 5 连接,水泵 8 通过水管与文丘里管 1 的进水口相连,文丘里管的进气口与设在反应室上盖上的导气管连接,文丘里管的出水口通过水管与出口 2 连通,水泵、原料储存罐、电磁阀和反应室都通过导线与控制器 9 相连。

2. 根据权利要求 1 所述的二氧化氯发生装置,其特征在于:所述的原料储存罐内设有液位传感器。

3. 根据权利要求 1 所述的二氧化氯发生装置,其特征在于:所述的反应室内设有加热装置。

100001

2010. 2

（4）说明书摘要

说明书摘要

　　本实用新型涉及一种二氧化氯发生装置,特别是能间歇生产不同浓度二氧化氯消毒溶液的发生装置。这种发生装置由原料储存罐、反应室、水泵、文丘里管、电磁阀、控制器、连接管路和控制线路构成。使用时,在两个原料储存罐内分别加入适量亚氯酸盐溶液和盐酸溶液,将需要制备的二氧化氯溶液的浓度和产量信息输入控制器,接通水源和电源,控制器即可根据要求自动调整原料进入量、水泵出水量和相关反应条件,并于二氧化氯溶液出口处定量流出设定浓度的二氧化氯溶液。该装置结构简单、易于维护、使用方便,制备的二氧化氯溶液成本低廉、使用安全。

100004

2010. 2

（5）摘要附图

摘要附图

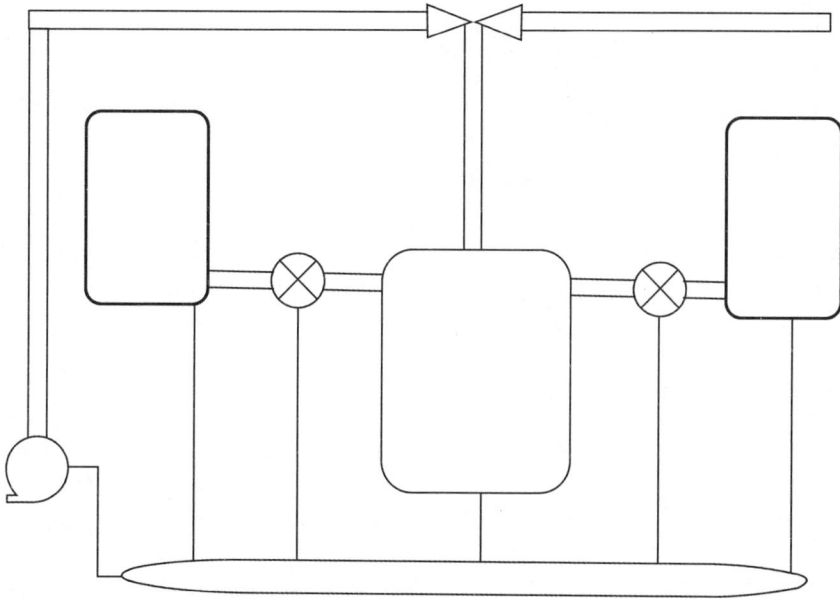

三、外观设计申请文件的样例

本外观设计产品的名称：×××××。

本外观设计产品的用途：×××××。

本外观设计的设计要点：×××××。

最能表明设计要点的图片或者照片：×××××。

其他说明

［例如："左视图与右视图对称,省略左视图""请求保护色彩"等］

外观设计简要说明

1. 本外观设计产品名称：机器人吸尘器。
2. 本外观设计产品用途：本外观设计产品用于吸入灰尘等。
3. 本外观设计产品的设计要点：在于如图所示的形状。
4. 最能表明本外观设计要点的图片或照片：立体图。

外观设计图片或照片

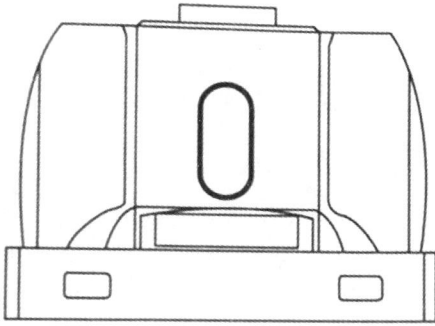

主视图

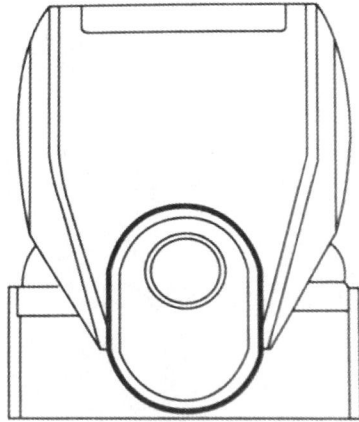

俯视图

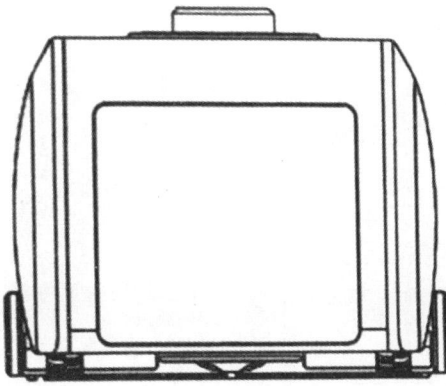

后视图

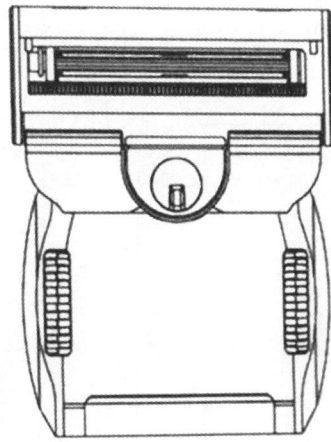

仰视图

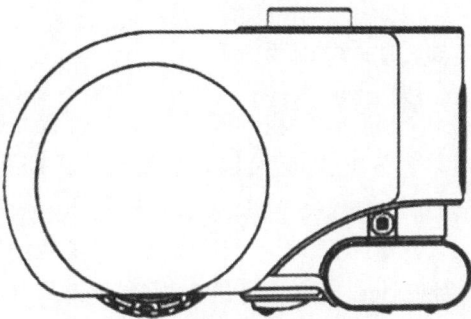

侧视图

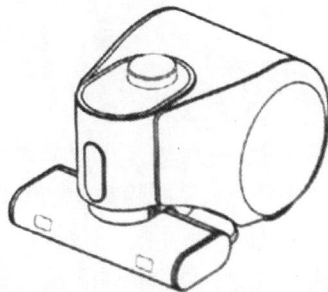

立体图

第五章

TRIZ 发明问题解决理论概述

　　TRIZ(系俄文字母对应的拉丁字母缩写)意为解决发明创造问题的理论,起源于苏联,英译为 Theory of Inventive Problem Solving,英文缩写为 TIPS。1946 年,以苏联海军专利部阿奇舒勒(C. S. Altshuller)为首的专家开始对数以百万计的专利文献加以研究,经过 50 多年的收集整理、归纳提炼,发现技术系统的开发创新是有规律可循的,并在此基础上建立了一整套系统化的、实用的解决创造发明问题的方法。TRIZ 理论认为发明问题的核心是解决冲突,在设计过程中不断地发现冲突,利用发明原理解决冲突,才能获得理想的产品。TRIZ 是基于知识的、面向人的解决发明问题的系统化方法学,其核心是技术系统进化原理,该理论的主要来源及构成如图 5 - 1 所示。

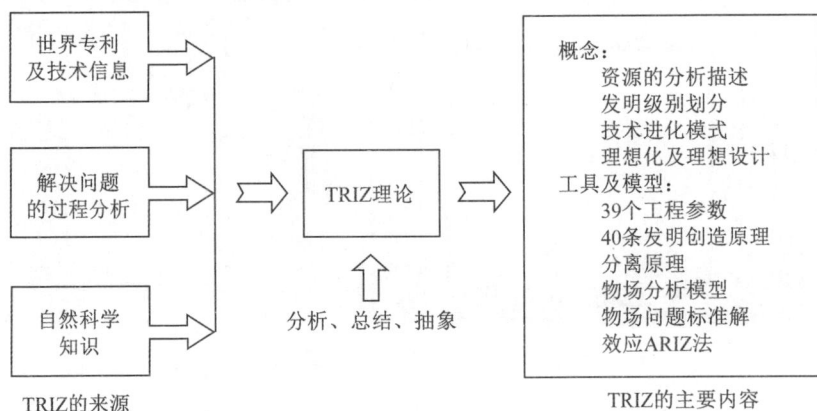

图 5 - 1　TRIZ 理论的主要来源及构成

　　利用 TRIZ 理论,设计者能够系统地分析问题,快速找到问题的本质或者冲突,打破思维定式,拓宽思路,准确地发现产品设计中需要解决的问题,以新的视角分析问题。根据技术进化规律预测未来发展趋势,找到具有创新性的解决方案,从而缩短发明的周期,提高发明的成功率,也使发明问题具有可预见性。因此 TRIZ 理论可以加快人们发明创造的进程,而且能得到高质量的创新产品,是实现创新设计和概念设计的最有效方法。由于 TRIZ 将产品创新的核心——产生新的工作原理的过程具体化了,并提出了一系列规则、算法与发明创造原理供研究人员使用,因而使它成为一种较为完善的创新设计理论和方法体系。

　　目前 TRIZ 被认为是可以帮助人们挖掘和开发自己的创造潜能、最全面系统地论述发明创造和实现技术创新的新理论,被欧美等国的专家认为是"超级发明术"。一些创造学专家甚至认为阿奇舒勒所创建的 TRIZ 理论,是发明了发明与创新的方法,是 20 世纪最伟大的成就。

第一节　TRIZ理论的起源与发展

一、TRIZ理论的起源

　　TRIZ之父根里奇·阿奇舒勒,1926年10月15日生于苏联的塔什干,他在14岁时就获得了首个专利证书,专利作品是水下呼吸器,即用过氧化氢分解氧气的水下呼吸装置成功解决了水下呼吸的难题。在15岁时他制造了一条船,船上装有使用碳化物作燃料的喷气发动机。1946年,阿奇舒勒开始了发明问题解决理论的研究工作,通过研究成千上万的专利,他发现了发明背后存在的模式并形成了TRIZ理论的原始基础。为了验证这些理论,他相继做了许多发明,例如获得苏联发明竞赛一等奖的排雷装置、船上的火箭引擎、无法移动潜水艇的逃生方法等,其中多项发明被列为军事机密,阿奇舒勒也因此被安排到海军专利局工作。在海军专利局处理世界各国著名发明专利的过程中,阿奇舒勒总是考虑这样一个问题:当人们进行发明创造、解决技术难题时,是否有可以遵循的科学方法和法则,从而能迅速地实现新的发明创造或解决技术难题呢? 答案是肯定的。他发现任何领域的产品改进、技术创新和生物系统一样,都存在产生、生长、成熟、衰老和灭亡的过程,是有规律可循的。人们如果掌握了这些规律,就能主动地进行产品设计并能预测产品未来的发展趋势。1948年12月,阿奇舒勒给斯大林写了一封信,批评当时的苏联缺乏创新精神,发明创造处于无知和混乱的状态。结果这封信给他带来了灾难,使其锒铛入狱,并被押解到西伯利亚投入集中营里。而集中营却成为TRIZ的第一所研究机构,在那里他整理了TRIZ基础理论。斯大林去世一年半后,阿奇舒勒获释。随后他根据自己的研究成果,于1961年出版了有关TRIZ理论的著作《怎样学会发明创造》。在以后的时间里,阿奇舒勒将其毕生精力致力于TRIZ理论的研究和完善,他于1970年亲手创办一所TRIZ理论研究和推广学校,后来培养了很多TRIZ应用方面的专家。在阿奇舒勒的领导下,由苏联的研究机构、大学和企业组成的TRIZ研究团体,分析了世界上近250万份高水平的发明专利,总结出各种技术进化所遵循的规律和模式,以及解决各种技术冲突和物理冲突的创新原理和法则,建立了一个由解决技术难题,实现创新开发的各种方法、算法组成的综合理论体系,并综合多学科领域的原理和法则,形成了TRIZ理论体系。

二、TRIZ理论的发展

　　从20世纪70年代开始,苏联建立了各种形式的发明创造学校,成立了全国性和地方性的发明家组织,在这些组织和学校里,可以试验解决发明课题的新技巧,并使它们更加有效。现在,在80座城市里,大约有100所这样的学校在工作着,每年都有几千名科技工作者、工程师和大学生在学习TRIZ理论。其中,最著名的就是1971年在阿塞拜疆创办的世界上第一所发明创造大学。事实上苏联及东欧的科学家大都采用TRIZ做发明创造的工作,不仅在大学理工科开设TRIZ课程,甚至在中、小学阶段也采用TRIZ理论对学生进行创新教育。在创新实践方面,苏联大力推广TRIZ理论,从而使苏联在20世纪70年代中期专利申请量跃居世界第二,在冷战时期保持了对美国的军事力量平衡。

　　苏联解体后,大批TRIZ专家移居欧美等发达地区,将TRIZ理论传入西方,使其在美、欧、日、韩等世界各地得到了广泛的研究与应用。目前,TRIZ已经成为最有效的创新问题求解方法和计算机辅助创新技术的核心理论。在俄罗斯,TRIZ理论已广泛应用于众多高科技工程领域中;欧洲以瑞典皇家工科大学(KTH)为中心,集中十几家企业开始了利用TRIZ进行创造性设计的研究计划;日本从1996年开始不断有杂志介绍TRIZ的理论、方法及应用实例;在以色列也成立了相应的研发机构;在美国也有诸多大学相继进行了TRIZ的技术研究……世界各地有关TRIZ的研究咨询机构相继成立,TRIZ理论和方法在众多跨国公司中迅速得以推广。如今TRIZ已在全世界被广泛应用,创造出成千上万项重大发明。经过半个多世纪的发展,TRIZ理论和方法加上计算机辅助创新已经发展成为一套解决新产品开发实际问题的成熟理论和方法体系,并经过实践的检验,为众多知名企业和研发机构创造了巨大的经济效益和社会效益。目前,TRIZ正在成为许多现代企业的独门暗器,可以帮助企业从技术"跟随者"成为行业的"领跑者",从而为企业赢得核心竞争力。

第二节　TRIZ 理论的主要内容

一、TRIZ 理论的基本观点

(一)理想技术系统

TRIZ理论认为,对技术系统本身而言,重要的不在于系统本身,而在于如何更科学地实现功能,较好的技术系统应是在构造和使用维护中都消耗资源较少,却能完成同样功能的系统;理想系统则是不需要建造材料,不耗费能量和空间,不需要维护,也不会损坏的系统,即在物理上不存在,却能完成所需要的功能。这一思想充分体现了简化的原则,是TRIZ理论所追求的理想目标。

(二)缩小的问题与扩大的问题

在解决问题的初期,面对需要克服的缺陷可以有很多不同的思路。例如:改变系统,改变子系统和其中的某一部件,改变高一层次的系统,都可能使问题得到解决。思路不同,所思考的问题及对应的解决方案也会有所不同。

TRIZ将所有的问题分为两类:缩小的问题和扩大的问题。缩小的问题致力于使系统不变甚至简化,进而消除系统的缺点,完成改进;扩大的问题则不对可选择的改变加以约束,因而可能为实现所需功能而开发一个新的系统,使解决方案复杂化,甚至使解决问题所需的耗费与解决的效果相比得不偿失。TRIZ建议采用缩小的问题,这一思想也符合理想技术系统的要求。

(三)系统冲突

系统冲突是TRIZ的一个核心概念,表示隐藏在问题后面的固有矛盾。如果要改进系统的某一部分属性,其他的某些属性就会恶化,就像天平一样,一端翘起,另一端必然下降,这种问题就称为系统冲突。典型的系统冲突有重量–强度、形状–速度、可靠性–复杂性冲突等。TRIZ认为,发明可以认为是系统冲突的解决过程。

(四)物理冲突

物理冲突又称为内部系统冲突。如果相互独立的属性集中于系统的同一元素上,就称为存在物理冲突。物理冲突的定义是:同一物体必须处于互相排斥的物理状态,也可以表述为为了实现功能 F1,元素应具有属性 P,或者为了实现功能 F2,元素应有对立的属性 P′。根据 TRIZ 理论,物理冲突可以用四种方法解决:把对立属性在时间上加以分割,把对立属性在空间上加以分割,把对立属性在条件上加以分割和把对立属性所在的系统与部件加以分割。

二、TRIZ 理论的主要内容

TRIZ 理论的体系庞大,主要包括以下内容。

(一)产品进化理论

发明问题解决理论的核心是技术系统进化理论,该理论指出技术系统一直处于进化之中,解决冲突是进化的推动力。进化速度随着技术系统一般冲突的解决而降低,使其产生突变的唯一方法是解决阻碍其进化的深层次冲突。TRIZ 中的产品进化过程分为 4 个阶段:婴儿期、成长期、成熟期和退出期。处于前两个阶段的产品,企业应加大投入,尽快使其进入成熟期,以使企业获得最大的效益;处于成熟期的产品,企业应对其替代技术进行研究,使产品获得新的替代技术,以应对未来的市场竞争;处于退出期的产品使企业利润急剧下降,应尽快淘汰。这些可以为企业产品规划提供具体的、科学的支持。产品进化理论还研究产品进化定律、进化模式与进化路线。沿着这些路线设计者可以较快地取得设计中的突破。

(二)分析

分析是 TRIZ 的工具之一,是解决问题的一个重要阶段。包括产品的功能分析、理想解的确定、可用资源分析和冲突区域的确定。功能分析的目的是从完成功能的角度分析系统、子系统和部件。该过程包括裁减,即研究每一个功能是否必要,如果必要,系统中的其他元件是否可以完成其功能。设计中的重要突破、成本或复杂程度的显著降低往往是功能分析及裁减的结果。假如在分析阶段问题的解已经找到,可以转到实现阶段;假如问题的解没有找到,而该问题的解需要最大限度地创新,则基于知识的三种工具——原理、预测和效应来解决问题。在很多的 TRIZ 应用实例中,三种工具需要同时采用。

(三)冲突解决原理

原理是获得冲突解所应遵循的一般规律,TRIZ 主要研究技术与物理两种冲突。技术冲突是指传统设计中所说的折中,即由于系统本身某一部分的影响,所需要的状态不能达到;物理冲突是指一个物体有相反的需求。TRIZ 引导设计者挑选能解决特定冲突的原理,其前提是要按标准参数确定冲突,然后利用 39×39 条标准冲突和 40 条发明创造原理解决冲突。

(四)物质 – 场分析

阿奇舒勒对发明问题解决理论的贡献之一是提出了功能的物质 – 场的描述方法与模型。其原理为:所有的功能可分解为两种物质和一种场,即一种功能是由两种物质及一种场的三元件组成。产品是功能的一种实现,因此可用物质 – 场分析产品的功能,这种分析方法是 TRIZ 的工具之一。

(五)效应

效应是指应用本领域以及其他领域的有关定律解决设计中的问题,如采用数学、化学、生物和电子等领域中的原理解决机械设计中的创新问题。

(六)发明问题解决算法 ARIZ

TRIZ 认为,一个问题解决的困难程度取决于对该问题的描述或程式化方法,描述得越清楚,问题的解就越容易找到。TRIZ 中发明问题求解的过程是对问题不断地描述、不断地程式化的过程。经过这一过程,初始问题最根本的冲突被清楚地暴露出来,能否求解已很清楚。如果已有的知识能用于该问题则有解,如果已有的知识不能解决该问题则无解,需等待自然科学或技术的进一步发展,该过程是靠 ARIZ 算法实现的。

ARIZ(Algorithm for Inventive Problem Solving)称为发明问题解决算法,是 TRIZ 的一种主要工具,是解决发明问题的完整算法。该算法主要针对问题情境复杂、冲突及其相关部件不明确的技术系统,通过对初始问题进行一系列分析及再定义等非计算性的逻辑过程,实现对问题的逐步深入分析和转化,最终解决问题。该算法特别强调冲突与理想解的标准化,一方面技术系统向理想解的方向进化,另一方面如果一个技术问题存在冲突需要克服,该问题就变成一个创新问题。

ARIZ 中冲突的消除有强大的效应知识库的支持,效应知识库包括物理的、化学的、几何的等效应。作为一种规则,经过分析与效应的应用后问题仍无解,则认为初始问题定义有误,需对问题进行更一般化的定义。应用 ARIZ 取得成功的关键在于没有理解问题的本质前,要不断地对问题进行细化,一直到确定了物理冲突,该过程及物理冲突的求解已有软件支持。

根据以上分析可知,TRIZ 的基本理论体系可用图 5-2 所示的屋状结构表示,图中比较详细和形象地展示了 TRIZ 的内容和层次,可见 TRIZ 是一个比较完整的理论体系。这个体系包括:以辩证法、系统论、认识为理论指导;以自然科学、系统科学和思维科学为科学支撑;以海量专利的分析和总结为理论基础;以技术系统进化法则为理论主干;以技术系统/技术过程、冲突、资源、理想化最终结果为基本概念;以解决工程技术问题和复杂发明问题所需的各种问题分析工具、问题求解工具和解题流程为操作工具。

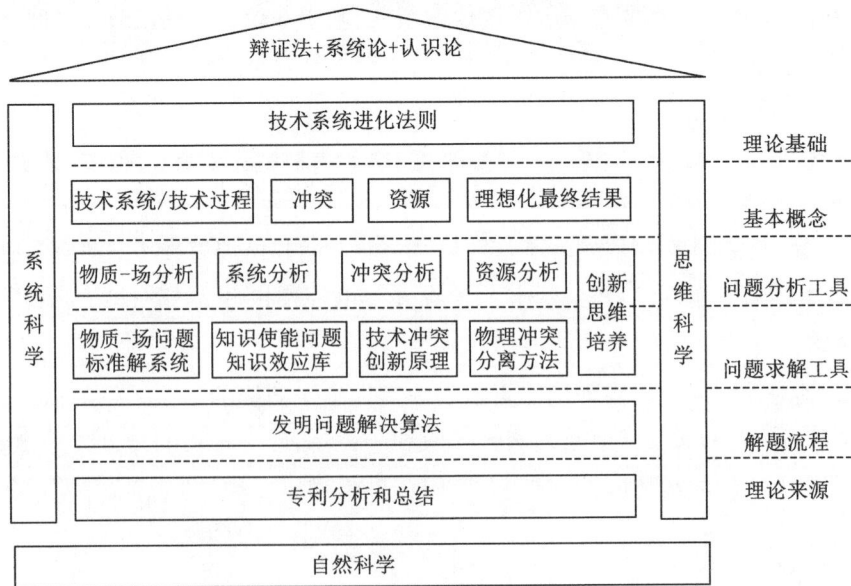

图 5-2 TRIZ 的基本理论体系框架

经过多年的不断发展,这一方法学体系在实践中逐渐丰富和完善,已经取得了良好的应用效果和巨大的经济效益,成为适用于各个年龄段和多种知识层面人的有效创新方法。

三、TRIZ 理论的重要发现

在技术发展的历史长河中,人类已完成了许多产品的设计,设计人员或发明家已经积累了很多发明创造的经验。通过研究成千上万的专利,阿奇舒勒发现:

(1)在以往不同领域的发明中所用到的原理(方法)并不多,不同时代的发明,不同领域的发明,其应用的原理(方法)被反复利用。

(2)每条发明原理(方法)并不限定应用于某一特殊领域,而是融合了物理的、化学的和各工程领域的原理,这些原理适用于不同领域的发明创造和创新。

(3)类似的冲突或问题与该问题的解决原理在不同的工业及科学领域交替出现。

(4)技术系统进化的规律及模式在不同的工程及科学领域交替出现。

(5)创新设计所依据的科学原理往往属于其他领域。

例如,20 世纪 80 年代中期,某钻石生产公司遇到的问题是需要把有裂纹的大钻石,在裂纹处使其破碎和分开,以生产出满足用户大小要求的产品。在很长一段时间内,公司的技术人员花费了大量的精力和经费,一直没能很好地解决这个问题。最后,经过分析发现可以用加压减压爆裂的方法——压力变化原理来解决问题,从而实现了在大钻石的裂纹处破碎和分开。尽管问题解决了,但是他们没有发现实际上类似的问题在几十年前的其他领域早已解决了,而且已经申请了发明专利。

20 世纪 40 年代,农业上遇到了如何把辣椒的果肉与果核有效分开,从而生产辣椒的果肉罐头食品的问题。经过分析,发现最有效的方法是把辣椒放在一个密闭的容器中,并使容器内的压力由 1 个大气压逐渐增加到 8 个大气压,然后使容器内的压力突然降低到 1 个大气压,由于容器内压力的骤变,使容器内辣椒果实产生内外的压力差,导致其在最薄弱的部分产生裂纹,使内外压力相等。容器内压力的突然降低又使已经实现压力平衡的、已产生裂纹的辣椒果实再次失去平衡,出现辣椒果实的爆裂现象,使果肉与果核顺利地分开。

同样的原理又相继被用在松子、向日葵、栗子的破壳和过滤器的清洗等方面。上述几个实例说明了"类似的冲突或问题与该问题的解决原理在不同的工业及科学领域交替出现"。只不过针对不同的领域,具体的技术参数发生了变化。如压力法清洗过滤器需要 5 ~ 10 个大气压,农产品的破壳需要 6 ~ 8 个大气压,而大钻石裂纹处的分开需要 1 000 多个大气压。

第三节　TRIZ 解决发明创造问题的一般方法

最早的发明问题是靠试错法,即不断选择各种方案来解决问题。在此过程中,人们积累了大量的发明创造经验与有关物质特性的知识。利用这些经验与知识提高了探求的方向性,使解决发明问题的过程有序化。同时发明问题本身也发生了变化,随着时间的推移变得越来越复杂,直至今天,要想找到一个需要的解决方案,也得做大量的无效尝试。现在需要新的方法来控制和组织创造过程,从根本上减少无效尝试的次数,以便有效地找到新方法,因此必须有一套具有科学依据并行之有效的解决发明问题的理论。

  TRIZ 解决发明创造问题的一般方法是:首先设计者应将需要解决的特殊问题加以定义和明确;其次利用物质 – 场分析等方法,将需要解决的特殊问题转化为类似的标准问题;然后利用 TRIZ 中解决发明问题的原理和工具,求出该标准问题的标准解决方法;最后,根据类似的标准解决方法的提示并应用各种已有的技术知识和经验,就可以构思解决特殊问题的创新设计方法了。当然,某些特殊问题也可以利用头脑风暴法直接解决,但难度很大。TRIZ 解决发明创造问题的一般方法可用图 5 – 3 表示。

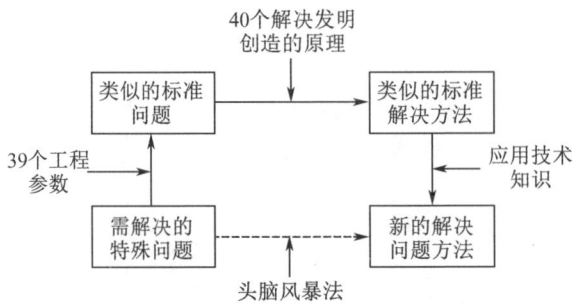

图 5 – 3 TRIZ 解决发明创造问题的一般方法

  现用一个初等数学的例子来说明 TRIZ 方法的操作过程。如图 5 – 4 所示,一元二次方程求根有两种途径,用头脑风暴法求解看起来很直接,但解题者必须经过严格的数学训练,并且试凑若干次后才能得出正确的解。而程式化的求解过程步骤虽然较多(见图 5 – 4 中箭头所指方向),但可以保证一次性地成功得到结果,从而为一元二次方程求根提供了解题的规律。该求根方法与 TRIZ 方法的操作过程有完全相似之处,由此可见,利用 TRIZ 方法进行程式化的求解,可以少走很多弯路,从而直达理想化的目标。

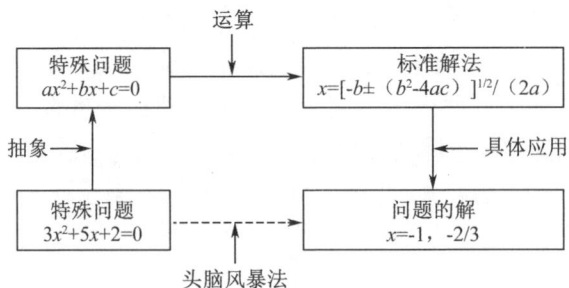

图 5 – 4 解一元二次方程的基本方法

  设计一台旋转式切削机器。该机器需要具备低转速(100 r/min)、高动力,以取代一般高转速(3 600 r/min)的交流电动机。具体的分析解决该问题的框图如图 5 – 5 所示。

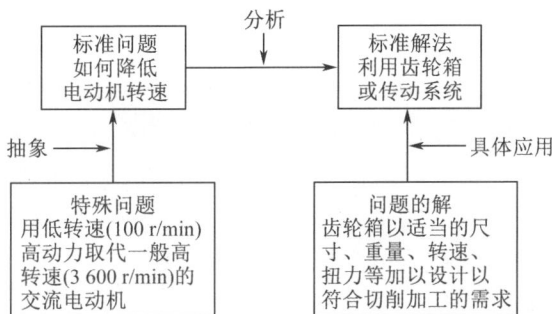

图 5-5　设计低转速高动力机器分析框图

第四节　发明创造的等级划分

阿奇舒勒和他的同事们,通过对大量的专利进行分析后发现,各国不同的发明专利内部蕴含的科学知识、技术水平都有很大的区别和差异。以往在没有分清这些发明专利的具体内容时,很难区分出不同发明专利存在的知识含量、技术水平、应用范围、重要性、对人类贡献的大小等问题。因此,把各种不同的发明专利依据其对科学的贡献程度、技术的应用范围及为社会带来的经济效益等情况,划分出一定的等级加以区别,以便更好地推广和应用。在 TRIZ 理论中,阿奇舒勒将发明专利或发明创造分为以下 5 个等级。

第一级,最小发明问题:通常的设计问题,或对已有系统的简单改进。这一类问题的解决主要凭借设计人员自身掌握的知识和经验,不需要创新,只是知识和经验的应用。如用厚隔热层减少建筑物墙体的热量损失,用承载量更大的重型卡车替代轻型卡车,以实现运输成本的降低。

该类发明创造或发明专利占所有发明创造或发明专利总数的32%。

第二级,小型发明问题:通过解决一个技术冲突对已有系统进行少量改进。这一类问题的解决主要采用行业内已有的理论、知识和经验即可实现。解决这类问题的传统方法是折中法,如在焊接装置上增加一个灭火器、可调整的方向盘、可折叠野外宿营帐篷等。

该类发明创造或发明专利占所有发明创造或发明专利总数的45%。

第三级,中型发明问题:对已有系统的根本性改进。这一类问题的解决主要采用本行业以外的已有方法和知识,如汽车上用自动传动系统代替机械传动系统,电钻上安装离合器、计算机上用的鼠标等。

该类发明创造或发明专利占所有发明创造或发明专利总数的18%。

第四级,大型发明问题:采用全新的原理完成对已有系统基本功能的创新。这一类问题的解决主要从科学的角度而不是从工程的角度出发,充分挖掘和利用科学知识、科学原理实现新的发明创造,如第一台内燃机的出现、集成电路的发明、充气轮胎的发明、记忆合金制成的锁、虚拟现实的出现等。

该类发明创造或发明专利占所有发明创造或发明专利总数的4%。

第五级,重大发明问题:罕见的科学原理导致一种新系统的发明、发现。这一类问题解决主要是依据自然规律的新发现或科学的新发现,如计算机、形状记忆合金、蒸汽机、激光、晶体管等的首次发现。

该类发明创造或发明专利不足所有发明创造或发明专利总数的1%。

实际上,发明创造的级别越高,获得该发明专利时所需的知识就越多,这些知识所处的领域就越宽,搜索有用知识的时间就越长。同时,随着社会的发展、科技水平的提高,发明创造的等级随时间的变化而不断降低,原来初期的最高级别的发明创造逐渐成为人们熟悉和了解的知识。发明创造的等级划分及领域知识见表5-1。

表5-1 发明创造的等级划分及领域知识

发明创造级别	创新的程度	比例/%	知识来源	参考解的数量/个
一	明确的解	32	个人的知识	10
二	少量的改进	45	公司内的知识	100
三	根本性的改进	18	行业内的知识	1 000
四	全新的概念	4	行业以外的知识	10 000
五	重大的发展	<1	所有已知的知识	100 000

由表5-1可以发现:95%以上的发明专利是利用了行业内的知识,只有少于5%的发明专利是利用了行业外的及整个社会的知识。因此,如果企业遇到技术冲突或问题,可以先在行业内寻找答案;若不可能,再向行业外拓展,寻找解决方法。若想实现创新,尤其是重大的发明创造,就要充分挖掘和利用行业外的知识,正所谓"创新设计所依据的科学原理往往属于其他领域"。

由表5-1还可以看出,第三、四、五级的专利才会涉及技术系统的关键技术和核心技术。比例高达77%的第一、二级发明创造处于低水平状态,一般来说使用价值不大,而这一部分发明创造中非职务发明人占了绝大多数的比例。他们为发明创造贡献了自己的热情,投入了大量的人力、物力和财力,但由于技术等级有限,注定收效不高,这与他们选择的发明方向和发明方法有着不可分割的联系。让发明人尤其是非职务发明人掌握正确的发明创新方法,找准发明方向,提高发明创造的等级,正是TRIZ理论的魅力所在。需要说明的是,任何一种方法都不是万能的,都有一定的局限性,TRIZ理论只适用于二、三、四级专利的产生。

第五节 TRIZ理论的应用与进展

一、TRIZ理论的基本应用

经过多年的发展和实践的检验,TRIZ理论已经形成了一套解决新产品开发问题的成熟理论和方法体系,不仅在苏联得到了广泛的应用,在美国的很多企业,如波音、通用和克莱斯勒等公司的新产品开发中也得到了全面的应用,取得了巨大的经济效益和社会效益。TRIZ理论普遍应用的结果,不仅提高了发明的成功率,缩短了发明的周期,还使发明问题具有可预见性。TRIZ理论广泛应用于工程技术领域,并且应用范围越来越广。目前已逐步向其他领域渗透和扩展,由原来擅长的工程技术领域分别向自然科学、社会科学、管理科学、教育科学、生物科学等领域发展,用于指导各领域冲突问题的解决。Rockwell Automotive 公司针对某型号汽车的刹车系统应用 TRIZ 理论进行了创新设计,通过 TRIZ 理论的应用,刹车系统发生了重要的变化,系统由原来的 12 个零件缩减为 4 个,成本减少 50%,但刹车系统的功能却没有变化。福特汽车(Ford Motor)公司遇到了推力轴承在大负荷时出现偏移的问题,通过应用 TRIZ 理论,产生了 28 个问题的解决方案,其中一个非常吸引人的方案是:利用小热膨胀系数的材料制造这种轴承,最后很好地解决了推力轴承在大负荷时出现偏移的问题。2003 年,当"非典型性肺炎"肆虐中国及全球许多国家时,新加坡的研究人员利用 TRIZ 的发明原理,提出了预防、检测和治疗该种疾病的一系列创新方法和措施,其中不少措施被新加坡政府所采用,收到了非常好的防治效果。德国进入世界 500 强的企业,如西门子、奔驰、大众和博世都设有专门的 TRIZ 机构,对员工进行培训并推广应用,取得良好的效果。在俄罗斯,TRIZ 理论的培训已扩展到小学生、中学生和大学生,其结果是学生们正在改变他们思考问题的方式,能用相对容易的方法处理比较困难的问题,使其创新能力迅速提高。因此,TRIZ 理论在培养青少年创新能力的过程中,具有重大的社会意义。

二、TRIZ 理论在中国的发展

在我国学术界,少数研究专利的科技工作者和学者在 20 世纪 80 年代中期就已经初步接触到了 TRIZ 理论,并对其做了一定的资料翻译和技术跟踪。在 20 世纪 90 年代中后期,国内部分高校开始研究和跟踪 TRIZ 理论,并在本科生、研究生课程中讲授 TRIZ 理论,或培养招收研究 TRIZ 理论的硕士研究生和博士生研究生,在一定范围内开展了持续的研究和应用工作,为中国培养了第一批掌握 TRIZ 理论的人才。进入 21 世纪以后,TRIZ 在我国的研究和应用开始从学术界走向企业界。亿维讯公司是我国第一家专门从事以 TRIZ 理论为核心的创新方法和技术研究及计算机辅助创新(CAI)软件开发的企业,自 2001 年亿维讯公司将 TRIZ 理论培训引入中国后,TRIZ 理论在中国的应用和推广开始步入快车道。2002 年,亿维讯建立中国公司和研发基地,成为首家在中国专门从事 TRIZ 研究和计算机辅助创新软件开发的企业;2003 年亿维讯在国内推出了 TRIZ 理论培训软件 CBT/NOVA 以及成套的培训体系,同时推出了基于 TRIZ 理论、用于辅助企业技术创新的 Pro/Innovator 软件,并开始在近百所高校开展 TRIZ 讲座;2004 年,亿维讯与国际 TRIZ 协会合作,将 TRIZ 国际认证引入中国,开始推广 TRIZ 认证体系;2006 年,亿维讯建立了专业的培训中心和符合国际标准的培训体系;2007 年,亿维讯进一步推出了适合中国国情的 TRIZ 培训教材和软件。我国中兴通讯公司在企业研发中引进了 TRIZ 创新理论和 CAI 软件工具,先后在 20 多个项目中取得了突破性的进展,其中包括软件、硬件、散热、除尘、结构、工艺等方面的技术难题,推动了企业的技术创新,为企业带来了可观的经济效益。

现在,TRIZ 作为一个比较实用的创新方法学,在我国已经逐步得到企业界和科技界的青睐,乃至得到国家领导人的高度重视。中国政府从建设创新型国家这一宏伟战略目标出发,十分重视 TRIZ 理论的研究、推广和应用工作,并要求在企业中开展技术创新方法的培训工作。从 2007 年开始,科技部启动了创新方法的研究推广计划,于 8 月 13 日正式批准黑龙江省和四川省为"科技部技术创新方法试点省"。2008 年科技部、发改委、教育部和中国科协联合发布国科发财(2008)197 号文,文中提出:"针对建设以企业为主体的技术创新体系的重大需求,推进 TRIZ 等国际先进技术创新方法与中国本土需求融合;推广技术成熟度预测、技术进化模式与路线、冲突解决原理、效应及标准解等 TRIZ 中成熟方法在企业中的应用;加强技术创新方法和知识库建设,研究开发出适合中国企业技术创新发展的理论体系、软件工具和平台。"2009 年科技部正式开展了国家层面上的 TRIZ 理论培训,由此展开了对 TRIZ 理论大范围的推广与普及工作,这标志着中国人将为 TRIZ 的新发展作出重要的具有里程碑意义的贡献。

第六节　TRIZ 理论的发展趋势

一、TRIZ 理论的发展趋势

经过多年的发展,TRIZ 理论已经被世界各国所接受,它为创新活动的普及、促进和提高提供了良好的工具和平台。从目前的发展现状来看,TRIZ 理论今后的发展趋势主要集中在TRIZ 理论本身的完善和进一步拓展新的研究分支两个方面,具体体现在以下几个方面。

(1)TRIZ 理论是前人知识的总结,如何进一步把它完善,使其逐步从"婴儿期"向"成长期""成熟期"进化成为各界关注的焦点和研究的主要内容之一。例如,提出物质 – 场模型新的适应性更强的符号系统,以便于实现多功能产品的创新设计;进一步完善解决技术冲突的 39 个标准参数、40 条解决原理和冲突矩阵,以实现更广范围内的复杂产品创新设计;可用资源的挖掘及 ARIZ 算法的不断改进等。

(2)如何合理有效地推广应用 TRIZ 理论解决技术冲突,使其受益面更广。例如,建立面向功能部件的创新设计技术集等,以推动我国功能部件的快速发展。

(3)TRIZ 理论的进一步软件化,并且开发出有针对性的、适合特殊领域、满足特殊用途的系列化软件系统。例如面向汽车领域,开发出有利于提高我国汽车产品自主创新能力的软件系统。

将 TRIZ 方法与计算机软件技术结合可以释放出巨大的能量,不仅为新产品的研发提供实时指导,而且还能在产品研发过程中不断扩充和丰富。

(4)进一步拓展 TRIZ 理论的内涵,尤其是把信息技术、生命科学、社会科学等方面的原理和方法纳入 TRIZ 理论中。由此可使 TRIZ 理论的应用范围越来越广,从而适应现代产品创新设计的需要。

(5)将 TRIZ 理论与其他一些创新技术有机集成,从而发挥更大的作用。TRIZ 方法与其他设计理论集成,可以为新产品的开发和创新提供快捷有效的理论指导,使技术创新过程由以往凭借经验和灵感,发展到按技术演变规律进行。

(6)TRIZ 理论在非技术领域的研究与应用。由于 TRIZ 这套方法论具有独特的思考程序,可以提供管理者良好的架构与解决问题的程序,一些学者对其在管理中的应用进行了研究并取得了成果。因此,TRIZ 未来必然会朝向非技术领域发展,应用的层面也会更加广泛。

TRIZ 理论主要是解决设计中如何做的问题(How),对设计中做什么的问题(What),未能给出合适的工具。大量的工程实例表明,TRIZ 的出发点是借助于经验发现设计中的冲突,冲突发现的过程也是通过对问题的定性描述来完成的。其他的设计理论,特别是质量功能配置(Quality Function Deployment,QFD)恰恰能解决做什么的问题。所以,将两者有机地结合,发挥各自的优势,将更有助于产品创新。TRIZ 与 QFD 都未给出具体的参数设计方法,而稳健设计则特别适合于详细设计阶段的参数设计。将 TRIZ、QFD 和稳健设计集成,能形成从产品定义、概念设计到详细设计的强有力支持工具,因此三者的有机集成已经成为设计领域的重要研究方向。

二、质量功能配置简介

质量功能配置(QFD),是由日本的 Shigeru Mizuno 博士于 20 世纪 60 年代提出来的,经过不断完善,成为全面质量管理中的设计工具。进入 20 世纪 80 年代后被介绍到欧美等国,引起广泛的研究和应用。QFD 的目标是确保以顾客需求来驱动产品的设计和生产,采用矩阵图解法,通过定义"做什么"和"如何做"将顾客需求逐步展开,逐层转化为设计要求、零件要求、工艺要求和生产要求,并形成如图 5 - 6 所示的分解过程。在日本,QFD 首先成功地应用于船舶设计与制造,现在已经扩展到汽车、家电、服装、医疗等行业。QFD 方法的运用为日本企业改善产品质量和提高产品的附加值起到了重要的作用,使日本的产品质量超过了欧美产品。QFD 理论明确指出,创新制作是来源于需求并满足需求的一个制作过程。所以,在教学中首先要求学生抛开参考书,独立思考,从生活中发现点子,发现能够改善生活、带来便利的新产品,然后按照设计过程来进行设计和制作。

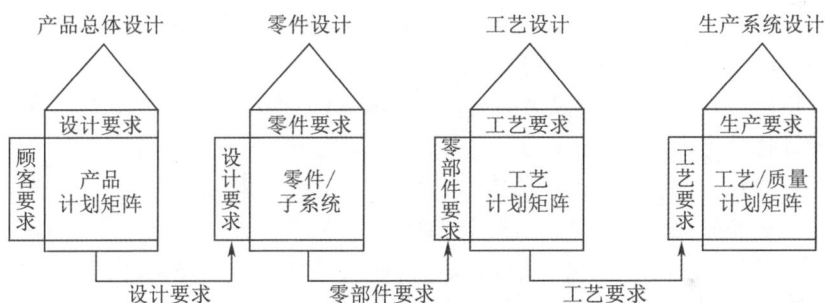

图 5 - 6　质量功能配置 QFD 展开示意图

QFD 的特点:在设计阶段,它可以保证将顾客的要求准确转换成产品定义(具有的功能,实现这些功能的机构和零件的形状、尺寸及公差等);在生产准备阶段,它可以保证将反映顾客要求的产品定义准确无误地转换为产品制造工艺过程;在生产加工阶段,它可以保证制造出的产品能满足顾客的需求。在正确应用的前提下,QFD 技术可以保证在产品整个生命周期中,顾客的要求不会被曲解,也可以避免出现不必要的冗余功能,它还可以使产品的工程修改减至最少。另外,它也可以保证减少使用过程中的维修和运行消耗,追求零件的均衡寿命和再生回收。

QFD 的基本工具是"质量屋"(House of Quality,HoQ),它通过质量屋建立用户要求与设计要求之间的关系,并可支持设计及制造全过程。质量屋是由若干个矩阵组成的,像一幢房屋的平面图形。利用一系列相互关联的质量屋,可以将顾客的需求最终转移成零件的制造过程。一个产品计划阶段的质量屋由六个矩阵组成(见图 5 - 7):

(1)反映顾客要求的列矩阵。
(2)反映产品设计要求的行矩阵。
(3)屋顶是个三角形,表示各个设计要求之间的相互关系。
(4)表示设计要求与顾客要求之间的关系矩阵。

（5）表示将要开发的产品竞争力的市场评估矩阵。矩阵中的数据都是相对于每项顾客要求的。矩阵中既要填写本企业产品竞争力的估价数据，也要填写主要竞争对手竞争力的估价数据。

（6）表示技术和成本评估矩阵，矩阵中的数据都是相对于每项设计要求的。矩阵中既要填写本企业产品的技术和成本估价数据，也要填写主要竞争对手产品的估价数据，由此可确定"质量突破特性"。通过严格控制质量突破特性，就可以基本满足顾客的需求。

质量屋不仅可以用于产品计划阶段，还可以用在产品设计阶段（包括部件设计和零件设计）、工艺设计阶段和生产系统设计阶段及质量控制阶段。这些阶段的质量屋连在一起，就构成了一个完整的 QFD 系统。这样

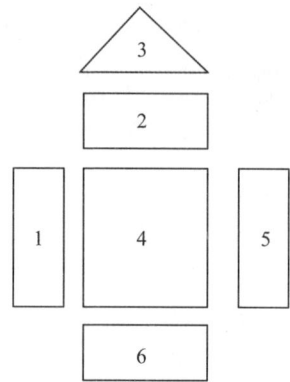

图 5 - 7　质量屋的组成

一个系统可以保证将顾客的需求准确无误地转换成产品设计要求直至零部件的加工装配，最后取得增强产品市场竞争力的效果。

三次设计法，又称为稳健设计法或田口方法。它是 20 世纪 80 年代初由日本田口博士提出的。该方法应用正交表来安排试验方法，通过误差因素模拟各种干扰，并以信噪比作为质量评价指标，同时引入灵敏度分析，来寻求最佳的即稳健性好的参数组合。它对产品质量进行的优化分为以下三个阶段。

（1）系统设计。它是应用科学理论和工程知识进行产品功能原理设计。该阶段完成了产品的配置和功能属性。

（2）参数设计。它是指在系统结构确定后进行参数设计。该阶段以产品性能优化为目标，确定系统中的有关参数值及其最优组合，一般是用公差范围较宽的廉价元件组装出高质量的产品，使产品在质量和成本两方面均得到改善。该阶段是三次设计法的重点。

（3）容差设计。它是在参数确定的基础上，进一步确定这些参数的容差。

第六章

科学效应和现象及详解

第一节　科学效应和现象的作用

从跨进校门,我们就开始了对数学、物理、化学、生物等自然科学知识的学习,花费了大量的时间和精力来学习和掌握各门知识,但是,对于如何在实践中应用所学到的这些知识,却是一片茫然。进入社会以后,在学生时代所学的大量自然科学知识基本上都被封存起来了。很少再有机会来重新回顾这些知识,更谈不上利用这些知识来解决那些看起来难以解决的技术问题。

然而,在解决技术问题的过程中,这些科学原理,尤其是科学效应和现象的应用,对于问题的求解往往具有不可估量的作用。一个普通的工程师通常知道大约100种效应和现象,但是科学文献中却记录了大约1 000种效应。每种效应都可能是求解某一类问题的关键。由于在学校里学生们只学习到了效应本身,而并没有学过如何将这些效应用到实际工作中。因此。当他们从学校毕业以后,即使在运用一些众所周知的效应时也会出现问题,更不用说那些很少听说的效应了。另一方面,作为科学原理和效应的发现者,科学家们常常并不关心,也不知道该如何去应用他们所发现的效应。

在对大量高水平专利的研究过程中,阿奇舒勒发现了这样一个现象:那些不同凡响的发明专利通常都是利用了某种科学效应,或者是出人意料地将已知的效应及其综合,应用到以前没有使用过该效应的技术领域中。例如,市场上出售的一次性压电打火机,是利用了压电陶瓷的压电效应制成的,只要用大拇指压一下打火机上的按钮,将压力施加到压电陶瓷上,压电陶瓷就会产生高电压,由此形成火花放电,从而点燃可燃气体。

为了帮助工程师利用科学原理和效应来解决工程技术问题,阿奇舒勒和 TRIZ 理论的研究者共同开发了一个科学效应数据库。其目的就是为了将那些在工程技术领域中常常用到的功能和特性,与人类已经发现的科学原理和效应所能够提供的功能和特性对应起来,以方便工程师进行检索。

下面首先介绍 TRIZ 理论中,解决发明问题时经常遇到的、需要实现的30 种功能,以及实现这些功能时经常用到的 100 个科学效应和现象,然后对这 100 个科学效应和现象进行详细解释,以便于读者进行查阅和应用。

第二节　科学效应和现象清单

到目前为止,人类已经发现的科学原理和效应在数量上是非常惊人的。如何将这些宝贵的知识组织起来,便于工程技术人员进行检索和使用呢?

通过对全世界 250 万份高水平发明专利的研究,TRIZ 将高难度的问题和所要实现的功能进行了归纳总结,常见的共有 30 个功能,并对每个功能赋予相对应的一个代码。功能代码详见表 6 - 1。有了功能代码,可根据代码来查找 TRIZ 所推荐的此代码下的各种可用科学效应和现象,科学效应和现象清单详见表 6 - 1。

表 6 - 1　功能代码及其对应的科学效应和现象清单

功能代码	实现的功能	TRIZ 推荐的科学效应和现象	科学效应和现象序号
F1	测量温度	热膨胀	E75
		热双金属片	E76
		珀耳帖效应	E67
		汤姆逊效应	E80
		热电现象	E71
		热电子发射	E72
		热辐射	E73
		电阻	E33
		热敏性物质	E74
		居里效应(居里点)	E60
		巴克豪森效应	E3
		霍普金森效应	E55
F2	降低温度	一级相变	E94
		二级相变	E36
		焦耳 – 汤姆逊效应	E58
		珀耳帖效应	E67
		汤姆逊效应	E80
		热电现象	E71
		热电子发射	E72
F3	提高温度	电磁感应	E24
		电介质	E26
		焦耳 – 楞次定律	E57
		放电	E42
		电弧	E25
		吸收	E84
		发生聚焦	E39
		热辐射	E73
		珀耳帖效应	E67
		热电子发射	E72
		汤姆逊效应	E80
		热电现象	E71

表 6 - 1(续)

功能代码	实现的功能	TRIZ 推荐的科学效应和现象		科学效应和现象序号
F4	稳定温度	一级相变		E94
		二级相变		E36
		居里效应		E60
F5	探测物体的位移和运动	引入易探测的标志	标记物	E6
			发光	E37
			发光体	E38
			磁性材料	E16
			记久磁铁	E95
		反射和发射线	反射	E41
			发光体	E38
			感光材料	E45
			光谱	E50
			放射现象	E43
		形变	弹性形变	E85
			塑性形变	E78
		改变电场和磁场	电场	E22
			磁场	E13
		放电	电晕放电	E31
			电弧	E25
			火花放电	E53
F6	控制物体位移	磁力		E15
		电子力	安培力	E2
			洛伦兹力	E64
		压强	液体或气体的压力	E91
			液体或气体的压强	E93
		浮力		E44
		液体动力		E92
		振动		E98
		惯性力		E49
		热膨胀		E75
		热双金属片		E76

表 6 - 1（续）

功能代码	实现的功能	TRIZ 推荐的科学效应和现象		科学效应和现象序号
F7	控制液体及气体的运动	毛细现象		E65
		渗透		E77
		电泳现象		E30
		Thoms 效应		E79
		伯努利定律		E10
		惯性力		E49
		韦森堡效应		E81
F8	控制浮质（气体中的悬浮微粒，如烟、雾等）的流动	起电		E68
		电场		E22
		磁场		E13
F9	搅拌混合物，形成溶液	弹性波		E19
		共振		E47
		驻波		E99
		振动		E98
		气穴现象		E69
		扩散		E62
		电场		E22
		磁场		E13
		电泳现象		E30
F10	分散混合物	在电场或磁场中分离	电场	E22
			磁场	E13
			磁性液体	E17
			惯性力	E49
			吸附作用	E83
			扩散	E62
			渗透	E77
			电泳现象	E30
F11	稳定物体位置	电场		E22
		磁场		E13
		磁性液体		E17
F12	产生/控制力，形成高的压力	磁力		E15
		一级相变		E94
		二级相变		E36
		热膨胀		E75
		惯性力		E49
		磁性液体		E17
		爆炸		E5
		电液压冲压，电水压振扰		E29
		渗透		E77

表 6 - 1（续）

功能代码	实现的功能	TRIZ 推荐的科学效应和现象		科学效应和现象序号
F13	控制摩擦力	约翰逊 - 拉别克效应		E96
		振动		E98
		低摩阻		E21
		金属覆层润滑剂		E59
F14	解体物体	放电	火花放电	E53
			电晕放电	E31
			电弧	E25
		电液压冲压,电水压振扰		E29
		弹性波		E19
		共振		E47
		驻波		E99
		振动		E98
		气穴现象		E69
F15	积蓄机械能与热能	弹性形变		E85
		惯性力		E49
		一级相变		E94
		二级相变		E36
F16	传递能量	对于机械能	形变	E85
			弹性波	E19
			共振	E47
			驻波	E99
			振动	E98
			爆炸	E5
			电液压冲压,电水压振扰	E29
		对于热能	热电子发射	E72
			对流	E34
			热传导	E70
		对于辐射	反射	E41
		对于电能	电磁感应	E24
			超导性	E12
F17	建立移动的物体和固定的物体之间的交互作用	电磁场		E23
		电磁感应		E24

表 6 - 1（续）

功能代码	实现的功能	TRIZ 推荐的科学效应和现象		科学效应和现象序号
F18	测量物体的尺寸	标记	起电	E68
			发光	E37
			发光体	E38
		磁性材料		E16
		永久磁铁		E95
		共振		E47
F19	改变物体尺寸	热膨胀		E75
		形状记忆合金		E87
		形变		E85
		压电效应		E89
		磁弹性		E14
		压磁效应		E88
F20	检查表面状态和性质	放电	电晕放电	E31
			电弧	E25
			火花放电	E53
		反射		E41
		发光体		E38
		感光材料		E45
		光谱		E50
		放射现象		E43
F21	改变表面性质	摩擦力		E66
		吸附作用		E83
		扩散		E62
		包辛格效应		E4
		放电	电晕放电	E31
			电弧	E25
			火花放电	E53
		弹性波		E19
		共振		E47
		驻波		E99
		振动		E98
		光谱		E50

表 6 - 1（续）

功能代码	实现的功能	TRIZ 推荐的科学效应和现象		科学效应和现象序号
F22	检查物体容量的状态和特征	引入容易探测的标志	标记物	E6
			发光	E37
			发光体	E38
			磁性材料	E16
			永久磁铁	E95
		测量电阻值	电阻	E33
		反射和放射线	反射	E41
			折射	E97
			发光体	E38
			感光材料	E45
			光谱	E50
			放射现象	E43
			X 射线	E1
		电 - 磁 - 光现象	电 - 光和磁 - 光现象	E27
			固体（的场致、电致发光）	E48
			热磁效应（居里点）	E60
			巴克豪森效应	E3
			霍普金森效应	E55
			共振	E47
			霍尔效应	E54
F23	改变物体空间性质	磁性液体		E17
		磁性材料		E16
		永久磁铁		E95
		冷却		E63
		加热		E56
		一级相变		E94
		二级相变		E36
		电离		E28
		光谱		E50
		放射现象		E43
		X 射线		E1
		形变		E85
		扩散		E62
		电场		E22
		磁场		E13
		珀耳帖效应		E67

表 6 − 1(续)

功能代码	实现的功能	TRIZ 推荐的科学效应和现象		科学效应和现象序号
F23	改变物体空间性质	热电现象		E71
		包辛格效应		E4
		汤姆逊效应		E80
		热电子发射		E72
		热磁效应(居里点)		E60
		固体(的场致、电致)发光		E48
		电 − 光和磁 − 光现象		E27
		气穴现象		E69
		光生伏特效应		E51
F24	形成要求的结构,确定物体结构	弹性波		E29
		共振		E47
		驻波		E99
		振动		E98
		磁场		E13
		一级相变		E94
		二级相变		E36
		气穴现象		E69
F25	探测电场和磁场	渗透		E77
		带电放电	电晕放电	E31
			电弧	E25
			火花放电	E53
		压电效应		E89
		磁弹性		E14
		压磁效应		E88
		驻极体,电介质		E100
		固体(的场致、电致)发光		E48
		电 − 光和磁 − 光现象		E27
		巴克豪森效应		E3
		霍普金森效应		E55
		霍尔效应		E54
F26	探测辐射	热膨胀		E75
		热双金属片		E76
		发光体		E38
		感光材料		E45
		光谱		E50
		发射现象		E43
		反射		E41
		光生伏特效应		E51

表6-1（续）

功能代码	实现的功能	TRIZ 推荐的科学效应和现象		科学效应和现象序号
F27	产生辐射	放电	电晕放电	E31
			电弧	E25
			火花放电	E53
		发光		E37
		发光体		E38
		固体（的场致、电致）发光		E48
		电－光和磁－光现象		E27
		耿氏效应		E46
F28	控制电磁场	电阻		E33
		磁性材料		E16
		反射		E41
		形状		E86
		表面		E7
		表面粗糙度		E8
F29	控制光	反射		E41
		折射		E97
		吸收		E84
		发射聚焦		E39
		固体（的场致、电致）发光		E48
		电－光和磁－光现象		E27
		法拉第效应		E40
		克尔效应		E61
		耿氏效应		E46
F30	产生及加强化学作用	弹性波		E19
		共振		E47
		驻波		E99
		振动		E98
		气穴现象		E69
		光谱		E50
		放射现象		E43
		X 射线		E1
		放电		E42
		电晕放电		E31
		电弧		E25
		火花放电		E53
		爆炸		E5
		电液压冲压，电水压振扰		E29

第三节 科学效应和现象的应用步骤

当设计一个新的技术系统时,为了将两个技术过程连接在一起,就需要找到一个纽带。虽然我们清楚地知道这个纽带应该具备什么样的功能,却不知道这个纽带到底应该是什么。此时,我们就可以到科学效应和现象清单中,利用纽带所应该具备的功能来查找相应的科学效应。

当对现有技术系统进行改造时,往往会希望将那些不能满足要求的组件替换掉。此时,由于该组件的功能是明确的,所以我们可以将该组件所承担的功能作为目标,到科学效应和现象清单中查找相应的科学效应。

表6-1列出了可以实现技术创新的30种功能及其对应的100个科学效应和现象((其详细解释见本章第四节),我们可以利用此表解决技术创新中遇到的问题。应用科学效应和现象解决问题时,一般有如下6个步骤:

(1)首先根据实际情况对问题进行分析,确定解决此问题所要实现的功能。

(2)根据功能从科学效应和现象清单表中确定与此功能相对应的功能代码,此代码应是F1~F30中的一个。

(3)从科学效应和现象清单表中查找此功能代码下TRIZ所推荐的科学效应和现象,获得相应的科学效应和现象的名称。

(4)筛选所推荐的每个科学效应和现象,优选适合解决本问题的科学效应和现象。

(5)查找优选出来的每个科学效应和现象的详细解释,应用于该问题的解决,并验证方案的可行性;如果问题没能得到解决或功能无法实现,重新分析问题或查找合适的效应。

(6)形成最终的解决方案。

例如,电灯泡厂的厂长将厂里的工程师召集起来开会,他让这些工程师们看一叠来自顾客的批评信,显然顾客对灯泡质量非常不满意。

(1)问题分析:工程师们觉得灯泡里的压力有些问题。压力有时比正常的高,有时比正常的低。

(2)确定功能:准确测量灯泡内部气体的压力。

(3)TRIZ推荐的可以测量压力的物理效应和现象:机械振动、压电效应、驻极体、电晕放电及韦森堡效应等。

(4)效应取舍:经过对以上效应逐一分析,只有"电晕"的出现依赖于气体成分和导体周围的气压,所以电晕放电适合测量灯泡内部气体的压力。

(5)方案验证:如果在灯泡灯口上加上额定高电压,气体达到额定压力就会产生电晕放电。

(6)最终解决方案:用电晕放电效应测量灯泡内部气体的压力。

应用科学效应和现象解决技术问题是再简单不过的事情了,这就像我们到超市买东西一样,选择好要买东西的种类,衡量一下几种同类产品的性价比,我们就可以做出决定了,其实TRIZ提供的所有工具都一样,只要我们有"解决问题"的欲望,任何"方案"都会很简单地就属于自己了。

第四节　科学效应和现象详解

一、X 射线

X 射线是波长介于紫外线和 γ 射线的电磁辐射,由德国物理学家伦琴于 1895 年发现,故又称为伦琴射线。波长小于 0.1 Å(1 Å = 10^{-10} m)的称为超硬 X 射线,在 0.1 ~ 1 Å 范围内的称为硬 X 射线,1 ~ 10 Å 范围内的称为软 X 射线。X 射线的特征是波长非常短,频率很高,它是不带电的粒子流,因此能产生干涉、衍射现象。

X 射线具有很强的穿透力,医学上 X 射线常用作透视检查,工业中用来探伤。长期受 X 射线辐射对人体有伤害。X 射线可激发荧光、使气体电离、使感光乳胶感光,故 X 射线可用作电离计、闪烁计数器和感光乳胶片检测等。晶体的点阵结构对 X 射线可产生显著的衍射作用,X 射线衍射法已成为研究晶体结构、形态和各种缺陷的重要手段。

二、安培力

安培力是电流在磁场中受到的磁场的作用力,其本质是在洛伦兹力的作用下,导体中做定向运动的电子与金属导体中晶格上的正离子不断地碰撞,把动量传给导体,因而使载流导体在磁场中受到磁力的作用。

电流为 I、长为 L 的直导线,在匀强磁场 B 中受到的安培力大小为

$$F = BIL\sin\theta \tag{6-1}$$

其中 θ 为电流方向与磁场方向的夹角。

安培力的方向由左手定则判定:伸出左手,四指指向电流方向,让磁力线穿过手心,大拇指的方向就是安培力的方向。对于任意形状的电流受非匀强磁场的作用力时可把电流分解为许多段电流元 $I\Delta L$,则每段电流元处的磁场 B 可看成匀强磁场,电流元所受的安培力为

$$\Delta F = I\Delta L \cdot B\sin\theta \tag{6-2}$$

把这些安培力加起来就是整个电流受的力。

应该注意,当电流方向与磁场方向相同或相反时,即 $\theta = 0°$ 或 $180°$ 时,电流不受磁场力的作用。当电流方向与磁场方向垂直时,电流受的安培力最大,即

$$F = BIL \tag{6-3}$$

三、巴克豪森效应

1919 年,巴克豪森发现了铁的磁化过程的不连续性。铁磁性物质在外场中磁化实质上是它的磁畴存在逐渐变化的过程,与外场同向的磁畴不断增大,不同向的磁畴逐渐减小。在磁化曲线最陡区域,磁畴的移动会出现跃变,尤其硬磁材料更是如此。

当铁受到逐渐增强的磁场作用时,它的磁化强度不是平衡地而是以微小跳跃的方式增大的。发生跳跃时,有噪声伴随着出现。如果通过扩音器把它们放大,就会听到一连串的"咔嗒"声。这就是"巴克豪森效应"。后来,当人们认识到铁是由一系列小区域组成,而在每个小区域内,所有的微小原子磁体都是同向排列的,巴克豪森效应才最后得到合理的解

释。每个独立的小区域,都是一个很强的磁体,但由于各个磁畴的磁性彼此抵消,所以普通的铁显示不出磁性。但是当这些磁畴受到一个强磁场作用时,它们才会同向排列起来,于是铁便成为磁体。在同向排列的过程中,相邻的两个磁畴彼此摩擦并发生振动,噪声就是这样产生的,只有所谓的"铁磁物质"具有这种磁畴结构,也就是说,这些物质具有形成强磁体的能力,其中以铁表现得最为显著。

如一个铁磁棒在一个线圈里,当线圈电流增大时,线圈磁场增大,此时铁中的磁力线会猛增,然后趋向于饱和,这种现象也称为巴克豪森效应。

四、包辛格效应

包辛格效应是塑性力学中的一个效应,是指原先经过变形,然后在反向加载时,弹性极限或屈服强度降低的现象,特别是弹性极限在反向加载时几乎下降到零,这说明在反向加载时塑性变形立即开始了。此效应是德国的包辛格于 1886 年发现的,故称为包辛格效应。由于在金属单晶体材料中不出现包辛格效应,所以一般认为,它是由多晶体材料晶界间的残余应力引起的。包辛格效应使材料具有各向异性性质。若一个方向屈服极限提高的值和相反方向降低的值相等,则称为理想包辛格效应。有反向塑性变形的问题须考虑包辛格效应,而其他问题,为了简化常忽略这一效应。

包辛格效应在理论上和实际上都有其重要意义。在理论上由于它是金属变形时长程内应力的度量,包辛格效应可用来研究材料加工硬化的机制。在工程应用上,首先是材料加工成型工艺需要考虑包辛格效应;其次,包辛格效应大的材料,内应力较大。

五、爆炸

爆炸是指一个化学反应能不断地自我加速而在瞬间完成,并伴随光的发射,系统温度瞬时达到极大值和气体的压力急剧变化,以致形成冲击波等现象。由于急剧的化学反应被限制在一定的环境内导致气体剧烈膨胀,这样使密闭环境的外壁遭到损坏甚至破裂、粉碎,造成爆炸。爆炸可通过化学反应、放电、激光束效应、核反应等方法获得。

爆炸力学主要研究爆炸的发生和发展规律,以及对爆炸的力学效应的利用和防护。它从力学角度研究化学爆炸、核爆炸、电爆炸、粒子束爆炸、高速碰撞等能量突然释放或急剧转化的过程,以及由此产生的强冲击波、高速流动、大变形和破坏、抛掷等效应。自然界的雷电、地震、火山爆发、陨石碰撞、星体爆发等现象也可用爆炸力学方法来研究。

爆炸力学是流体力学、固体力学和物理学、化学之间的一门交叉学科,在武器研制、矿藏开发、机械加工、安全生产等方面有着广泛的应用。

六、标记物

在材料中引入标记物,可以简化混合物中包含成分的辨别工作,而且使有标记物的运动和过程的追踪更加容易。可作为标记物的物质有:铁磁物质、普通的和发光的油漆、有强烈气味的物质等。

七、表面

物体的表面:用面积和状态来描述物体外表的性质和特性。表面状态确定了物体的大量特性和与其他物体交互作用时所呈现的本性。

八、表面粗糙度

表面粗糙度是指加工表面具有的较小间距和微小峰谷不平度。其两波峰或两波谷之间的距离（波距）很小（在 1 mm 以下），用肉眼是难以看到的，因此它属于微观几何形状误差。表面粗糙度反映零件表面的光滑程度，表面粗糙度越小，则表面越光滑。表面粗糙度是衡量零件表面加工精度的一项重要指标，零件表面粗糙度的高低将影响到两配合零件接触表面的摩擦、运动面的磨损、贴合面的密封、配合面的工作精度、旋转件的疲劳强度、零件的美观等，甚至对零件表面的抗腐蚀性都有影响。最常见的表面粗糙度参数是"轮廓算术平均偏差"，记作 Ra。

九、波的干涉

由两个或两个以上的波源发出的具有相同频率、相同振动方向和恒定的相位差的波在空间叠加时，在叠加区的不同地方振动加强或减弱的现象，称为"波的干涉"。符合上述条件的波源称为"相干波源"，它们发出的波称为"相干波"。这是波的叠加中最简单的情况。

两相干波叠加后，在叠加区内每一个位置有确定的振幅。在有的位置上，振幅等于两波分别引起的振动的振幅之和，这些位置的合振动最强，称为"相长干涉"；而有些位置的振幅等于两波分别引起的振动的振幅之差，这些位置上的合振动最弱，称为"相消干涉"。它是波的一个重要特性。在日常生活中最常见的是水波的干涉；利用电磁波的干涉，可定向发射天线；利用光的干涉，可精确地进行长度测量等。

十、伯努利定律

丹尼尔·伯努利于 1726 年首先提出了"伯努利定律"。这是在流体力学的连续介质理论方程建立之前，水力学所采用的基本原理，其实质是理想液体做稳定流动时能量守恒。在密封管道内流动的理想液体具有压力能、动能和势能三种能量，它们可以互相转变，并且管道内的任一处液体的这三种能量总和是一定的，即"动能 + 势能 + 压力能 = 常数"。其最为著名的推论为：等高流动时，流速大，压力就小。

由以上定律得出伯努利方程为

$$\frac{P_1}{r} + \left(\frac{V^2}{2g}\right) + h = \text{恒定量} \tag{6-4}$$

式中　P_1/r——压力能；

　　　$V^2/(2g)$——动能；

　　　h——势能。

流速 V 的计算公式为

$$V = \frac{Q}{A} \tag{6-5}$$

式中　Q——流量；

　　　A——截面积。

当流体的速度加快时，物体与流体接触的接口上的压力减小；反之，压力会增加。

十一、超导热开关

超导热开关是一个用于低温（接近 0 K）的装置，用于断开被冷却物体和冷源之间的连接。当工作温度远低于临界温度的时候,此装置充分发挥了超导体从常态到超导状态的转化过程中热导电率显著减少的特性(高达10 000倍)。

热开关由一条连接样本和冷却器的细导线或钽丝组成(参见居里效应)。当电流通过缠绕线螺线管时会产生磁场,使超导性停止,让热量通过导线,就相当于开关"打开";当移开磁场的时候,超导性就得到恢复,电线的热阻快速增加,换句话说,相当于开关"关闭"。

十二、超导性

超导性是指在温度和磁场都小于一定数值的条件下,许多导电材料的电阻和体内磁感应强度都突然变为零的性质。具有超导性的材料称为超导体。许多金属(如铟、锡、铝、铅、钽、铌等)、合金(如铌锆合金、铌钛合金)和化合物(如 Nb_3Sn 铌锡超导材料、Nb_3Al 等)都可成为超导体。从正常态过渡到超导态的温度称为该超导体的转变温度(或临界温度 T_c)。现有材料仅在很低的温度环境下才具有超导性。当磁场达到一定强度时,超导性将被破坏,这个磁场极限值称为临界磁场。

目前发现的超导体有两类:第一类只有一个临界磁场(如电汞、纯铅等);第二类有下临界磁场 H_{c1} 和上临界磁场 H_{c2}。当外磁场达到 H_{c1} 时,第二类超导体内出现正常态和超导态相互混合的状态;当磁场增大到 H_{c2} 时,其体内的混合状态消失而转化为正常导体。

超导体已逐步应用于发电机、电缆、储能器和交通运输设备等方面。

十三、磁场

在永磁体或电流周围所发生的力场,即凡是磁力所能达到的空间,或磁力作用的范围,叫作磁场;所以严格来说,磁场是没有一定界限的,只有强弱之分。与任何力场一样,磁场是能量的一种形式,它将一个物体的作用传递给另一物体。磁场的存在表现在它的各个不同的作用中,最容易观察的是对场内所放置磁针的作用,力作用于磁针,使该针向一定方向旋转。自由旋转磁针在某一地方所处的方位表示磁场在该处的方向,即每一点的磁场方向都是朝着磁针的北极端所指的方向。如果我们想象有许许多多的小磁针,则这些小磁针将沿磁力线而排列,所谓的磁力线是在每一点上的方向都与此点的磁场方向相同。磁力线始于北极而终于南极,磁力线在遥视附近较密,故磁极附近的磁场最强。磁场的第二个作用便是对运动中的电荷产生力,此力恒与电荷的运动方向相垂直,与电荷的电量成正比。

磁场强度:表示磁场强弱和方向的矢量。由于磁场是电流或运动电荷引起的,而磁介质在磁场中发生的磁化对磁场也有影响。

磁力线:描述磁场分布情况的曲线。这些曲线上各点的切线方向,就是该点的磁场方向。曲线越密的地方表示磁场越强,曲线越稀的地方表示磁场越弱。磁力线永远是闭合的曲线,永磁体的磁力线,可以认为是由 N 极开始,终止于 S 极。实际上永磁体的磁性起源于电子和原子核的运动,与电流的磁场没有本质上的区别,磁极只是一个抽象的概念,在考虑到永磁体内部的磁场时,磁力线仍然是闭合的。

十四、磁弹性

磁弹性效应是指当弹性应力作用于铁磁材料时,铁磁体不但会产生弹性应变,还会产生磁致伸缩性质的应变,从而引起磁畴壁的位移,改变其自发磁化的方向。

十五、磁力

磁力是指磁场对电流、运动电荷和磁体的作用力。磁力是靠电磁场来传播的,电磁场的速度是光速,因此磁力作用的速度也是光速。电流在磁场中所受的力由安培定律确定。运动电荷在磁场中所受的力就是洛伦兹力。但实际上磁体的磁性由分子电流所引起,所以磁极所受的磁力归根结底仍然是磁场对电流的作用力。这是磁力作用的本质。

十六、磁性材料

磁性材料主要是指由过渡元素铁、钴、镍及其合金等组成的能够直接或间接产生磁性的材料。

从材质和结构上讲,磁性材料分为"金属及合金磁性材料"和"铁氧体磁性材料"两大类,铁氧体磁性材料又分为多晶结构和单晶结构材料。从应用功能上讲,磁性材料分为软磁材料、永磁材料、磁记录 – 矩磁材料、旋磁材料等。软磁材料、永磁材料、磁记录 – 矩磁材料中既有金属材料又有铁氧体材料,而旋磁材料和高频软磁材料就只能是铁氧体材料。因为金属在高频和微波频率下将产生巨大的涡流效应,导致金属磁性材料无法使用,而铁氧体的电阻率非常高,能有效地克服这一问题而得到广泛应用。从形态上讲,磁性材料包括粉体材料、液体材料、块体材料、薄膜材料等。

磁性材料现在主要分为两大类: 软磁性材料和硬磁性材料。磁化后容易丢失磁性的材料称为软磁性材料,不容易丢失磁性的材料称为硬磁性材料。软磁性材料包括硅钢片和软磁铁芯,硬磁性材料包括铝镍钴、钐钴、铁氧体和钕铁硼。其中,最贵的是钐钴磁钢,最便宜的是铁氧体磁钢,性能最好的是钕铁硼磁钢,但是性能最稳定、温度系数最好的是铝镍钴磁钢,用户可以根据不同的需求选择不同的硬磁材料。

磁性材料的应用很广,可用于电声、电信、电表、电机中,还可作记忆元件、微波元件等。如记录语言、音乐、图像信息的磁带;计算机的磁性存储设备;乘客乘车的凭证和票价结算的磁性卡等。

十七、磁性液体

磁性液体又称磁流体、铁磁流体或磁液,是由强磁性粒子、基液以及界面活性剂三者混合而成的一种稳定的胶状溶液。该流体在静态时无磁性吸引力,当外加磁场作用时,才表现出磁性。它既具有液体的流动性又具有固体磁性材料的磁性。

为了使磁流体具有足够的电导率,需在高温和高速下,加上钾、铯等碱金属和加入微量碱金属的惰性气体(如氦、氩等)作为工质,以利用非平衡电离原理来提高电离度。

磁性液体在电子、仪表、机械、化工、环境、医疗等行业都具有独特而广泛的应用。根据用途不同,可以选用不同基液的产品。

十八、单向系统分离

单向系统的分离是建立在混合物中各成分的物理 – 化学特性不同的基础上,例如尺寸、电荷、分子、活性、挥发性等。

分离可通过热场作用(蒸馏、精馏、升华、结晶、区域熔化)来获得,也可通过电场作用(电渗、电泳)来获得,或通过与物质一起的多相系统的生成来促进分离,比如溶剂、吸附剂和其他的分离法(抽出、分离、色谱法、使用半透膜和分子筛的分离法)。

十九、弹性波

弹性波:弹性介质中物质粒子间有弹性相互作用,当某处物质粒子离开平衡位置,即发生应变时,该粒子在弹性力的作用下发生振动,同时又引起周围粒子的应变和振动,这样形成的振动在弹性介质中的传播过程称为"弹性波"。在液体和气体内部只能由压缩和膨胀而引起应力,所以液体和气体只能传递纵波。而固体内部能产生切应力,所以固体既能传递横波也能传递纵波。

纵波:也称"疏密波"。振动方向与波的传播方向一致的波称为"纵波"。纵波的传播过程是沿着波前进的方向出现疏、密不同的部分。实质上,纵波的传播是由于媒质中各体元发生压缩和拉伸的变形,并产生使体元恢复原状的纵向弹性力而实现的。因此纵波只能在拉伸压缩的弹性媒质中传播,一般的固体、液体、气体都具有拉伸和压缩弹性,所以它们都能传递纵波。声波在空气中传播时,由于空气微粒的振动方向与波的传播方向一致,所以也是纵波。

横波:质点的振动方向与波的传播方向垂直,这样的波称为"横波"。横波在传播过程中,凡是传播到的地方,每个质点都在自己的平衡位置附近振动。由于波以有限的速度向前传播,所以后开始振动的质点比先开始振动的质点在步调上要落后一段时间,即存在一个相位差。横波的传播,在外表上形成一种"波浪起伏"的现象,即形成波峰和波谷,传播的只是振动状态,媒质的质点并不随波前进。实质上,横波的传播是由于媒质内部发生剪切变形(即媒质各层之间发生平行于这些层的相对移动)并产生使体元恢复原状的剪切弹性力而实现的。否则一个体元的振动,不会牵动附近体元也动起来,离开平衡位置的体元,也不会在弹性力的作用下回到平衡位置。固体有切变弹性,所以在固体中能传播横波,液体和气体没有切变弹性,因此只能传播纵波,而不能传播横波。液体表面形成的水波是由于重力和表面张力作用而产生的,表面每个质点振动的方向又不与波的传播方向保持垂直,严格地说,在水表面的水波并不属于横波的范畴,因为水波与地震波都是既有横波又有纵波的复杂的机械波。为简便起见,有的书中仍将水波列为横波。

声音:即"律音",具有单一基频的声音。纯律音(或纯音)具有近似于单一的谐振波形。这种律音可由音叉产生,乐器则产生复杂的律音,它可以分解成一个基频以及一些较高频率的泛音。

次声波:又称亚声波,是低于 20 Hz,不能引起人的听觉的声波。它传播的速度和声波相同。在很多大自然的变化中,如地震、台风、海啸、火山爆发等过程都会有次声波发生。人为的次声波也在核爆炸、喷气式飞机飞行以及行驶的车船、压缩机运转时发生。凡晕车、晕船,也都是受车、船运行时次声波的影响。利用次声波亦可监视和检测大气的变化。

超声波:声波频率高于 20 000 Hz,超过一般正常人听觉所能接收到的频率上限,不能引起耳感的声波。其频率通常在 $2 \times 10^4 \sim 5 \times 10^8$ Hz 范围内。它具有与声波一样的传播速度,因为超声波的频率高,波长短,所以它具有很多特性。由于它在液体和固体中的衰减比在空气中衰减小,因而穿透力大;超声波的定向性强,一般声波的波长大,在其传播过程中,极易发生衍射现象,而超声波的波长很短,不易发生衍射现象,会像光波一样沿直线传播;当超声波遇到杂质时会发生反射,若遇到界面时则将产生折射现象;超声波的功率很大,能量容易集中,对物质能产生强大作用。超声波可用来焊接、切削、钻孔、清洗机件等;在工业上被用来探伤、测厚、测定弹性模量等无损检测,以及研究物质的微观结构等;在医学上可用作临床探测,如用"B超"测肝、胆、脾、肾等病症,或用来杀菌、治疗、诊断等;在航海、渔业方面,可用来导航、探测鱼群、测量海深等,超声波在许多领域都有着广泛的应用。

波的反射:波由一种媒质到达与另一种媒质的分界面时,返回原媒质的现象。例如声波遇障碍物时的反射,它遵从反射定律。在同类媒质中由于媒质不均匀也会使波返回到原来密度的介质中,即产生反射。

波的折射:波在传播过程中,由一种媒质进入另一种媒质时,传播方向发生偏折的现象,称为波的折射。在同类媒质中,由于媒质本身不均匀,也会使波的传播方向改变。此种现象也称为波的折射,它同样遵循波的折射定律。

二十、弹性形变

固体受外力作用而使各点间相对位置发生改变,若外力撤销后物体能恢复原状,则这样的形变叫作弹性形变,如弹簧的形变等。当外力撤销后,物体不能恢复原状,则称这样的形变为塑性形变。

因物体受力情况不同,在弹性限度内,弹性形变有4种基本类型:拉伸、压缩、切变、弯曲和扭转。弹性形变是指外力去除后能够完全恢复的那部分变形,可从原子间结合力的角度来了解它的物理本质。

二十一、低摩阻

研究人员发现,在高度真空状态及暴露在高能量粒子发射的环境下,摩擦力会下降并趋近于零。这种摩擦力趋近于零的性质称为低摩阻。当关掉发射时,摩擦力会逐渐地增加。当发射再一次被打开的时候,摩擦力又消失了。这个现象一直困扰着科学家们,后来找到了一种合理的解释。

这个解释是:放射能量引起了固体表面的分子更自由地运动,从而减小了摩擦力。此解释引起了另一个既不需要放射也不需要真空而减小摩擦力的方案,这就是研究如何改变物体表面的成分以减小摩擦力。

二十二、电场

电场是存在于电荷周围能传递电荷与电荷之间相互作用的物理场。在电荷周围总有电场存在;同时电场对场中其他电荷发生力的作用。静止电荷在其周围空间的电场,称为静电场;随时间变化的磁场在其周围空间激发的电场称为有旋电场(也称感应电场或涡旋电场)。静电场是有源无旋场,电荷是场源;有旋电场是无源有旋场。普通意义的电场则是静电场和有旋电场之和。变化的磁场引起电场,所以运动电荷或电流之间的作用要通过电磁场来传递。

电场是电荷及变化磁场周围空间里存在的一种特殊物质。电场这种物质与通常的物质不同,它不是由分子、原子所组成,但它是客观存在的。电场具有通常物质所具有的动力和能量等客观属性。电场力的性质表现为电场对放入其中的电荷有作用力,这种力称为电场力。电场的能的性质表现为:当电荷在电场中移动时,电场力对电荷做功(这说明电场具有能量)。

电场是一个矢量场,其方向为正电荷的受力方向。电场的力的性质用电场强度来描述。

二十三、电磁场

电磁场是有内在联系、相互依存的电场和磁场的统一体的总称。任何随时间而变化的电场,都要在邻近空间激发磁场,因而变化的电场总是和磁场的存在相联系。当电荷发生加速运动时,在其周围除了磁场之外,还有随时间而变化的电场。一般来说,随时间变化的电场也是时间的函数,因而它所激发的磁场也随时间变化。故充满变化电场的空间,同时也充满变化的磁场。二者互为因果,形成电磁场。这说明,电场与磁场并不是两个可分离的实体,而是由它们形成了一个统一的物理实体。所以电与磁的交互作用不能说是分开的过程,仅能说是电磁交互作用的两种形态。在电场和磁场之间存在着最紧密的联系,不仅磁场的任何变化伴随着电场的出现,而且电场的任何变化也伴随着磁场的出现。所以在电磁场内,电场可以不因为电荷而存在,而由于磁场的变化而产生,磁场也可以不是由于电流的存在而存在,而是由于电场变化所产生。

电磁场是电磁作用的媒递物,具有能量和动量,是物质存在的一种形式。电磁场的性质、特征及其运动变化规律由麦克斯韦方程组确定。

二十四、电磁感应

电磁感应是指因磁通量变化产生感应电势的现象。闭合电路的一部分导体在磁场中做切割磁感线的运动时,导体中就会产生电流,这种现象叫作电磁感应现象,产生的电流称为感应电流。

1820年奥斯特发现电流磁效应后,许多物理学家便试图寻找它的逆效应,提出了磁能否产生电,磁能否对电产生作用的问题。1822年阿喇戈和洪堡在测量地磁强度时,偶然发现金属对附近磁针的振荡有阻尼作用。1824年,阿喇戈根据这个现象做了铜盘实验,发现转动的铜盘会带动上方自由悬挂的磁针旋转,但磁针的旋转与铜盘不同步,稍滞后。电磁阻尼和电磁驱动是最早发现的电磁感应现象,但由于没有直接表现为感应电流,因此当时未能予以说明。

1831年8月,法拉第在软铁环两侧分别绕两个线圈,其一为闭合回路,在导线下端附近平行放置一磁针,另一个线圈与电池组相连,接开关,形成有电源的闭合回路。实验发现,合上开关,磁针偏转,切断开关,磁针反向偏转,这表明在无电池组的线圈中出现了感应电流。法拉第立即意识到,这是一种非恒定的暂态效应。紧接着他做了几十个实验,把产生感应电流的情形概括为五类:变化的电流、变化的磁场、运动的恒定电流、运动的磁铁、在磁场中运动的导体,并把这些现象正式定名为电磁感应。随后法拉第发现,在相同条件下不同金属导体回路中产生的感应电流与导体的导电能力成正比,他由此认识到,感应电流是由与导体性质无关的感应电势产生的,即使没有回路、没有感应电流,感应电势依然存在。

后来,法拉第给出了确定感应电流方向的楞次定律以及描述电磁感应定量规律的法拉第电磁感应定律。并按产生原因的不同,把感应电势分为动生电势和感生电势两种,前者起源于洛伦兹力,后者起源于变化磁场产生的有旋电场。

电磁感应现象的发现,是电磁学领域最伟大的发现之一。它不仅揭示了电与磁之间的内在联系,而且为电与磁之间的相互转化奠定了实验基础,为人类获取巨大而廉价的电能开辟了道路,具有重大的实用意义。电磁感应现象在电工技术、电子技术以及电磁测量等方面都有广泛的应用。

二十五、电弧

电弧是一种气体放电现象,是在电压的作用下,电流以电击穿产生等离子体的方式,通过空气等绝缘介质所产生的瞬间火花。

弧光放电:产生高温的气体放电现象,它能发射出耀眼的白光。通常是在常压下发生,并不需要很高的电压,而有很强的电流。例如把两根炭棒或金属棒接于电压为数十伏的电路上,先使两棒的顶端相互接触,通过强大的电流,然后使两棒分开保持不大的距离,这时电流仍能通过空隙,而使两端间维持弧形白光,称之为"电弧"。维持电弧中强大电流所需的大量离子,主要是由电极上蒸发出来的。电弧可作为强光源(如弧光灯)、紫外线源(太阳灯)或强热源(电弧炉、电焊机等)。在高压开关电器中,由于触头分开而引起电弧,有烧毁触头的危险,必须采取措施,使之迅速熄灭。在加速器的离子源中,也有用弧光放电。这种弧光放电的机制是:电子从加热到白炽的阴极发射出来,在起弧电源的电场加速下,获得一定能量后与气体原子碰撞,产生激发与电离而引起的放电,也称为"弧放电"。

二十六、电介质

电工中一般认为电阻率超过 $0.1\ \Omega \cdot m$ 的物质便属于电介质。电介质的带电粒子被原子、分子的内力或分力间的力紧密束缚着,因此这些粒子的电荷为束缚电荷。在外电场作用下,这些电荷也只能在微观范围内移动,产生极化。在静电场中,电介质内部可以存在磁场,这是电介质与导体的基本区别。电介质包括气态、液态和固态等范围广泛的物质。固态物质包括晶态电介质和非晶态电介质两大类,后者包括玻璃、树脂和高分子聚合物等,是良好的绝缘材料。凡在外电场作用下产生宏观上不等于零的电偶极矩,因而形成宏观束缚电荷的现象称为电极化,能产生电极化现象的物质统称为电介质。电介质的电阻率一般都很高,被称为绝缘体。有些电介质的电阻率并不很高,不能称为绝缘体,但由于能产生极化过程,也归入电介质。通常情况下电介质中的正、负电荷互相抵消,宏观上不表现出电性。

电介质在电气工程上大量用作电气绝缘材料、电容器的介质及特殊电介质器件(如压电晶体)等。

二十七、古登－波尔和 Dashen 效应

实验证实,一个恒定的或交流的强电场,会影响到在紫外线激发下的发光物质(磷光体)的特性,这种现象也可在随着紫外线移开后的一段衰减期中观察到。

用电场预激发晶体磷而生成闪光正是古登－波尔效应的结果,也可在使用电场从金属电极进行磷光体的分解中观察到这种现象。

二十八、电离

原子是由带正电的原子核及其周围带负电的电子所组成。由于原子核的正电荷数与电子的负电荷数相等,所以原子对外呈中性。原子最外层的电子称为价电子。所谓电离,就是原子受到外界的作用,如被加速的电子或离子与原子碰撞时,使原子中的外层电子特别是价电子摆脱原子核的束缚而脱离,原子成为带一个或几个正电荷的离子,这就是正离子。如果在碰撞中原子得到了电子,则成为负离子。

二十九、电液压冲压,电水压振扰

电液压冲压,电水压振扰:高压放电下液体的压力产生急剧升高的现象。

三十、电泳现象

处于物质表面的那些原子、分子或离子与处于物质内部的原子、分子或离子不一样。处于物质表面的原子、分子或离子只受到旁侧和底下其他粒子的吸引。因此物质表面的粒子有剩余的吸附力,使物质的表面产生吸附作用。当物质被细分到胶粒大小时,暴露在周围介质中的表面积与体积比变得十分巨大。所以,在胶体分散系中,胶粒往往能从介质中吸附离子,使分散的胶粒带上电荷。

不同的胶粒其表面的组成情况不同。它们有的能吸附正电荷,有的能吸附负电荷。因此有的胶粒带正电荷,如氢氧化铝胶体;有的胶粒带负电荷,如三硫化二砷(As_2S_3)胶体等。如果在胶体中通以直流电,它们或者向阳极迁移,或者向阴极迁移,这就是所谓的电泳现象。

影响电泳迁移率的因素如下:

(1)电场强度。电场强度是指单位长度的电位降,也称电势梯度。

(2)溶液的 pH 值。它决定被分离物质的解离程度和质点的带电性质及所带净电荷量。

(3)溶液的离子强度。电泳液中的离子浓度增加时会引起质点迁移率的降低。

(4)电渗。在电场作用下液体对于固体支持物的相对移动称为电渗。

三十一、电晕放电

电晕放电是带电体表面在气体或液体介质中局部放电的现象,常发生在不均匀电场中电场强度很高的区域内,例如高压导线的周围、带电体的尖端附近等。其特点为出现与日晕相似的光层,发出"嘶嘶"的声音,产生臭氧、氧化氮等。电晕放电会引起电能的损耗,并对通信和广播产生干扰。我们知道,电晕放电多发生在导体壳的曲率半径小的地方,因为这些地方,特别是尖端,其电荷密度很大。而在紧邻带电表面处,电场强度(E)与电荷密度(σ)成正比,故在导体的尖端处场强很强(即 σ 和 E 都极大)。所以在空气周围的导体电势升高时,这些尖端之处能产生电晕放电。通常均将空气视为非导体,但空气中含有少数由宇宙线照射而产生的离子,带正电的导体会吸收周围空气中的负离子而自行逐渐中和。若带电导体有尖端,该处附近空气中的电场强度(E)可变得很高。当离子被吸向导体时将获得很大的加速度,这些离子与空气碰撞时,将会产生大量的离子,使空气变得极易导电,同时借电晕放电而加速导体放电。因空气分子在碰撞时会发光,故电晕放电时在导体尖端处可见到亮光。

电晕放电在工程技术领域中有多种影响。电力系统中的高压及超高压输电线路导线上发生电晕放电,会引起电晕功率损失、无线电干扰、电视干扰以及噪声干扰。进行线路设计时,应选择足够的导线截面积,或采用分裂导线降低导线表面电场的方式,以避免发生电晕放电。对于高电压电气设备,发生电晕放电会逐渐破坏设备绝缘性能。电晕放电的空间电荷在一定条件下又有提高间隙击穿强度的作用。当线路出现雷电或操作过电压时,因电晕损失而能削弱过电压幅值。利用电晕放电可以进行静电除尘、污水处理、空气净化等。地面上的树木等尖端物体在大地电场作用下的电晕放电是参与大气静电平衡的重要环节。

海洋表面溅射水滴上出现的电晕放电可促进海洋中有机物的生成,还可能是地球远古大气中生物前合成氨基酸的有效放电形式之一。针对不同应用目的研究,电晕放电是具有不同重要意义的技术课题。

三十二、电子力

按照电场强度的定义,电场中任一点的场强(E)大小等于单位正电荷在该点所受的电场力的大小。那么,点电荷(q)在电场中某点所受的电场力 $F = qE$。电场力的大小为 $F = |q|E$,方向取决于电荷 q 的正、负。不难判断,正电荷所受的电场力,其方向与场强方向一致;负电荷所受的电场力,其方向与场强方向相反。

磁场对运动电荷的作用力、运动电荷在磁场中所受的洛伦兹力都属于电子力。

三十三、电阻

电阻是描述导体制约电流性能的物理量。根据欧姆定律,导体两端的电压(U)和通过导体的电流强度(I)成正比。由 U 和 I 的比值定义的 $R = U/I$ 称为导体的电阻,其单位为欧姆,简称欧(Ω)。导体的电阻越大,表示导体对电流的阻碍作用越大。电阻的倒数 $G = 1/R$ 称为电导,单位是西门子(S)。

电阻率是表征物质导电性能的物理量,也称"体积电阻率"。电阻率越小导电本领越强。用某种材料制成的长 1 cm、横截面积为 1 cm^2 的导体电阻,在数值上等于这种材料的电阻率。也有取长 1 m、截面积 1 mm^2 的导电体在一定温度下的电阻定义电阻率的。此两种定义法定义的电阻率在数值上相差 4 个数量级。如第一种定义,铜在 20 ℃时的电阻率为 1.7×10^{-6} $\Omega \cdot cm$。而第二种定义的电阻率为 0.017 $\Omega \cdot mm$。电阻率的倒数称为电导率。电阻率(ρ)不仅和导体的材料有关,还和导体的温度有关。在温度变化不大的范围内,几乎所有金属的电阻率随温度作线性变化,即

$$\rho = \rho_0 (1 + \alpha t) \tag{6-6}$$

式中　　t——温度,℃;

　　　　ρ_0——0 ℃时的电阻率;

　　　　α——电阻率温度系数。

由于电阻率随温度的改变而改变,所以对某些电器的电阻,必须说明它们所处的物理状态。如 220 V、100 W 电灯的灯丝电阻,通电时是 484 Ω,未通电时是 40 Ω。另外需要注意的是电阻率和电阻是两个不同的概念,电阻率是反映物质对电流阻碍作用的属性,电阻是反映物体对电流的阻碍作用。

电阻器是电路中用于限制电流、消耗能量和产生热量的电气元件。

磁电阻材料即具有显著磁电阻效应的磁性材料。强磁性材料在受到外加磁场作用时引起的电阻变化,称为磁电阻效应。不论磁场与电流方向平行还是垂直,都将产生磁电阻效应。前者(平行)称为纵磁场效应,后者(垂直)称为横磁场效应。一般强磁性材料的磁电阻率(磁场引起的电阻变化与未加磁场时电阻之比)在室温下小于8%,在低温下可增加到10%以上。已实用的磁电阻材料主要有镍铁系和镍钴系磁性合金。室温下镍铁系坡莫合金的磁电阻率为1%~3%,若合金中加入铜、铬或锰元素,可使电阻率增加;镍钴系合金的电阻率较高,可达6%。与利用其他磁效应相比,利用磁电阻效应制成的换能器和传感器,其装置简单,对速度和频率不敏感。磁电阻材料已用于制造磁记录磁头、磁泡检测器和磁

膜存储器的读出器等。

三十四、对流

对流是液相或气相中各部分的相对运动,是液体或气体通过自身各部分的宏观流动实现热量传递的过程。对流是流体热传递的主要方式,可分为自然对流和强迫对流两种。因为浓度差或温差引起密度变化而产生的对流,称为自然对流;由于外力推动而产生的对流,称为强迫对流。对于电解液来说,溶质将随液相的对流而移动,是电化学中物质传递过程的一种类型。冬天室内取暖就是借助于室内空气的自然对流来传热的,大气及海洋中也存在自然对流。靠外来作用使流体循环流动,从而传热的是强迫对流,如由于人工的搅拌,或鼓风机等机械力的作用而产生的对流。

三十五、多相系统分离

多相系统的分离是以混合成分的聚合状态的不同为基础的,最常使用连续相的聚合状态来进行判定。

成分间具有不同分散度的多相固态系统通过沉积作用或筛分分离法来进行分解,具有连续液体或气体相位的系统通过沉积作用、过滤或离心分离机来进行分离。通过烘干将固态相中的易沸液体进行排除。

三十六、二级相变

在发生相变时,体积不变化的情况下,也不伴随热量的吸收和释放,只是比热容、热膨胀系数和等温压缩系数等物理量发生变化,这一类变化称为二级相变。如正常液态氦(氦I)与超流氦(氦II)之间的转变,正常导体与超导体之间的转变,顺磁体与铁磁体之间的转变,合金的有序态与无序态之间的转变等都是典型的二级相变的例子。

二级相变大多是发生在极低温度时的相变。例如,在居里点铁磁体转变为顺磁体;在零磁场下超导体转变为正常导体;液态氦II与液态氦I之间的 λ 相变等。二级相变的特点是,两相的化学势和化学势的一级偏微商相等,但化学势的二级偏微商不相等。因此在相变时没有体积变化和潜热(即相变热)。在相变点,两相的体积、焓和熵的变化是连续的,故这种相变也称为连续相变。

三十七、发光

自发光:是一种"冷光",可以在正常温度和低温下发出这种光。在自发光中,一些能量促使原子中的电子从"基态"(低能量状态)跃迁到"激发态"。在这种状态之下,它会回复到"基态",并以光这种能量形式释放出来。

光学促进的自发光:指的是可见光或红外光促发的磷光。其中,可见光或红外光仅是先前储备能量释放的促发剂。

白热光:是指光从热能中来。当一个物体加热到足够高的温度时,它就开始发出光辉。如炼炉中的金属或灯泡中发出的光,太阳和星星发出的光都是这种光。

荧光和光致发光:它们的能量是由电磁辐射提供的(如射线光)。一般光致发光是指任何由电磁辐射引起的发光;而荧光通常是指由紫外线引起的,有时也用于其他类型的光致发光。

磷光:是滞后的发光。当一个电子被推到一个高能态时,有时会被捕获(就如你举起了那块石头,然后把它放在一张桌子上)。在一些时候,电子及时地逃脱了捕获,有时则一直被捕获直到有别的起因使它们逃脱(如石头一直在桌子上,直到有东西冲击它)。

化学发光:由于吸收化学能,使分子产生电子激发而发光的现象。化学反应放出的热量(即化学能)可转化为反应产物分子的电子激发能,当这种产物分子产生辐射跃迁或将能量转移给其他会发光的分子使该分子再发生辐射跃迁时,便产生发光现象。但是多数的反应所发出的光是很微弱的,而且多在红外线范围,不容易被观测。产生化学发光的反应通常应满足这些条件:必须是放热反应,所放出的化学能足够使反应产物分子变成激发态分子;具备使化学能转变为电子激发能的合适化学机制,这是化学发光最关键的一步;处于电子激发态的产物分子本身会发光或者将能量传递给其他会发光的分子。

阴极发光:物质表面在高能电子束的轰击下发光的现象称为阴极发光。不同种类的宝石或相同种类、不同成因的宝石矿物在电子束的轰击下会发出不同颜色及不同强度的光,并且排列式样有差别,由此可以研究宝石矿物的杂质特点、结构缺陷、生长环境及过程。阴极发光仪是检测和记录物质阴极发光现象的一种光学仪器,主要由电子枪、真空系统、控制系统、真空样品仓、显微镜及照相系统构成。宝石学中可利用该仪器区分天然与合成宝石。主要用于雷达、电视、示波器和飞点扫描等方面。

辐射发光:是指由核放射引起的发光。一些老式的钟表晚上可以发光,可见表针,就是在其表面涂了一层放射发光的材料。这个词也可指由 X 射线引起的发光,也可叫光致发光。

摩擦发光:是指由机械运动或由机械运动产生的电流激发的电化学发光。如一些矿石撞击或摩擦产生的光,如两颗钻石在黑暗中撞击产生的光。

电致发光、场致发光:是指由电流引起的发光。

声致发光、声致冷光:如果声波以正确的方式振动液体,该液体就会"爆裂",所产生的气泡会剧烈收缩,从而造成发光的现象。

热发光:是指温度达到某个临界点而引起的发光现象。这也许会与致热发光相混淆,但是致热发光需要很高的温度;在致热发光中,热不是能量的基本来源,仅是其他来源的能量释放的促进剂。

生物发光:是化学发光中的一类,特指在生物体内通过化学反应产生的发光现象,主要由酶来催化产生,如萤火虫的发光。现在实验中经常用到的荧光素酶报告基因系统,皆为生物发光。自然界具有发光能力的有机体种类繁多,一些细菌和高等真菌有发光现象。不同生物体的发光颜色也不尽相同,多数发射蓝光或绿光,少数发射黄光或红光。

三十八、发光体

发光体在物理学上是指能发出一定波长范围的电磁波(包括可见光与紫外线,红外线和 X 射线等不可见光)的物体。通常指能发出可见光的发光体,凡物体自身能发光者,称作光源,或称发光体,如太阳、灯以及燃烧着的物质等。但像月亮表面、桌面等依靠它们反射外来光才能使人们看到它们,这样的反射物体不能称为光源。在日常生活中离不开可见光的光源,可见光及不可见光的光源还被广泛地应用于工农业、医学和国防现代化等方面。

光源可以分为三种:第一种是热效应产生的光,太阳光就是很好的例子,此外蜡烛等物体也都一样,此类光随着温度的变化会改变颜色;第二种是原子发光,荧光灯灯管内壁涂抹的荧光物质被电磁波能量激发而产生光,此外霓虹灯的原理也一样,原子发光具有独自的基本色彩,所以彩色拍摄时需要进行相应的补偿;第三种是 synchrotron 发光,这种发光过程同时携带强大的能量,原子炉发的光就是这种光,但是在我们的日常生活中几乎没有接触到这种光的机会。

三十九、发射聚焦

聚焦波阵面呈球形或圆筒形的形状。

光学聚焦(焦点):理想光学系统主光轴上的一对特殊共轭点。主光轴上与无穷远像点共轭的点称为物方焦点(或第1焦点),记作 F;主光轴上与无穷远物点共轭的点称为像方焦点(或第2焦点),记作 F'。根据上述定义,中心在物方焦点的同心光束经光学系统后成为与主光轴平行的平行光束;沿主光轴入射的平行光束经光学系统后成为中心在像方焦点的同心光束。凸透镜有实焦点,凹透镜有虚焦点。

四十、法拉第效应

法拉第效应于1845年由法拉第发现。当线偏振光在介质中传播,若在平行于光的传播方向上加一强磁场,则光振动方向将发生偏转,偏转角度 ψ 与磁感应强度 B 和光穿越介质的长度 l 的乘积成正比,即

$$\psi = VBl \tag{6-7}$$

式中,比例系数 V 称为费尔德常数,与介质性质及光波频率有关。偏转方向取决于介质性质和磁场方向。上述现象称为法拉第效应或磁致旋光效应。

法拉第效应可用于混合碳水化合物成分分析和分子结构研究。近年来在激光技术中这一效应被用来制作光隔离器和红外调制器。

该效应可用来分析碳氢化合物,因每种碳氢化合物有各自的磁致旋光特性。在光谱研究中,可借以得到关于激发能级的有关知识;在激光技术中可用来隔离反射光,也可作为调制光波的手段。

四十一、反射

波的反射:波由一种媒质达到与另一种媒质的分界面时,返回原媒质的现象。例如声波遇障碍物时的反射,它遵循反射定律。在同类媒质中由于媒质不均匀也会使波返回到原来密度的介质中,即产生反射。

光的反射:光遇到物体或遇到不同介质的交界面(如从空气射入水面)时,光的一部分或全部被表面反射回去,这种现象叫作光的反射,由于反射面的平坦程度不同,有单向反射和漫反射之分。人能够看到物体正是由于物体能把光"反射"到人的眼睛里,没有光照明物体,人也就无法看到它。

光的反射定律:①入射光线、反射光线与法线(即通过入射点且垂直于入射面的线)同在一平面内,且入射光线和反射光线在法线的两侧;②反射角等于入射角(其中反射角是法线与反射线的夹角,入射角是入射线与法线的夹角)。在同一条件下,如果光沿原来的反射线的逆方向射到界面上,这时的反射线一定沿原来的入射线的反方向射出。这一特性称为"光的可逆性"。

反射率,又称"反射本领",是反射光强度与入射光强度的比值。不同材料的表面具有

不同的反射率,其数值多以百分数表示。同一材料对不同波长的光有不同的反射率,这个现象称为"选择反射"。所以,凡列举一材料的反射率均应注明其波长。例如玻璃对可见光的反射率约为4%,锗对波长为4 μm红外光的反射率为36%,铝从紫外光到红外光的反射率均可达90%左右,金的选择性很强,在绿光附近的反射率为50%,而对红外光的反射率可达96%以上。此外,反射率还与反射材料周围的介质及光的入射角有关。上面所说的均是指光在各材料与空气分界面上的反射率,并限于正入射的情况。

四十二、放电

放电就是使带电的物体不带电。放电并不是消灭了电荷,而是引起了电荷的转移,正负电荷抵消,使物体不显电性。

放电的方法主要有接地放电、尖端放电、火花放电、中和放电等。

四十三、放射现象

1896年,法国物理学家贝可勒耳发现铀及含铀的矿物能发出某种看不见的射线,这种射线可以穿透黑纸使相片底片感光。在贝可勒耳工作的启发下,居里夫妇对铀和含铀的各种矿石进行了深入研究,并发现了两种放射性更强的元素镭和钋。1903年,居里夫妇和贝可勒耳同获诺贝尔物理学奖。

放射性:物体向外发射某种看不见的射线的性质叫放射性。

放射性元素:具有放射性的元素。原子序数为82的铅后的许多元素都具有放射性,少数位于铅之前的元素也具有放射性。

α射线:是速度约为光速1/10的氦核流。其电离本领大,穿透力小。

β射线:是速度接近光速的高速电子流。其电离本领较小,穿透力较大。

γ射线:是波长极短的光子流。其电离作用小,具有极强的穿透能力。

天然存在的放射性同位素能自发放出射线的特性,称为"天然放射性"。而通过核反应,由人工制造出来的放射性,称为"人工放射性"。

四十四、浮力

浮力指的是漂浮于流体表面或浸没于流体之中的物体,受到各方向流体静压力产生的向上合力。其大小等于被物体排开流体的重力。在液体内,不同深度处的压强不同。由于物体上、下面浸没在液体中的深度不同,物体下部受到液体向上的压强较大,压力也较大,可以证明,浮力等于物体所受液体向上、向下的压力之差。

浸在液体里的物体受到向上的浮力作用,浮力的大小等于被该物体排开的液体的重力,这就是著名的"阿基米德定律",该定律是公元前200年以前由阿基米德所发现的。浮力的大小可用下面的公式计算:

$$F_{浮} = \rho_{液} g V_{排} \tag{6-8}$$

四十五、感光材料

感光材料是指一种具有光敏特性的半导体材料,因此又称之为光导材料或者光敏半导体。它的特点就是在无光的状态下呈绝缘性,在有光的状态下呈导电性。复印机的工作原理正是利用了这种特性。复印机上普遍应用的感光材料有硒、氧化锌、硫化镉、有机光导体等,这些都是较理想的光导材料。

四十六、耿氏效应

当电压高到某一值时,半导体电流便以很高频率振荡,该效应称为耿氏效应,是1963年由耿氏发现的一种效应。当高于临界值的恒定直流电压加到一小块 N 型砷化镓相对面的接触电极上时,便产生微波振荡。在 N 型砷化镓片的两端制作良好的欧姆接触电极,并加上直流电压使产生的电场超过 3 kV/cm 时,由于砷化镓的特殊性质就会产生电流振荡,其频率可达 109 Hz,这就是耿氏二极管。这种在半导体本体内产生高频电流的现象称为耿氏效应。

耿氏效应的原理为:在砷化镓的能带结构中,导带有两个能谷,两能谷的能隙为 0.36 eV。把砷化镓材料置于外电场中时,外电场的作用使体内电子在能谷之间跃迁,导致其电导率随电场的增加时而增加,时而减小,从而形成了体内的高频振荡现象。

四十七、共振

在物体做受迫振动的过程中,当驱动力的频率与物体的固有频率接近或相等时,物体的振幅增大的现象叫作共振。自然界中有许多地方有共振的现象,人类也在其技术中利用或者试图避免共振现象。

固有频率是系统本身所具有的一种振动性质。当系统做固有振动时,它的振动频率就是"固有频率"。一个力学体系的固有频率由系统的质量分布、内部的弹性以及其他的力学性质决定。

在很多情况下要利用共振现象,例如,收音机的调谐就是利用共振来接收某一频率的电台广播,又如弦乐器的琴身和琴筒,就是用来增强声音的共鸣器。但在不少情况下要防止共振的发生,例如机器在运转中可能会因共振而降低精密度。20 世纪中叶,法国昂热市附近一座长 102 m 的桥,因一队士兵在桥上齐步走的步伐频率与桥的固有频率相近,引起桥梁共振,振幅超过桥身的安全限度,从而造成了桥塌人亡的事故。

四十八、固体发光

固体发光是电磁波、带电粒子、电能、机械能及化学能等作用到固体上而被转化为光能的现象。外界能量可来源于电磁波(可见光、紫外线、X 射线和 γ 射线等)或带电粒子束,也可来自电场、机械作用或化学反应。当外界激发源的作用停止后,固体发光仍能维持一段时间,称为余辉。历史上曾根据发光持续时间的长短把固体发光分为荧光和磷光两种,发光持续时间小于 10^{-8} s 的称为荧光,大于 10^{-8} s 的称为磷光,相应的发光体分别称为荧光体和磷光体。

根据激发方式的不同,固体发光主要分为以下几种:

(1)光致发光:是指发光材料在可见光、紫外光或 X 射线照射下产生的光。发光波长比所吸收的光波波长要长。这种发光材料常用来使看不见的紫外线或 X 射线转变为可见光,例如,日光灯管内壁的荧光物质把紫外线转换为可见光,对 X 射线或 γ 射线也常借助于荧光物质进行探测。另一种具有电子陷阱(由杂质或缺陷形成的类似亚稳态的能级,位于禁带上方)的发光材料在被激发后,只有在受热或红外线照射下才能发光,可用来制造红外探测仪。

（2）场致发光：又称电致发光，是指利用直流或交流电场能量来激发发光。场致发光实际上包括几种不同类型的电子过程，一种是物质中的电子从外电场吸收能量，与晶格相碰时使晶格电离化，产生电子－空穴对，复合时产生辐射。也可以是外电场使发光中心激发，回到基态时发光，这种发光称为本征场致发光。还有一种类型是在半导体的 PN 结上加正向电压，P 区中的空穴和 N 区的电子分别向对方区域迁移后成为少数载流子，复合时产生辐射，称为载流子注入发光，也称结型场致发光。用电磁辐射调制场致发光称为光控场致发光。把 ZnS 等发光材料制成薄膜，加直流或交流电场，再用紫外线或 X 射线照射时可产生显著的光放大，利用场致发光现象可提供特殊照明、制造发光管、实现光放大和储存影像等。

（3）阴极射线致发光：是指以电子束使磷光物质激发发光，普遍用于示波管和显像管，前者用来显示交流电的波形，后者用来显示影像。

四十九、惯性力

牛顿运动定律只适用于惯性系。在非惯性系中，为使牛顿运动定律仍然有效，常引入一个假想的力，用以解释物体在非惯性系中的运动。这个由于物体的惯性而引入的假想力称为"惯性力"。它是物体的惯性在非惯性系中的一种表现，并不反映物体间的相互作用。它也不服从牛顿第三定律，于是惯性力没有施力物，也没有反作用力。例如，前进的汽车突然刹车时，车内乘客就感觉到自己受到一个向前的力，使自己向前倾倒，这个力就是惯性力。又如，汽车在转弯时，乘客也会感到有一个使他离开弯道中心的力，这个力即称为"惯性离心力"。

五十、光谱

光谱是复色光经过色散系统（如棱镜、光栅）分光后，被色散开的单色光按波长（或频率）大小而依次排开的图案，全称为光学频谱。例如，太阳光经过三棱镜后形成按红、橙、黄、绿、蓝、靛、紫次序连续分布的彩色光谱。红色到紫色，对应于波长为 7 700 ~ 3 900 Å 的区域，是能被人眼感觉的可见部分。红端之外为波长更长的红外光，紫端之外则为波长更短的紫外光，都不能为肉眼所察觉，但能用仪器记录，光谱中最大的一部分可见光谱是电磁波谱中人眼可见的一部分，这个波长范围内的电磁辐射区域被称作可见光区域。按波长区域不同，光谱可分为红外光谱、可见光谱和紫外光谱；按产生的本质不同，可分为原子光谱、分子光谱；按产生的方式不同，可分为线光谱、带光谱和连续光谱。光谱的研究已成为一门专门的学科，即光谱学。光谱学是研究原子和分子结构的重要学科。

五十一、光生伏特效应

1839 年，法国物理学家贝可勒耳意外地发现，用两片金属浸入溶液构成的伏特电池，受到阳光照射时会产生额外的伏特电势，他把这种现象称为光生伏特效应。

1883 年，有人在半导体硒和金属接触处发现了固体光伏效应。后来就把能够产生光生伏特效应的器件称为光伏器件。

当太阳光或其他光照射半导体的 PN 结时，就会产生光生伏特效应。光生伏特效应使得 PN 结两边出现电压，称为光生电压。使 PN 结短路，就会产生电流。

由于半导体 PN 结器件在阳光下的光电转换效率最高，所以通常把这类光伏器件称为太阳能电池,也称光电池或太阳电池。太阳能电池又称为光电池、光生伏特电池,是一种将光能直接转换成电能的半导体器件。现主要有硅、硫化镉、砷化镓太阳能电池。

随着科学的进步,光伏发电技术已可用于任何需要电源且有光照的场合。目前,光伏发电主要用于三大方面:

(1)光伏发电为无电场合提供电源。

(2)光伏发电是太阳能日用电子产品,如各类太阳能充电器、太阳能灯具等。

(3)光伏发电是并网发电。这在发达国家已经大面积推广使用。

五十二、混合物分离

混合物分离是指把混合物中的几种成分分开得到几种纯净物,其原则和方法与混合物的提纯(即除杂质)基本相似,不同之处是除杂质只需把杂质除去恢复所需物质原来的状态即可,而混合物分离则要求被分离的每种纯净物都要恢复原来状态。

混合物分离的常用方法有:蒸发、过滤、结晶、重结晶、分步结晶、蒸馏、分馏、萃取、分液、渗析、升华,根据氧化还原原理进行分步沉淀等。

分离混合物,往往不只使用单独一种方法,而是几种方法交替使用。例如,粗盐的提纯就用到过滤、蒸发、结晶三种方法,这些都是物理方法,也就是说在过滤、蒸发、结晶的过程中都没有新物质生成,没有发生化学变化。有些混合物的分离则需用化学方法。

五十三、火花放电

火花放电是在电势差较高的正负带电区域之间,发出闪光并发出声响的短时间气体放电现象。在放电空间内,气体分子发生电离,气体迅速而剧烈地发热,发出闪光和声响。例如,当两个带电导体互相靠近到一定距离时,就会在其间发生火花和声响,结果两个导体所带的电荷几乎全部消失。实质上分立的异性电聚积至足够量时,电荷突破它们之间的绝缘体而中和的现象就是放电。而中和时发生火花的就叫火花放电。在阴雨天气,带电的云接近地面,由于感应作用,在云和地之间发生火花放电即为落雷。由于它们之间电势差非常大,所以这种放电的危害特别大,它能破坏建筑物,甚至打死人和牲畜。高大建筑物均装有避雷针就是为了对落雷进行防范。在日常生活中,常常会看到运送汽油的油罐车,在它的尾部,总是有一根铁链在地上拖着走。这根铁链不是多余的,而是起着重要的作用。运汽油的车中装载的是汽油,汽车在开动的时候,里面装着的汽油也在不停地晃动,其结果会使汽油跟油槽壁发生碰撞和摩擦,从而会使油槽带电。因为汽车的轮胎由橡胶制成,是绝缘体,油槽里产生的电荷不可能通过轮胎传到地下,这样电荷就会积聚起来,甚至有时会发生电火花。遇到火花,汽油很容易发生爆炸。为了防止出现这样的危险,采用拖在汽车后面的铁链来作导电工具,使产生的电荷不能积聚。火花放电可用于金属加工,钻细孔,还可用于胶接表面的处理,以提高胶接强度,多用于难粘塑料和金属等材料表面的处理。

五十四、霍尔效应

霍尔效应是一种电磁效应,这一现象是由美国物理学家霍尔(Hall,1855—1938)于1879年在研究金属的导电机构时发现的。当电流垂直于外磁场通过导体时,在导体垂直于磁场和电流方向的两个端面之间会出现电势差,这一现象便是霍尔效应。这个电势差也被称为霍尔电势差。

下面列举霍尔效应的一些应用：

（1）根据霍尔电压的极性可判定半导体的载流子的类型，即是 N 型半导体，还是 P 型半导体。

（2）半导体内载流子的浓度受温度、杂质及其他影响较大。根据试验测得的霍尔系数可计算出载流子的浓度。这为研究和测试半导体提供了有效的方法。

（3）利用半导体材料制成的霍尔元件还可测量强电流和功率。此外，还可以把直流和交流信号放大以及对它们进行调制。

五十五、霍普金森效应

霍普金森效应是由霍普金森于 1889 年发现的。霍普金森效应可在铁和镍的单晶、多晶样本中观察到，也可在很多铁磁合金中观察到。

霍普金森效应由以下 3 点组成：

（1）将铁磁物质放入弱磁场，导磁性会在居里点附近出现急剧增大。

（2）磁导率对温度的最大依赖关系，是由于处于居里点附近的铁磁物质的磁各向异性的戏剧性减少而导致的。

（3）在居里点附近，因为铁磁物质自然磁化的消失，将使导磁性减小。

五十六、加热

加热是热源将热能传给较冷物体而使其变热的过程。

根据热能的获得方式，可分为直接加热和间接加热两类。直接热源加热是将热能直接施加于物料，如烟道气加热、电流加热和太阳辐射能加热。间接热源加热是将上述直接热源的热能施加于一中间载热体，然后由中间载热体将热能再传给物料，如蒸汽加热、热水加热、矿物油加热等。

五十七、焦耳－楞次定律

1840 年，焦耳把环形线圈放入装水的试管内，测量不同电流强度和电阻时的水温。通过这一实验，他发现导体在一定时间内放出的热量与导体的电阻及电流强度的平方之积成正比。同年 12 月焦耳在英国皇家学会上宣读了关于电流生热的论文，提出电流通过导体产生热量的定律。由于不久之后，俄国物理学家楞次也独立发现了同样的定律，该定律也称为焦耳－楞次定律。

五十八、焦耳－汤姆逊效应

当气体在管道中流动时，由于局部阻力（如遇到缩口的调节阀门时），其压力显著下降，这种现象叫作节流。工程上由于气体经过阀门等流阻元件时，流速大时间短，来不及与外界进行热交换，可近似地作为绝热过程来处理，称为绝热节流。

实验发现，实际气体节流前后的温度一般将发生变化。气体经过绝热节流过程后温度发生变化的现象称为焦耳－汤姆逊效应。造成这种现象的原因是因为实际气体的焓值不仅是温度的函数，而且也是压力的函数。大多数实际气体在室温下的节流过程中都有冷却效应，即通过节流元件后温度降低，这种温度变化称为正焦耳－汤姆孙效应；少数气体在室温下节流后温度升高，这种温度变化称为负焦耳－汤姆逊效应。

在通常温度下,许多气体都可以通过节流膨胀过程使温度降低、冷却而成为液体。工业上就是利用这种效应来使气体变成液体的。

五十九、金属覆层润滑剂

金属有机化合物中的金属会在高温下获得释放。金属覆层润滑剂中含有金属有机化合物,这种润滑剂是依靠零件间的摩擦力来进行加热的。然后,金属有机化合物将产生分解,释放出金属,释放的金属会填充到零件表面的不平整部位,以此来减小零件的摩擦力。

六十、居里效应

法国物理学家比埃尔·居里(1859—1906)早期的主要贡献为确定磁性物质的转变温度(居里点),铁磁物质由于存在磁畴,因此在外加的交变磁场的作用下将产生磁滞现象。磁滞回线就是磁滞现象的主要表现。如果将铁磁物质加热到一定的温度,由于金属点阵中的热运动的加剧,磁畴受到破坏,铁磁物质将转变为顺磁物质,磁滞现象消失,铁磁物质这一转变温度称为居里点温度。

不同的铁磁物质,居里点不同。铁的居里点为769 ℃,钴是1 131 ℃,镍的居里点较低,为358 ℃。锰锌铁氧化体的居里点只有215 ℃,比较低,磁通密度、磁导率和损耗都随温度发生变化,除正常温度25 ℃以外,还要给出60 ℃、80 ℃、100 ℃时的各种参数数据。因此,锰锌铁氧化体磁芯的工作温度一般限制在100 ℃以下。钴基非晶合金的居里点为205 ℃,也较低,使用温度也限制在100 ℃以下。铁基非晶合金的居里点为370 ℃,其可以在150 ℃ ~180 ℃下使用。高磁导坡莫合金的居里点为460 ℃ ~480 ℃,其可以在200 ℃ ~250 ℃下使用。微晶纳米晶合金的居里点为600 ℃,硅钢居里点为730 ℃,它们可以在300 ℃ ~400 ℃下使用。

六十一、克尔效应

电光克尔效应:1875 年英国物理学家 J. 克尔发现,玻璃板在强电场作用下具有双折射性质,称为克尔效应。后来发现多种液体和气体都能产生克尔效应。观察克尔效应(如图8－1所示):内盛某种液体(如硝基苯)的玻璃盒子称为克尔盒,盒内装有平行板电容器,加电压后产生横向电场。克尔盒放置在两正交偏振片之间。无电场时液体为各向同性,光不能通过 P_2。存在电场时液体具有了单轴晶体的性质,光轴沿电场方向,此时有光通过 P_2。实验表明,在电场作用下,主折射率之差与电场强度的平方成正比。电场改变时,通过 P_2 的光强随之改变,故克尔效应可用来对光波进行调制。液体在电场作用下产生极化,这是产生双折射性的原因。电场的极化作用非常迅速,在加电场后不到 10^{-9} s 内就可完成极化过程,撤去电场后在同样短的时间内重新变为各向同性。克尔效应的这种迅速动作的性质可用来制造几乎无惯性的光的开关——光闸,在高速摄影、光速测量和激光技术中获得了重要应用。

磁光克尔效应:入射的线偏振光在已磁化的物质表面反射时,振动面发生旋转的现象,1876 年由 J. 克尔发现。克尔磁光效应分极向、纵向和横向三种,分别对应物质的磁化强度与反射表面垂直、与表面和入射面平行、与表面平行而与入射面垂直三种情形。极向和纵向克尔磁光效应的磁致旋光都正比于磁化程度,一般极向的效应最强,纵向次之,横向则无明显的磁致旋光。克尔磁光效应最重要的应用是观察铁磁体的磁畴。不同的磁畴有不同的自发磁化方向,引起反射光振动面的不同旋转,通过偏振片观察反射光时,将观察到与各磁畴对应的明暗不同的区域。用此方法还可对磁畴变化作动态观察。

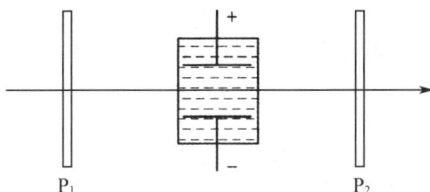

图 6 – 1　克尔效应

六十二、扩散

物质分子从高浓度区域向低浓度区域转移,直到均匀分布的现象,称为扩散。扩散的速率与物质的浓度梯度成正比。物质直接接触时,称为自由扩散;若扩散是经过隔离物质进行时,则称为渗透。

由于分子(原子等)的热运动而产生的物质迁移现象,一般可发生在一种或几种物质与同一物态或不同物态之间,由不同区域之间的浓度差或温度差所引起,而前者居多。一般从浓度较高的区域向较低的区域进行扩散,直到同一物态内各部分的浓度达到均匀或两种物态间的浓度达到平衡为止。显然,由于分子的热运动,这种"均匀""平衡"都属于"动态平衡",即在同一时间内,界面两侧交换的粒子数相等,如红棕色的二氧化氮气体在静止的空气中的散播,蓝色的硫酸铜溶液与静止的水相互渗入,钢制零件表面的渗碳以及使纯净半导体材料成为 N 型或 P 型半导体的掺杂工艺等都是扩散现象的具体体现。在电学半导体 PN 结的形成过程中,自由电子和空穴的扩散运动是基本依据。扩散速度在气体中最大,在液体中次之,在固体中最小,而且浓度差越大、温度越高、参与的粒子质量越小,扩散速度也越快。

六十三、冷却

将物体或系统的热量带走,使物体温度降低的过程,称为冷却。冷却的方法通常有直接冷却法和间接冷却法。直接冷却法是直接将冰或冷水加入被冷却的物料中,间接冷却法是将物料放在容器中,其热能通过器壁向周围介质自然散热。

六十四、洛伦兹力

运动电荷在磁场中所受到的力称为洛伦兹力。荷兰物理学家洛伦兹(1853—1928)首先提出了运动电荷产生磁场和磁场对运动电荷有作用力的观点,为了纪念他,人们称这种力为洛伦兹力。在国际单位制中,洛伦兹力的单位是牛顿。洛伦兹力的公式为

$$f = qvB\sin\theta \tag{6 – 9}$$

式中　q——点电荷的电量;

　　　v——点电荷的速度;

　　　B——点电荷所处的磁感应强度;

　　　θ——v 和 B 的夹角。

洛伦兹力的方向遵循左手定则(左手平展,使大拇指与其余四指垂直,并且都跟手掌在一个平面内),把左手放入磁场中,让磁感线垂直穿过手心(手心对准N极,手背对准S极),四指指向电流方向(即正电荷运动的方向),则拇指所指的方向就是导体或正电荷受力的方向,垂直于 v 和 B 构成的平面(若 q 为负电荷,则为反方向)。由于洛伦兹力始终垂直于电荷的运动方向,所以它对电荷不做功,不改变运动电荷的速率和动能,只能改变电荷的运动方向使之偏转。

洛伦兹力既适用于宏观电荷,也适用于微观电荷粒子。电流元在磁场中所受安培力就是其中运动电荷所受洛伦兹力的宏观表现。导体回路在恒定磁场中运动,使其中磁通量变化而产生的动生电势也是洛伦兹力的结果,洛伦兹力是产生动生电势的非静电力。

如果电场 E 和磁场 B 并存,则运动点电荷受力为电场力和磁场力之和,即

$$F = q(E + vB) \qquad (6-10)$$

式中,E、B 为矢量,此式一般也称为洛伦兹力公式。

洛伦兹力在许多科学仪器和工业设备中都有着广泛的应用,例如 β 谱仪、质谱仪、粒子加速器、电子显微镜、磁镜装置、霍尔器件等。

六十五、毛细现象

毛细管:凡内径很细的管子都叫"毛细管"。通常指的是内径小于或等于 1 mm 的细管,因管径有的细如毛发故称毛细管。例如,水银温度计、钢笔尖部的窄缝、毛巾和吸墨纸纤维间的缝隙、土壤结构中的缝隙以及植物的根、茎、叶的脉络等,都可认为是毛细管。

毛细现象:插入液体中的毛细管,管内外的液面会出现高度差。当浸润管壁的液体在毛细管中上升(即管内液面高于管外)或当不浸润管壁的液体在毛细管中下降(即管内液面低于管外),这种现象叫作"毛细现象"。产生毛细现象的原因之一是由于附着层中分子的附着力与内聚力的作用,造成浸润或不浸润,因而使毛细管中的液面呈现弯月形。原因之二是由于存在表面张力,从而使弯曲液面产生附加压强。由于弯月面的形成,使得沿液面切向方向作用的表面张力的合力,在凸弯月面处指向液体内部,在凹弯月面处指向液体外。由于合力的作用使弯月面下液体的压强发生了变化,对液体产生了一个附加压强,从而使凸弯月面下液体的压强大于水平液面下液体的压强,而凹弯月面下液体的压强小于水平液面下液体的压强。根据在盛着同一液体的连通器中,同一高度处各点的压强都相等的原理,当毛细管里的液面是凹弯月面时,液体不断地上升,直到上升液柱的静压强抵消了附加压强为止。同样,当液面成凸月面时,毛细管里的液体也将下降。

当液体浸润管壁致使与管壁接触的液面是竖直的,而且表面张力的合力也是竖直向上时,若毛细管内半径为 r,液体表面张力系数是 σ,沿周界 $2\pi r$ 作用的表面张力的合力等于 $2\pi r\sigma$。在液面停止上升时,此一作用力恰好与毛细管中液体柱的重力相平衡。若液柱上升高度为 h,液体密度为 ρ,则得

$$2\pi r\sigma = \pi r^2 h\rho g \qquad (6-11)$$

因而可知液柱上升高度是

$$h = \frac{2\sigma}{r\rho g} \qquad (6-12)$$

六十六、摩擦力

相互接触的两个物体,当它们发生相对运动或有相对运动趋势时,在两个物体的接触

面之间会产生阻碍相对运动的作用力,这个力称为摩擦力。

物体之间产生摩擦力必须具备4个条件:两物体相互接触;两物体相互挤压,发生形变,有弹力;两物体发生相对运动或有相对运动趋势;两物体间接触面粗糙。

4个条件缺一不可。由此可见,有弹力的地方不一定有摩擦力,但有摩擦力的地方一定有弹力。摩擦力是一种接触力,而且还是一种被动力。

摩擦力可分为静摩擦力和滑动摩擦力。

若两个相互接触而又相对静止的物体,在外力作用下只具有相对滑动趋势,而未发生相对滑动,则其接触面间产生的阻碍相对滑动的力,称为静摩擦力。静摩擦力很常见,例如拿在手中的瓶子、毛笔不会滑落,就是静摩擦力作用的结果。静摩擦力在生产中的应用也很多,例如皮带运输机靠货物与传送皮带之间的静摩擦力把货物送往其他地方。

两接触物体产生相对滑动时的摩擦力称为滑动摩擦力。大量实验表明,滑动摩擦力的大小只与法向正压力的大小和接触面的性质(动摩擦因数)有关。接触面材料相同时,法向正压力越大,滑动摩擦力越大;法向正压力相同时,接触面越粗糙,滑动摩擦力越大。在低速情况下,摩擦力的大小与物体的外表接触面积及物体运动的速度有关。滑动摩擦力是阻碍相互接触物体之间相对运动的力,不一定是阻碍物体运动的力。即摩擦力不一定是阻力,它也可能是使物体运动的动力,要清楚阻碍“相对运动”是以相互接触的物体作为参照物的。“物体运动”可能是以其他物体作参照物的。

六十七、珀尔帖效应

1834年,法国科学家珀尔帖发现:当两种不同属性的金属材料或半导体材料互相紧密连接在一起的时候,在它们的两端通入直流电流后,只要变换直流电流的方向,在它们的接头处,就会相应出现吸收或者放出热量的物理现象,于是起到制冷或制热的效果,这种现象就称为珀尔帖效应。

珀尔帖冷却,是运用了珀尔帖效应,即组合不同种类的两种金属,通电时一方发热而另一方吸收热量的方式。因此,应用珀尔帖效应制成的半导体制冷器,就能制造出不需制冷剂、制冷速度快、无噪声、体积小、可靠性高的绿色电冰箱了。

六十八、起电

起电,就是使物体带电。起电并不是创造了电荷,而是引起了电荷的转移,使物体显示电性。

起电的方法有三种:摩擦起电、感应起电和接触起电。

摩擦起电的原理是由于各种物体束缚电子的能力不一样,摩擦两个不同物体就会引起电子的转移,使得到电子的物体显示负电,另一个显示正电。两个被摩擦的物体带的是异性等量电荷。两个相同物体摩擦不能起电。用丝绸摩擦玻璃棒,玻璃棒就失去电子而带正电,丝绸得到电子而带负电。

摩擦起电顺序为:空气、人手、石棉、兔毛、玻璃、云母、人发、尼龙、羊毛、铅、丝绸、铝、纸、棉花、钢铁、木、琥珀、蜡、硬橡胶、镍/铜、黄铜/银、金/铂、硫黄、人造丝、聚酯、赛璐珞、奥纶、聚氨酯、聚乙烯、聚丙烯、聚氯乙烯、二氧化硅、聚四氟乙烯。在上述所列出的物体中,距离越远,起电的效果就越好。

感应起电:将一个带电体靠近一个不带电的物体,这个物体靠近带电体的一端产生了与带电体相反的电荷,而远离带电体的一端产生了同种电荷,而且两端电荷量相等。感应起电的原理是电荷间的相互作用力。带电的物体能吸引不带电的物体,就是因为感应起电。

接触起电:将一个带电体与一个不带电的物体接触,就可以使不带电的物体带电。接触后,两个物体带同种电荷。接触起电的原理是感应起电和电中和。

六十九、气穴现象

气穴来自拉丁文"cavitus",是指空虚、空处的意思。气穴现象是由于机械力,如由船用的旋转机械力产生的致使液体中突然形成低压气泡并破裂的现象。

水的气穴现象就是指冲击波到达水面后,使水面快速上升,并在一定的水域内产生很多空泡层,最上层的空泡层最厚,向下逐渐变薄。随着静水压力的增加超过一定的深度后,便不再产生空泡。

声波的气穴现象研究:用 20～40 kHz 的声波进行了实验,声波在浓硫酸液体中产生高密度与低密度两个快速交替的区域,使得压力在其间振荡,液体中的气泡在高压下收缩,低压下膨胀。压力的变化非常快,致使气泡向内炸裂,有足够的能量产生热,这一过程被称为声学的气穴现象。

气穴现象在水下武器中的应用:比如海底子弹,当子弹由特别的物体发射出去后,在它的前部会形成一种类似于气泡状的东西,会让子弹的阻力减小,以增加威力。

七十、热传导

热量从系统的一部分传到另一部分或由一个系统传到另一个系统的现象叫热传导。热传导是热传递的三种基本方式之一,它是固体中热传递的主要方式,在不流动的液体或气体层中层层传递,在流动情况下往往与对流同时发生。热传导实质是大量物质的粒子热运动而互相撞击,使能量从物体的高温部分传至低温部分,或由高温物体传给低温物体的过程。在固体中,热传导的微观过程是:在温度高的部分,晶体中节点上的微粒振动动能较大;在低温部分,微粒振动动能较小。因微粒的振动互相联系,所以在晶体内部就发生微粒的振动,动能由动能大的部分向动能小的部分传递。在固体中热的传导,就是能量的迁移。在金属物质中,因存在大量的自由电子,在不停地做无规则的热运动。自由电子在金属晶体中对热的传导起主要作用。在液体中热传导表现为液体分子在温度高的区域热运动比较强,由于液体分子之间存在着相互作用,热运动的能量将逐渐向周围层层传递,引起了热传导现象。由于热传导系数小,传导得较慢,它与固体相似,而不同于气体。气体依靠分子的无规则热运动及分子间的碰撞,在气体内部发生能量迁移,从而形成宏观上的热量传递。

各种物质的热传导性能不同,一般金属都是热的良导体,玻璃、木材、棉毛制品、羽毛、毛皮以及液体和气体都是热的不良导体。石棉的热传导性能极差,常作为绝热材料。

七十一、热电现象

温差电势即热电势:用两种金属接成回路,当两接头处温度不同时,回路中就会产生电势,称之为热电势(或温差电势)。热电势的成因是:自由电子热扩散(汤姆逊电势),自由电子浓度不同(珀尔帖电势),珀尔帖效应(塞贝克效应)。

七十二、热电子发射

热电子发射又称爱迪生效应,是爱迪生于 1883 年发现的,是指加热金属使其中的大量电子克服表面势垒而逸出的现象。与气体分子相似,金属中的自由电子做无规则的热运动,其速率有一定的分布。在金属表面存在阻碍电子逃脱出去的作用力,电子逸出需克服阻力做功,称为逸出功。在室温下,只有极少量电子的动能大于逸出功,因此从金属表面逸出的电子微乎其微。一般当金属温度上升到 1 000 ℃ 以上时,动能大于逸出功的电子数目急剧增加,大量电子从金属中逸出,这就是热电子发射。若无外电场,逸出的热电子在金属表面附近堆积,成为空间电荷,它将阻止热电子继续发射。通常以发射热电子的金属丝为阴极,金属板为阳极,其间加电压,使热电子在电场作用下从阴极到达阳极,这样不断发射,不断流动,形成电流。随着电压的升高,单位时间从阴极发射的电子全部到达阳极,于是出现电流饱和。

许多电真空器件的阴极是靠热电子发射工作的。由于热电子发射取决于材料的逸出功及其温度,因此应选用熔点高而逸出功低的材料作阴极。除热电子发射外,靠电子流或离子流轰击金属表面产生的电子发射,称为二次电子发射,靠外加强电场引起的电子发射称为场效发射,靠光照射金属表面引起的电子发射称为光电发射。各种电子发射都有其特殊的应用。

七十三、热辐射

热辐射是热的一种传递方式。它不依赖物质的接触面由热源自身的温度作用向外发射能量,这种传递方式称为热辐射。它和热传导、对流不同。它能不依靠媒介而把热量直接从一个系统传给另一个系统。热辐射是以电磁波辐射的形式发射出能量,温度的高低取决于辐射的强弱。温度较低时,主要以不可见的红外光进行辐射,当温度为 300 ℃ 时,热辐射中最强波长在 5×10^{-4} cm 左右,即在红外区。当物体的温度在 500 ℃ 以上至 800 ℃ 时,热辐射中最强的波长成分在可见光区。例如,太阳表面温度为 6 000 ℃,它是以热辐射的形式,将热量经宇宙空间传给地球的。这是热辐射远距离传热的主要方式。近距离的热源,除对流、传导外,亦将以辐射的方式传递热量。热辐射有时也称红外辐射,波长范围为 0.7 μm ~ 1 mm,为可见光谱中红光端以外的电磁辐射。

关于热辐射,有 4 个重要规律,分别是基尔霍夫辐射定律、普朗克辐射分布定律、斯蒂藩 - 玻耳兹曼定律、维恩位移定律。这 4 个定律,有时统称为热辐射定律。

七十四、热敏性物质

热敏性物质是受热时就会发生明显状态变化的物质,这些状态变化通常是一级相变或二级相变。

由于热敏性物质可以在很窄温度范围内发生急剧的转化,所以常用来显示温度,用来代替温度的测量。可用的热敏性物质主要有可改变光学性能的液晶,改变颜色的热涂料,溶解合金(比如伍德合金),有沸点、凝固点和转化的临界状态点的水,有形状记忆能力的材料,在居里点可改变磁性的铁磁材料。

七十五、热膨胀

物体因温度改变面发生的膨胀现象叫作热膨胀。通常是指外压强不变的情况下,大多数物质在温度升高时,其体积增大,温度降低时体积缩小。在相同条件下,气体膨胀最大,液体膨胀次之,固体膨胀最小。因为物体温度升高时,分子运动的平均动能增大,分子间的距离也增大,物体的体积随之而扩大;温度降低,物体冷却时分子的平均动能变小,使分子间距离缩短,于是物体的体积就要缩小。也有少数物质在一定的温度范围内,温度升高时,其体积反而减小。又由于固体、液体和气体分子运动的平均动能大小不同,因而从热膨胀的宏观现象来看也有明显的区别。

膨胀系数:为表征物体受热时,其长度、面积、体积变化的程度,而引入的物理量。它是线膨胀系数、面膨胀系数和体膨胀系数的总称。

固体热膨胀:固体热膨胀现象,从微观的观点来分析,它是由于固体中相邻粒子间的平均距离随温度的升高而增大引起的。

液体热膨胀:液体是流体,因而只有一定的体积,而没有一定的形状。它的体膨胀遵循 $V_t = V_0(1 + \beta_t)$ 的规律,β_t 是液体的体膨胀系数。其膨胀系数一般情况比固体大得多。

气体的热膨胀:气体热膨胀的规律较复杂,当一定质量气体的体积,受温度上升影响变化时,它的压强也可能发生变化。若保持压强不变,则一定质量的气体,必然遵循 $V_t = V_0(1 + \gamma_t)$ 的规律,式中的 γ_t 是气体的热膨胀系数。

七十六、热双金属片

热双金属片是精密合金的一种,由两层或多层具有不同热膨胀系数的金属或合金作为组元层牢固结合而成。热双金属中的一组元层具有低的热膨胀系数,为被动层;另一组元层具有高的热膨胀系数,为主动层。有时,为了得到性能特殊的热双金属,还可以加入第三层或第四层金属或合金。通常,被动层材料都采用含 Ni34% ~ 50% 的因瓦型合金;主动层材料则采用黄铜、镍、Fe – Ni – Cr、Fe – Ni – Mn 和 Mn – Ni – Cu 合金等。通过主动层和被动层材料的不同组合,可以得到不同类型的热双金属,如高温型、中温型、低温型、高敏感型、耐蚀型、电阻型和速动型等。

热双金属片是由两种或多种具有合适性能的金属或其他材料所组成的一种复合材料构成的片材。由于各组元层的热膨胀系数不同,当温度变化时,这种复合材料的曲率将发生变化。但是随着双金属应用领域的扩大和结合技术的进步,已相继出现了三层、四层、五层的双金属。事实上,凡是依赖温度改变而发生形状变化的组合材料,至今在习惯上仍称为热双金属。

由于金属膨胀系数的差异,在温度发生变化时,主动层的形变要大于被动层的形变,从而双金属片的整体就会向被动层一侧弯曲,产生形变。这一热敏特性广泛用于温度测量、温度控制、温度补偿和程序控制等。电气工业中的热继电器和断路器等,仪表工业中的气象仪表和电流计等,家用电器方面的电熨斗、电灶、电冰箱和空调装置等都广泛采用热双金属元件。另外还可以利用热双金属片制成温度计,用来测量较高的温度。

七十七、渗透

被半透膜所隔开的两种液体,当处于相同的压强时,纯溶剂通过半透膜而进入溶液的现象,称为渗透。渗透作用不仅发生于纯溶剂和溶液之间,而且还可以在同种不同浓度溶液之间发生。低浓度的溶液通过半透膜进入高浓度的溶液中。砂糖、食盐等结晶体的水溶液,易通过半透膜,而糊状、胶状等非结晶体则不能通过。

在生物机体内发生的许多过程都与渗透有关。如各物浸于水中则膨胀;植物从其根部吸收养分;动物体内的养分透过薄膜而进入血液中等现象都是渗透作用。

七十八、塑性形变

塑性形变是指金属零件在外力作用下产生不可恢复的永久变形。

通过塑性形变不仅可以把金属材料加工成所需要的各种形状和尺寸的制品,而且还可以改变金属的组织和性能。

一般使用的金属材料都是多晶体,金属的塑性形变可认为是由晶内形变和晶间形变两部分组成。

假如除去外力,金属中的原子立即恢复到原来稳定平衡的位置,原子排列畸变消失和金属完全恢复了自己的原始形状和尺寸,则这样的变形称为弹性形变。增加外力,原子排列的畸变程度增加,移动距离有可能大于受力前的原子间距离,这时晶体中一部分原子相对于另一部分产生较大的错动。外力除去以后,原子间的距离虽然仍可恢复原状,但错动了的原子并不能再回到其原始位置,金属的形状和尺寸也都发生了永久改变。这种在外力作用下产生的不可恢复的永久变形称为塑性形变。

七十九、Thoms 效应

在管道中流体流动沿径向分为三部分:管道的中心为紊流核心,它包含了管道中的绝大部分流体;紧贴管壁的是层流底层;层流底层与紊流旋涡之间为缓冲区。层流的阻力要比紊流的阻力小。

1948 年,英国科学家 Thoms 发现,在液体中添加聚合物可以将管内流动从紊流转变为层流,从而大大降低输送管道的阻力,这就是摩擦减阻技术。然而,Thoms 的发现真正得到重视是在 1979 年,美国大陆石油公司生产的减阻剂首次商业化应用于横贯阿拉斯加的原油管道,获得了令人吃惊的效果,在使用相同油泵的情况下,可以输送的原油量增加了 50% 以上! 在取得巨大成功之后,减阻剂被应用于海上和陆上的数百条输油管道。

(1)减阻剂的减阻机理。管道中的流体流态大多为紊流,而减阻剂恰恰在紊流时起作用。最新的研究成果表明,缓冲区是紊流最先形成的地方。减阻高聚物主要在缓冲区起作用。减阻高聚物分子可以在流体中伸展,吸收薄间层的能量,干扰薄间层的液体分子从缓冲区进入紊流核心,阻止其形成紊流或减弱紊流的程度。

(2)减阻剂的生产工艺。减阻剂生产的技术关键主要包括两个方面:一是超高分子量、非结晶性、烃类溶剂可溶的减阻聚合物的合成;二是减阻聚合物的后处理。

聚合物的合成:目前最有效的减阻聚合物是聚 α - 烯烃。本体聚合已不是生产具有更高分子量的聚 α - 烯烃减阻聚合物的唯一选择,在溶液聚合体系中加入降黏剂,同样可以获得更高的聚合物分子量和更均匀的分子量分布。

聚合物的后处理:最近研制开发的一种非水基悬浮减阻剂克服了以前各种减阻剂的缺陷,它借助悬浮剂将聚合物粉末悬浮在醇类流体中,这种减阻剂的生产无须使用表面活性剂、杀菌剂和复杂的稳定剂体系,简化了生产过程,具有防冻性好、能防止水等杂质进入输油管道等优点,并可同时用于原油和成品油的输送,因此有着广阔的发展前景。

八十、汤姆逊效应

1821 年,德国物理学家塞贝克发现,在两种不同的金属所组成的闭合回路中,当两接触处的温度不同时,回路中会产生一个电势,此所谓塞贝克效应。1834 年,法国实验科学家珀尔帖发现了它的反效应:两种不同的金属构成闭合回路,当回路中存在直流电流时,两个接头之间将产生温差,此所谓珀尔帖效应。1837 年,俄国物理学家楞次又发现,电流的方向决定了是吸收热量还是产生热量,发热(制冷)量的多少与电流的大小成正比。

1856 年,汤姆逊利用他所创立的热力学原理对塞贝克效应和珀尔帖效应进行了全面分析,并将本来互不相干的塞贝克系数和珀尔帖系数建立起了联系。汤姆逊认为,在绝对零度时,珀尔帖系数与塞贝克系数之间存在简单的倍数关系。在此基础上,他又从理论上预言了一种新的温差电效应,即当电流在温度不均匀的导体中流过时,导体除产生不可逆的焦耳热之外,还要吸收或放出一定的热量(称为汤姆逊热)。或者反过来,当一根金属棒的两端温度不同时,金属棒两端会形成电势差。这一现象后来叫汤姆逊效应,成为继塞贝克效应和珀尔帖效应之后的第三个热电效应。

汤姆逊效应的物理学解释是:金属中温度不均匀时,温度高处的自由电子比温度低处的自由电子动能大。像气体一样,金属当温度不均匀时会产生热扩散,因此自由电子从温度高端向温度低端扩散,在低温端堆积起来,从而在导体内形成电场,在金属棒两端便形成一个电势差。这种自由电子的扩散作用一直进行到电场力对电子的作用与电子的热扩散平衡。

汤姆逊效应是导体两端有温差时产生电势的现象,珀尔帖效应是带电导体的两端产生温差(其中的一端产生热量,另一端吸收热量)的现象,两者结合起来就构成了塞贝克效应。

八十一、韦森堡效应

当高聚物熔体或浓溶液在各种旋转黏度计中或在容器中进行电动搅拌,受到旋转剪切作用时,液体会沿着内筒壁上升,发生包轴或爬杆现象,在锥板黏度计中则产生使锥体和板分开的力,如果在锥体或板上有与轴平行的小孔,液体会涌入小孔,并沿孔上所接的管子上升,这类现象统称为韦森堡效应。尽管韦森堡效应有很多表现形式,但它们都是法向应力效应的反映。

八十二、位移

质点从空间的一个位置运动到另外一个位置,它的位置变化称为质点在这一运动过程中的位移。位移是一个具有大小和方向的物理量,是矢量。物体在某一段时间内,如果由初始位置移到末位置,则连接初始位置到末位置的有向线段即为位移。它的大小是运动物体初始位置到末位置的直线距离;方向是从初始位置指向末位置。位移只与物体运动的始末位置有关,而与运动的轨迹无关。如果质点在运动过程中经过一段时间后回到原处,那么路程不为零而位移为零。在国际单位制中,位移的单位为米,此外常用的位移单位还有毫米、厘米、千米等。

八十三、吸附作用

各种气体、蒸汽以及溶液里的溶质被吸在固体或液体物质表面上的现象称为吸附。具有吸附性质的物质称为吸附剂,被吸附的物质称为吸附质。

吸附作用实际是吸附剂对吸附质质点的吸引作用。吸附剂之所以具有吸附性质,是因为分布在表面的质点与内部的质点所处的情况不同。内部的质点与周围各个方向的相邻的质点都有联系,因而它们之间的一切作用力都互相平衡,而在表面上的质点,表面以上的作用力没有达到平衡而保留有自由的力场,借这种力场,物质的表面层就能够将与它接触的液体或气体的质点吸住。

吸附分物理吸附和化学吸附。物理吸附是以分子间作用力相吸引的,吸附热少。如活性炭对许多气体的吸附就属于这一类,被吸附的气体很容易解脱出来,而不发生性质上的变化。所以物理吸附是可逆过程。化学吸附则以类似于化学键的力相互吸引,其吸附热较大。例如许多催化剂对气体的吸附(如镍对 H_2 的吸附)属于这一类。被吸附的气体往往需要在很高的温度下才能解脱,而且在性状上有变化。所以化学吸附大都是不可逆过程。同一物质,可能在低温下进行物理吸附而在高温下为化学吸附,或者两者同时进行。

常见的吸附剂有活性炭、硅胶、活性氧化铝、硅藻土等。电解质溶液中生成的许多沉淀,如氢氧化铝、氢氧化铁、氯化银等也具有吸附能力,它们能吸附电解质溶液中的许多离子。

吸附性能的大小随吸附的性质,吸附剂表面的大小,吸附质的性质和浓度的大小,及温度的高低等而定。由于吸附发生在物体的表面上,所以吸附剂的总面积愈大,吸附的能力愈强。活性炭具有巨大的表面积,所以吸附能力很强。一定的吸附剂,在吸附质的浓度和压强一定时,温度越高,吸附能力越弱。所以,低温对吸附作用有利。当温度一定时,吸附质的浓度或压强越大,吸附能力越强。

在生产和科学研究上,常利用吸附和解吸作用来干燥某种气体或分离、提纯物质。吸附作用可以使反应物在吸附剂表面聚集,因面提高化学反应的速度。同时,由于吸附作用,反应物分子内部的化学键被减弱,从而降低了反应的活化能,使化学反应速度加快。因此,吸附剂在某些化学反应中可作催化剂。

八十四、吸收

吸收是指物质吸取其他实物或能量的过程。气体被液体或固体吸取,或液体被固体所吸取。在吸收过程中,一种物质将另一种物质吸进体内与其融合或化合。例如,硫酸或石灰吸收水分;血液吸收营养;毡毯、矿物棉、软质纤维板及膨胀珍珠岩等材料可吸收噪声;用化学木浆或棉浆制成纸质粗松的吸墨纸,用来吸干墨水。吸收气体或液体的固体,往往具有多孔结构。当声波、光波、电磁波的辐射投射到介质表面时,一部分被表面反射,一部分被吸收而转变为其他形式的能量。当能量在介质中沿某一方向传播时,随入射深度变深逐渐被介质吸收。例如玻璃吸收紫外线、水吸收声波、金属吸收 X 射线等。

光的吸收是指光在介质中传播时部分能量被介质吸收的现象。从实验中研究光的吸收时,通常用一束平行光照射在物质上,测量光强随穿透距离衰减的规律。

若介质对光的吸收程度与波长无关,则称为一般吸收;若对某些波长或一定波长范围内的光有较强吸收,而对其他波长的光吸收较少,则称为选择吸收。大多数染料和有色物体的颜色都是选择吸收的结果。多数物质对光在一定波长范围内吸收较少(表现为对光透明),而在另一些波段内则对光有强烈吸收。用具有连续谱的光照射物质,再把经物质吸收后的透射光用光谱仪展成光谱,就得到了该物质的吸收光谱。

波的吸收是指波在实际介质中,由于波动能量总有一部分会被介质吸收,波的机械能不断减少,波强也逐渐减弱。

八十五、形变

凡物体受到外力而发生形状变化的现象称为形变。物体由于外因或内在缺陷,物质微粒的相对位置发生改变,也可引起形态的变化。

纵向形变:物体两端受到压力或拉力时,长度发生改变。

体积形变:物体体积大小的改变。

切变:物体两相对表面受到在表面内的(切向)力偶作用时,两表面发生相对位移。

扭转:一柱状物体,两端各受方向相反的力矩作用而发生的形变。

弯曲:物体因负荷而弯曲所产生的形变。

微小形变:指肉眼无法看到的形变,如果一个力没有改变物体的运动状态,以及没有发生以上形变,一定是使物体发生了微小形变。

无论什么形变,都可归结为长变与切变。

八十六、形状

物体形状:物体的外部轮廓。

形状的几何参数:体积、表面积、尺寸等。

常用的形状:光滑表面、抛物面、球面、皱裙、螺旋、窄槽、微孔、穗、环等。

八十七、形状记忆合金

一般金属材料受到外力作用后,首先发生弹性形变,达到屈服点后,就产生塑性形变,应力消除后留下永久变形。但有些材料,在发生了塑性形变后,经过合适的热过程,能够回复到形变前的形状,这种现象叫作形状记忆效应(SME)。具有形状记忆效应的金属一般是由两种以上金属元素组成的合金,称为形状记忆合金(SMA)。

形状记忆合金可以分为以下3种:

(1)单程记忆效应。形状记忆合金在较低的温度下变形,加热后可恢复变形前的形状,这种只在加热过程中存在的形状记忆现象称为单程记忆效应。

(2)双程记忆效应。某些合金加热时恢复高温相形状,冷却时又能恢复低温相形状,这种现象称为双程记忆效应。

(3)全程记忆效应。加热时恢复高温相形状,冷却时变为形状相同而取向相反的低温相形状,这种现象称为全程记忆效应。

八十八、压磁效应

当铁磁性材料受到机械力的作用时,在其内部产生应变,从而产生应力,导致磁导率发生变化的现象称为压磁效应。

磁性材料被磁化时,如果受到限制而不能伸缩,内部就会产生应力。同样在外部施加力也会产生应力。当铁磁材料因磁化引起伸缩产生应力时,其内部必然存在磁弹性能量。分析表明,磁弹性能量与磁致伸缩系数及应力的乘积成正比,并且还与磁化方向和应力方向之间的夹角有关。由于磁弹性能量的存在,将使磁化方向改变,对于正磁致伸缩材料,如果存在拉应力,将使磁化方向转向拉应力方向,加强拉应力方向的磁化,从而使拉应力方向的磁导率增大。压应力将使磁化方向转向垂直于应力的方向,削弱压应力方向的磁化,从而使压应力方向的磁导率减小。对于负磁致伸缩材料,情况正好相反。这种被磁化的铁磁材料在应力影响下形成磁弹性能,使磁化强度矢量重新取向,从而改变应力方向的磁导率的现象称为磁弹效应或压磁效应。

八十九、压电效应

由物理学知,一些离子型晶体的电介质(如石英、酒石酸钾钠、钛酸银等)不仅在电场力作用下,而且在机械力作用下,都会产生极化现象。

(1)在这些电介质的一定方向上施加机械力而产生变形时,就会引起它内部正负电荷中心相对转移而产生电的极化,从而导致其两个相对表面(极化面)上出现正负相反的电荷,且其电位移与外应力张量成正比。当外力消失,又恢复到不带电原状;当外力的方向改变时,电荷极性也随之而变,这种现象称为正压电效应,或简称压电效应。

(2)若对上述电介质施加电场作用时,同样会引起电介质内部正负电荷中心的相对位移而导致电介质产生变形,且其应变与外电场强度成正比,电场去掉后,电介质的变形随之消失。这种现象称为逆压电效应,或称电致伸缩。依据电介质压电效应研制的一类传感器称为压电传感器。

九十、压强

物体单位面积上受到的法向压力的大小叫作压强,是表示压力作用效果强弱的物理量。对于压强的定义,应当着重领会4个要点:

(1)受力面积一定时,压强随着压力的增大而增大。此时压强与压力成正比。

(2)当压力一定时,受力面积越小,压强越大;受力面积越大,压强越小。此时压强与受力面积成反比。

(3)压力和压强是截然不同的两个概念:压力是支承面上所受到的并垂直于支承面的作用力,与支承面面积大小无关。

(4)压力、压强的单位是有区别的。压力的单位是牛顿,与一般力的单位相同。压强的单位是一个复合单位,由力的单位和面积的单位组成。在国际单位制中是牛顿/平方米,称为"帕斯卡",简称"帕"。

九十一、液体或气体的压力

液体的压力是指液体受到重力作用,而向下流动,因受容器壁及底的阻止,故器壁及底受到液体压力的作用。液体因为重力的作用和它的流动特性,当液体静止时液体内以及其接触面上各点所受的压力,都遵循下列各条规律:

(1)静止液体的压力必定与接触面垂直。

(2)静止液体内同一水平面上各点所受压强完全相等。

(3)静止液体内某一点的压强,对任何方向都相等。

（4）静止液体内上下两点的压强差,等于以两点间的垂直距离为高度,单位面积为底的液柱重量。

地球表面覆盖一层厚厚的由空气组成的大气层。在大气层中的物体,都要受到空气分子撞击产生的压力,这个压力称为大气压力。也可以认为,大气压力是大气层中的物体受大气层自身重力产生的作用于物体上的压力。

九十二、液体动力

液体动力学是研究水及其他液体的运动规律及其边界相互作用的学科,又称水动力学。液体动力学和气体动力学组成流体动力学。人类很早就开始研究水的静止和运动的规律,这些规律也可适用于其他液体和低速运动的气体。20世纪以来,随着航空、航天、航海、水能、采油、医学等行业的发展,与流体动力学相结合的边缘学科不断出现并充实了液体动力学的内容。液体动力学研究的方法有现场观测、实验模拟、理论分析和数值计算四类。

液体运动受两个主要方面的影响:一是液体本身的特性;二是约束液体运动的边界特性。根据这些特性的改变,液体动力学的主要研究内容是理想液体运动。根据普朗特的边界层理论,在边界层以外的区域中,黏性力可以不予考虑,因此,理性液体的运动规律在特定条件下仍可应用。在普朗特以前,在这一领域曾进行过很多研究,如有环量的无旋运动、拉普拉斯无旋运动等。液体的压缩性很小,只有在某些情况下,如管道中的水击、水中声波、激光传播等,才需要考虑液体的可压缩性。

九十三、液体或气体的压强

液体由于受到重力的作用,因此在液体的内部就存在由液体本身的重量而引起的压强,这个压强等于液体单位体积的质量和液体所在处的深度的乘积,即

$$p = \rho g h \tag{6-13}$$

式中,$g = 9.8$ N/kg。由公式知,液体内部的压强与深度有关,深度增加,压强也随之增加。

由于液体具有流动性,所以液体内部的压强又表现出另外一些特点:液体对容器的底部和侧壁都有压强的作用,而且压强一定与底面或侧壁垂直;液体内部的压强是向各个方向的,而且在同一深度的地方向各个方向的压强都相等。在解决问题时应注意下列几点:

（1）液体内部某处的深度(h),应当取该处至液面的垂直距离,它与容器的形状无关。

（2）深度与高度是有区别的,深度是从液面向下至某一点的垂直距离,而高度是从容器或液体的底部起向上到液面的竖直高度。

（3）液体内部某处至液面之间有几层密度不同的液体时,则该处的压强等于几层液体各自产生的压强之和。在考虑大气压的情况下,该处的压强还应当加上液面上受到的大气压强。

（4）连通器中的液体在平衡时左管中液体的压强一定与右管中液体的压强相等。

由于从地球表面延伸至高空的空气重量,使地球表面附近的物体单位面积上所受的力称为大气压强。大气压强的测量通常以水银气压计的水银柱的高来表示。地面上标准大气压约等于76厘米高水银柱产生的压强。由于测量地区等条件的影响,所测数值不同。根据液体压强的公式 $p = \rho g h$,水银的密度是 13.6×10^3 kg/m³,因此76厘米高水银柱产生的压强是 $p = 13.6 \times 10^3$ kg/m² $\times 9.8$ N/kg $\times 0.76$ m $= 1.013 \times 10^5$ N/m² $= 1.013 \times 10^5$ Pa。

九十四、一级相变

不同相之间的相互转变,称为"相变"或称"物态变化"。自然界中存在着各种各样的物质,绝大多数都是以固、液、气三种聚集态存在着。为了描述物质的不同聚集态,而用"相"来表示物质的固、液、气三种形态的"相貌"。从广义上,所谓"相",指的是物质系统中具有相同物理性质的均匀物质部分,它和其他部分之间用一定的分界面隔离开来。例如,在由水和冰组成的系统中,冰是一个相,水是另一个相。不同相之间的相互转变一般包括两类,即一级相变和二级相变。相变总是在一定的压强和一定的温度下发生。在物质形态的互相转换过程中必然要有热量的吸入或放出。物质三种状态的主要区别在于它们分子间的距离、分子间相互作用力的大小和热运动的方式不同,因此在适当的条件下,物体能从一种状态转变为另一种状态,其转换过程是从量变到质变。例如,物质从固态转变为液态的过程中,固态物质不断吸收热量,温度逐渐升高,这是量变的过程;当温度升高到一定程度,即达到熔点时,再继续供给热量,固态就开始向液态转变,这时就发生了质的变化。即使继续供热,温度也不会再升高,而是固液并存,直至完全熔化。

在发生相变时,有体积的变化同时伴随有热量的吸收或释放,这类相变即称为"一级相变",即一般所说的相变。例如,在 1 个大气压和 0 ℃的情况下,1 kg 质量的冰转变成同温度的水,要吸收 334.32 J 的热量,与此同时体积也收缩。所以,冰和水之间的转换属一级相变。

一级相变的特点是两相的化学势相等,但有体积改变并产生相变热。也就是说,在相变点,两相的化学势的一级偏微商不相等。因此,根据热力学关系式,相变时体积的改变量 ΔV = 相变熵。

九十五、永久磁铁

磁铁不是人发明的,有天然的磁铁矿,至于成分那就是铁、钴、镍等。其原子结构特殊,原子本身具有磁矩。一般这些矿物分子排列混乱,磁区互相影响就显不出磁性,但是在外力如磁场导引下分子排列方向趋向一致,就显出磁性,也就是俗称的磁铁。铁、钴、镍是最常用的磁性物质,磁铁基本上分永久磁铁与软磁铁,永久磁铁是加上强磁使磁性物质的自旋与电子角动量成固定方向排列,磁性不会消失;软磁铁则需加上电流才能显出磁性,等电流去掉,软磁铁会慢慢失去磁性。磁铁只是一个通称,是泛指具有磁性的东西,实际的成分不一定包含铁。较纯的金属态的铁本身没有永久磁性,只有靠近永久磁铁才会感应产生磁性。一般的永久磁铁里面加了其他杂质元素(例如碳)来使磁性稳定下来,但是这样会使电子的自由性降低而不易导电。铁是常见的带磁性元素,但是许多其他元素具有更强的磁性,像强力磁铁很多就是钕、铁、硼混合而成的。

抗磁力(矫顽力):矫顽力是永磁材料抵抗磁的和非磁的干扰而保持其永磁性的量度。

九十六、约翰逊 - 拉别克效应

1920 年,约翰逊和拉别克发现,抛光镜面的弱导电物质(玛瑙、石板等)的平板,会被一对连接着 200 V 电源的邻接金属板稳固地拿住。而在断电的情况下,金属板可以轻易地移开。

对这种现象的解释为:金属和弱导电物质,两者是通过少数的几个点相互接触的,这就导致了过渡区中的大电阻系数、金属板间接触的弱导电物质与金属板自己本身的小电阻系数(由于大的横截面)较大,所以在金属和物质间的如此狭小的一个转换空间内,存在着电场,将会产生巨大的压降,由于金属和物质之间(大约 1 nm)的距离微小,此空间就产生了很高的电位差。

九十七、折射

波的折射:波在传播过程中,由一种媒质进入另一种媒质时,传播方向发生偏折的现象,称为波的折射。在同类媒质中,由于媒质本身不均匀,也会使波的传播方向改变,此种现象也称为波的折射。

绝对折射率:任何介质相对于真空的折射率,称为该介质的绝对折射率,简称折射率。对于一般光学玻璃,可以近似地以空气的折射率来代替绝对折射率。

九十八、振动

振动是一种常见的运动形式。在力学中,指一个物体在某一位置附近做周期性的往复运动,常称为机械振动,也称为振动。振动是指一个状态改变的过程。

从广义上说振动是指描述系统状态的参数(如位移、电压)在其基准值上下交替变化的过程。狭义上指机械振动,即力学系统中的振动,是物体在平衡位置附近做的往复运动。振动可分为自由振动、受迫振动,又可分为无阻尼振动与阻尼振动。常见的简谐运动有弹簧振子模型、单摆模型等。振动在机械行业中的应用非常普遍,例如,在振动筛分行业中,基本原理是借电机轴上下端所安装的重锤(不平衡重锤),将电机的旋转运动转变为水平、垂直、倾斜的三次元运动,再把这个运动传给筛面。若改变上下部的重锤的相位角可改变原料的行进方向。

振动是自然界和工程界常见的现象。振动的消极方面是影响仪器设备功能,降低机械设备的工作精度,加剧构件磨损,甚至引起结构疲劳破坏;振动的积极方面是有许多需利用振动的设备和工艺(如振动传输、振动研磨、振动沉桩等)。振动分析的基本任务是讨论系统的激励(即输入,指系统的外来扰动)、响应(即输出,指系统受激励后的反应)和系统动态特性(或物理参数)三者之间的关系。20 世纪 60 年代以后,计算机和振动测试技术取得重大进展,为综合分析、利用实验和计算方法解决振动问题开辟了广阔的前景。

九十九、驻波

在同一媒质里,两个频率相同、振幅相等、振动方向相同、沿相反方向传播的波叠加而成的波称为驻波。驻波是波的一种干涉现象,在声学和光学中都有重要的应用。例加,各种乐器,包括弦乐器、管乐器和打击乐器,都是由于产生驻波而发声。

一百、驻极体

将电介质放在电场中就会被极化。许多电介质的极化是与外电场同时存在、同时消失的。也有一些电介质,受强外电场作用后其极化现象不随外电场去除而完全消失,出现极化电荷"永久"存在于电介质表面和体内的现象。这种在强外电场等因素作用下极化并能"永久"保持慢化状态的电介质,称为驻极体。

驻极体具有体电荷特性,即它的电荷不同于摩擦起电,既出现在驻极体表面,也存在于其内部。若把驻极体表面去掉一层,新表面仍有电荷存在;若把它切成两半,就成为两块驻极体。这一点可与永久磁体相类比,因此驻极体又称永电体。

驻极体不能像电池那样从中取出电流,却可以提供一个稳定的电压,因此是一个很好的直流电压源。这在制造电子器件和电工测量仪表等方面大有用处。高分子聚合物驻极体的发现和使用,是电声换能材料的一次巨大变革,利用它可以制成质量很高、具有很多优点的电声器件。另外还可制成电机、高压发生器、引爆装置、空气过滤器,以及电话拨号盘、逻辑电路中的寻址选择开关、声全息照相用换能器等。随着对驻极体研究的深入和新材料的连续发现,它会像永磁体一样,被广泛应用。

能制成驻极体的有天然蜡、树脂、松香、磁化物、某些陶瓷、有机玻璃及许多高分子聚合物(例如,K-1聚碳酸酯、聚四氟乙烯、聚全氟乙烯丙烯、聚丙烯、聚乙烯、聚酯)等。根据驻极体极化时所采用的物理方法,有热驻极体、光驻极体、电驻极体和磁驻极体等。

参 考 文 献

[1]　马学军.创造学基础[M].北京:电子工业出版社,2018.

[2]　姚列铭.创新思维观念与应用技法训练[M].上海:上海交通大学出版社,2011.

[3]　周苏.创新思维与 TRIZ 创新方法[M].北京:清华大学出版社,2015.

[4]　庄寿强.普通(行为)创造学[M],3 版.徐州:中国矿业大学出版社,2006.

[5]　辽宁省普通高等学校创新创业教育指导委员会.创造性思维与创新方法[M],2013.

[6]　周考文.专利申请自己来[M].北京:化学工业出版社,2013.

[7]　刘红宁,王素珍.创新创业通论[M].北京:高等教育出版社,2012.

[8]　倪锋.创新创业概论[M].北京:高等教育出版社,2012.

[9]　井永腾.创造学基础简明教程[M].哈尔滨:哈尔滨工程大学出版社,2017.

[10]　郭金,隋欣.轻轻松松申请专利[M].北京:化学工业出版社,2018.

[11]　陈劲,唐孝威.脑与创新——神经创新学研究评述[M].北京:科学出版社,2013.